"十二五"职业教育国家规划教材

经全国职业教育教材审定委员会审定

无机及分析化学

第二版

赵晓华 主编　　王守华 主审

WUJI

JI FENXI HUAXUE

U0209752

化学工业出版社

·北京·

《无机及分析化学》（第二版）在内容的编排上做了较大调整，根据职业院校对基础课的"实用为主，够用为度"和"应用为本"的原则，将无机化学知识有机地融入到分析化学实验技术中，将教材内容设计为分析化学的数据处理、分析化学仪器的使用、定量分析的程序及试样分解、实验条件的选择、试样测定、分光光度法的应用6个项目，再分解为22个知识点，设计了33个任务。每个项目都明确了"知识目标"和"技能目标"，项目后都有"项目小结"。如此，既有利于学生对知识点的把握，又有利于学生对知识的梳理，从而帮助学生有条理地学习，促进学生对知识的掌握和能力的形成。本书配有电子课件、模拟试题以及教案等数字资源，可从 www.cipedu.com.cn 下载使用。

　　本教材适合高职高专食品、生物技术、生物制药、农林、畜牧、医学等专业使用。

图书在版编目（CIP）数据

无机及分析化学/赵晓华主编. —2 版. —北京：
化学工业出版社，2018.8（2024.9重印）
"十二五"职业教育国家规划教材
ISBN 978-7-122-32487-0

Ⅰ. ①无… Ⅱ. ①赵… Ⅲ. ①无机化学-职业教育-
教材②分析化学-职业教育-教材 Ⅳ. ①O61②O65

中国版本图书馆 CIP 数据核字（2018）第 136535 号

责任编辑：李植峰　迟　蕾　　　　　　　　　　文字编辑：孙凤英
责任校对：边　涛　　　　　　　　　　　　　　装帧设计：张　辉

出版发行：化学工业出版社（北京市东城区青年湖南街 13 号　邮政编码 100011）
印　　装：河北延风印务有限公司
787mm×1092mm　1/16　印张 14　彩插 1　字数 346 千字　2024 年 9 月北京第 2 版第 7 次印刷

购书咨询：010-64518888　　　　　　　　售后服务：010-64518899
网　　址：http://www.cip.com.cn
凡购买本书，如有缺损质量问题，本社销售中心负责调换。

定　　价：38.00 元

《无机及分析化学》（第二版）编审人员

主　　编　赵晓华

副 主 编　王卫红　李伟华　张红润

参编人员　（按姓氏笔画排序）

王卫红（滨州技术学院）

方志宏（信阳农林学院）

申　森（黄河水利职业技术学院）

李伟华（商丘职业技术学院）

沈泽智（重庆三峡职业技术学院）

张红润（平顶山工业职业技术学院）

张艳君（信阳农林学院）

赵晓华（滨州职业学院）

柏芳青（滨州职业学院）

陶玉霞（黑龙江职业学院）

程爱昀（济宁职业技术学院）

主　　审　王守华（滨州职业学院）

前　言

近年来，随着高职高专教育教学改革的不断深入，教学内容和课程体系都随之发生了较大的变化。其中，基础课课时不断压缩，这就要求基础课要在有限的时间内为专业课和专业基础课提供必需的知识。无机及分析化学是高职高专食品、生物技术、生物制药、农林、畜牧、医学和化工等专业的基础课或专业基础课，为了适应高职各专业的实际教学需要，我们对《无机及分析化学》第一版进行了修订。

在教学内容的编排上，本次修订做了较大调整，力求体现近年来高职高专的教学改革成果，突出高职高专的教学特点。本着深入浅出的指导思想，以及职业院校对基础课的"实用为主、够用为度"和"应用为本"的原则，将无机化学知识有机地融入到分析化学实验技术中，将教材内容设计为分析化学的数据处理、分析化学仪器的使用、定量分析的程序及试样分解、实验条件的选择、试样测定、分光光度法的应用 6 个项目，再分解为 22 个知识点，设计了 33 个任务。每个项目都明确了"知识目标"和"技能目标"，项目后都有"项目小结"。如此，既有利于学生对知识点的把握，又有利于学生对知识的梳理，从而帮助学生有条理地学习，促进学生对知识的掌握和能力的形成。本书配有电子课件、模拟试题以及教案等数字资源，可从 www.cipedu.com.cn 下载使用。

无机及分析化学课程的教学时数为 64～96 学时（含实验），本教材按学时上限进行编写，实验项目和自我测试题量较大，各校在使用过程中可根据教学安排自主选择。

由于编者水平有限，且时间仓促，书中不足之处在所难免，诚恳地期望本书的使用者批评指正。

编者
2018 年 3 月

目　录

项目一　分析化学的数据处理

知识目标

（1）认识误差的类型，掌握系统误差和偶然误差的特点。

（2）理解准确度和精密度的关系。

（3）认识有效数字，学会有效数字的修约和运算。

技能目标

（1）能够判断滴定分析的误差类型。

（2）能够计算滴定分析数据的误差大小。

（3）能够正确记录有效数字，并熟练处理有效数字。

知识点一　滴定分析的误差

在对样品进行分析的过程中，无论采用的技术手段多么先进，操作技术多么熟练，实验得到的数据之间仍会存在着或大或小的差异，这就是误差。误差是客观存在的。在分析过程中，我们采取的所有措施是为了保证误差在测定要求的范围内，而不是说误差越小越好。完全消除误差是不可能的，也是没有必要的。

在分析过程中，误差是客观存在、不可避免的。在进行定量测定时，必须对分析结果进行评价，判断其准确性、可靠性，检查产生误差的原因，并采取相应的措施减少误差，使测定结果尽量接近真实值。

误差按照产生的原因和性质可分为两类：系统误差和偶然误差。

一、系统误差

系统误差（可测误差）是由某些确定的因素造成的，具有单向性、重复性和可测性的特点。单向性指在测定过程中，测定结果总是偏高或偏低；重复性指在重复测定时重复出现；可测性是指这类误差的大小和正负是可以测定的，至少在理论上是可以测定的，所以又称为可测误差。

产生系统误差的原因包括以下几点。

1. 方法误差

方法误差是由分析方法本身造成的，如在滴定分析过程中化学计量点和滴定终点不完全吻合造成的误差。

2. 仪器和试剂误差

仪器误差是由仪器本身不够精确或试剂含有杂质等引起的，如容量仪器刻度不准确或所用试剂和蒸馏水中含有被测物质或干扰物质等。

3. 操作误差

操作误差是由操作人员主观的原因或习惯造成的，如某指示剂的颜色由黄变橙即为滴定终点，而有人由于视觉原因总要滴到偏红色才停止。

二、偶然误差

偶然误差是由某些不确定的原因引起的。例如，测量时环境温度、湿度和气压的微小波动；仪器性能的微小变化；分析人员对各份试样处理时的微小差别等，都将使分析结果在一定范围内波动。

偶然误差虽然是无法测量的，但它的出现也是有规律可循的：小误差出现的机会多，大误差出现的机会少，特别大的误差出现的机会极少；大小相等的正负误差出现机会相同。也就是说，偶然误差的分布符合统计规律。

需要指出的是，"过失"不属于误差，它是由于分析者粗心大意或违反操作规程所产生的错误，如加错试剂、试液溅失、读错刻度等。在分析实验的过程中，"过失"是完全可以避免的，这样的数据一经发现必须弃去。

三、提高分析结果准确度的方法

要提高分析结果的准确度，必须考虑在分析过程中可能产生的各种误差，采取有效措施，将这些误差减小到最小。

1. 选择合适的分析方法

根据试样的组成和性质等，结合对准确度的要求选择合适的、有相应准确度的方法，制定正确的分析方案是取得准确结果的重要因素。

2. 减小测定中的系统误差

造成系统误差的原因是多方面的，根据具体情况采取不同的措施来检验和消除系统误差。减小测定中系统误差可采取以下措施：

（1）空白试验　空白试验是为了消除去离子水或实验试剂、器皿被污染等因素所造成的系统误差。即在不加试样的情况下，按试样分析规程在同样操作条件下进行的分析，结果所得的数值称为空白值，然后从数据中扣除空白值就得到比较可靠的分析结果。

（2）仪器校正　具有准确体积和质量的仪器，如滴定管、移液管、容量瓶和分析天平砝码，都应进行校正，以减小仪器不准所引起的系统误差。

（3）对照试验　对照试验就是用同样的分析方法在同样的条件下，用标准样品代替试样进行的平行测定，然后将对照试验的测定结果与标准样品的已知含量相比较。

3. 增加平行测定的次数

在减小系统误差的前提下，增加平行测定次数可以减小随机误差，平行测定的次数越多，平均值越接近真实值。在一般分析工作中，平行测定3～4次即可满足分析要求。

4. 减小测量误差

为了使分析结果达到要求的准确度，必须尽量减小测量误差。例如分析实验的称量过程中所用的万分之一的天平，每次称量误差为 $\pm 0.0001g$，采用差减法称量两次，为使称量时相对误差小于 0.1%，称量质量至少为：

$$试样质量 = \frac{绝对误差}{相对误差} = \frac{2 \times 0.0001}{0.1\%} = 0.2000 \ (g)$$

与此类似，滴定管一次读数误差为 $\pm 0.01mL$，在一次滴定中需要读数两次，若要使滴定时的相对误差小于 0.1%，消耗体积至少为：

$$滴定体积 = \frac{2 \times 0.01}{0.1\%} = 20.00 \ (mL)$$

需要注意的是，不同的分析方法要求的准确度是不同的，应根据具体情况来控制各测量步骤的误差，使测量的准确度与分析方法的准确度相适应。

▶▶ 思考题

(1) 砝码锈蚀产生的称量误差是系统误差吗？

(2) 滴定管读数不准产生的误差是偶然误差吗？

(3) 如在振荡锥形瓶的过程中溅失溶液，属于误差吗？

(4) 偶然误差的分布有什么规律？

知识点二 准确度和精密度

一、准确度与误差

分析结果的准确度指测定结果与真实值相接近的程度。两者的差值越小，分析结果的准确度越高，反之亦然。准确度用误差表示。

误差分为绝对误差和相对误差。

$$绝对误差 = 测得值 - 真实值$$

$$相对误差 = \frac{绝对误差}{真实值} \times 100\%$$

【例1】 分别称取硼砂（A）0.3651g、（B）3.6516g，设 A、B 的真实值分别为 0.3652g、3.6517g，求两次称量结果的绝对误差和相对误差。

解：A 的绝对误差 $= 0.3651 - 0.3652 = -0.0001 \ (g)$

A 的相对误差 $= \dfrac{-0.0001}{0.3652} \times 100\% = -0.002738\%$

B 的绝对误差 $= 3.6516 - 3.6517 = -0.0001 \ (g)$

B 的相对误差 $= \dfrac{-0.0001}{3.6517} \times 100\% = -0.02738\%$

上例说明：绝对误差相等，相对误差不一定相等；称量质量越大，相对误差越小，分析结果也越准确。所以，基准物质一般具有较大的摩尔质量，以保证称量值的准确性（后续章节将讲述）。

注意上例中的负号表示的是分析结果偏低。如果结果为正号，则是分析结果偏高。

由于相对误差更能准确地表示分析结果与真实值的接近程度，准确度一般用相对误差表示。

二、精密度与偏差

在实际测定中，真实值是不知道的，一般用多次结果的平均值代替真实值。测得值与平均值的比较就是偏差。我们把多个测得值相互接近的程度称为精密度。偏差大，精密度低；偏差小，精密度高。偏差分为绝对偏差和相对偏差。

$$绝对偏差（d）＝测得值－平均值$$

$$相对偏差＝\frac{绝对偏差}{平均值}×100\%$$

在实际工作中，分析结果的精密度经常用平均偏差和相对平均偏差来表示。若有 n 次测定，则：

$$算术平均值\ \overline{x}＝\frac{x_1＋x_2＋x_3＋\cdots＋x_n}{n}$$

$$绝对平均偏差\ \overline{d}＝\frac{|x_1－\overline{x}|＋|x_2－\overline{x}|＋\cdots＋|x_n－\overline{x}|}{n}$$

$$相对平均偏差＝\frac{\overline{d}}{\overline{x}}×100\%$$

相对平均偏差指绝对平均偏差在平均值中所占的百分比，它更能反映分析结果的精密度，在实际工作中，常用相对平均偏差表示精密度。

另外，还有标准偏差（S）和相对标准偏差（RSD，%）。

$$S＝\sqrt{\frac{d_1^2＋d_2^2＋\cdots＋d_n^2}{n－1}}$$

$$＝\sqrt{\frac{\sum\limits_{i-1}^{n}(x_i－\overline{x})^2}{n－1}}$$

$$＝\sqrt{\frac{\sum\limits_{i-1}^{n}d_i^2}{n－1}}$$

$$RSD＝\frac{S}{\overline{x}}×100\%$$

利用标准偏差来衡量精密度能更好地将数值离散情况和测定次数对精密度值的影响反映出来。

【例2】 某测定得到了以下数据：50.12%、50.13%、50.14%。试求该测定的绝对偏差，绝对平均偏差和相对平均偏差。

解：$\overline{x}＝\dfrac{50.12\%＋50.13\%＋50.14\%}{3}＝50.13\%$

三次测得值的绝对偏差分别为：

$$d_1＝50.12\%－50.13\%＝－0.01\%$$

$$d_2＝50.13\%－50.13\%＝0$$

$$d_3＝50.14\%－50.13\%＝＋0.01\%$$

$$\overline{d}＝\frac{|d_1|＋|d_2|＋|d_3|}{3}＝\frac{0.02}{3}＝0.0067\%$$

$$相对平均偏差＝\frac{0.0067\%}{50.13\%}×100\%＝0.0134\%$$

以上讨论说明：系统误差影响测定的准确度；偶然误差影响测定的精密度。

准确度和精密度的关系是：准确度高必须以精密度高为前提；精密度高不一定准确度高。

▶▶ 思考题

有一组滴定管的读数数据，26.12mL、26.11mL、26.13mL、26.10mL，试计算其绝对偏差，绝对平均偏差和相对平均偏差。

知识点三 有效数字及其运算

一、认识有效数字

为了得到可靠的分析结果，不仅要准确地进行测量，而且还要正确地记录数据和计算。有效数字是指测定过程中得到的有实际意义的数字，即所有可靠数字加一位可疑数字。

例如，用万分之一的分析天平称量一份样品，平行称量三次的结果为：0.4768g、0.4767g、0.4769g。其中，0.476 是准确可靠的，而最后一位数字是不可靠的，上述数据有四位有效数字。

数据 0.5382g 有四位有效数字（分析天平称量）；数据 18.36mL 有四位有效数字（滴定管读数）；数据 1.5g 有两位有效数字（托盘天平称量）；数据 18mL 有两位有效数字（量筒读数）。

以上数据说明，有效数字不仅表示了数量的大小，也反映了测量时所用仪器的精确程度。

对于有效数字位数的确定，需注意下列问题：

① "0"的作用：0 在非 0 数字前不是有效数字，只起到定位作用；0 在非 0 数字中和非 0 数字后是有效数字。如 0.01030 有四位有效数字。

② 单位改变，有效数字位数不变，因为测量的精度是一定的。如 0.0050g 和 5.0mg 都是两位有效数字。

③ 采用科学记数法时，有效数字位数要根据实际情况确定。如，54000 若为两位有效数字，应记为 5.4×10^4，若为三位有效数字应记为 5.40×10^4。

④ pH、lgK 等对数值，其有效数字位数取决于其小数点后数字的位数，整数部分只代表该数的方次。如 pH＝11.02 不是四位有效数字。

⑤ 化学计量式前的系数可视为无限多位有效数字。

二、有效数字的修约

常用的有效数字的修约方法有两种："四舍五入"法和"四舍六入五留双"法。运算中舍弃多余的数字时，采用"四舍六入五留双"的规则。即被修约的数字小于或等于 4 时，则舍去；被修约的数字大于或等于 6 时则进位；被修约的数字等于 5 时，若 5 后面的数字不全为 0，则进位；5 后面的数字全为 0，5 前为偶数则舍，5 前为奇数则进位。修约数字时，注意一次修约到位，不要分次修约。如 3.5642，修约为三位有效数字时，应一次修约到 3.56。

三、有效数字的运算规则

在报告分析结果时，要进行数据的处理，对数据的合理取舍。恰当地运用有效数字的运算规则进行计算，是分析结果准确与否的保证。

1. 加减法

在运算时，以绝对误差最大（小数点后位数最少的）的那个数为依据。

【例3】 计算 $40.1+3.45+0.5612$ 的值。

解： $40.1+3.45+0.5612$

$=40.1+3.4+0.6$

$=44.1$

2. 乘除法

在运算时，要以相对误差最大（有效数字位数最少）的那个数为依据。

【例4】 计算 $0.0134×26.14×2.03856$ 的值。

解： $0.0134×26.14×2.03856$

$=0.0134×26.1×2.04$

$=0.713$

▶▶ **思考题**

(1) 把下列数据按照"四舍五入法"修约三位有效数字。

①3.125　②3.124　③3.12446　④3.126

(2) 把下列数据按照"四舍六入五留双法"修约三位有效数字。

①3.124　②3.126　③3.125　④3.115　⑤3.125123

知识点四　可疑值的取舍

在多次测量所得的数据中经常会出现个别数值偏高或偏低的情况，这个数据就是可疑值。可疑数值的取舍有多种方法，经常用的方法是 Q-检验和 G-检验。

一、Q-检验

用 Q-检验决定可疑值的取舍步骤如下：

(1) 将测量数值按照从大到小排序，并算出最大值与最小值之差。

(2) 计算可疑值与相邻值的差值。

(3) 用下式计算 $Q_{计}=\dfrac{|可疑值-相邻值|}{最大值-最小值}$。

(4) 查表 1-1 决定可疑值的取舍：若 $Q_{计}≥Q_{表}$，该数值应舍弃；若 $Q_{计}<Q_{表}$，数值则予以保留。

表 1-1　不同置信度下的 Q 值表

n	3	4	5	6	7	8	9	10
$Q_{90\%}$	0.94	0.76	0.64	0.56	0.51	0.47	0.44	0.41
$Q_{95\%}$	0.97	0.84	0.73	0.64	0.59	0.54	0.51	0.49
$Q_{99\%}$	0.99	0.93	0.82	0.74	0.68	0.63	0.60	0.57

【例5】 用基准物质硼砂标定盐酸溶液，平行滴定四次，结果如下：0.1024mol·L^{-1}、0.1025mol·L^{-1}、0.1032mol·L^{-1}、0.1023mol·L^{-1}。试用 Q-检验法确定 0.1032 是否应该舍弃（假设置信度为 95%）。

解：（1）四次测定结果排序：$0.1023 \text{mol} \cdot \text{L}^{-1}$、$0.1024 \text{mol} \cdot \text{L}^{-1}$、$0.1025 \text{mol} \cdot \text{L}^{-1}$、$0.1032 \text{mol} \cdot \text{L}^{-1}$。

（2）最大值—最小值$=0.1032-0.1023=0.0009$

（3）$Q_{\text{计}} = \dfrac{|\text{可疑值—相邻值}|}{\text{最大值—最小值}} = \dfrac{0.1032-0.1025}{0.0009} = 0.76 < 0.84$

所以，数据 0.1032 不能舍弃。

二、G-检验

G-检验也是应用较广泛的检验方法。检验步骤如下：

（1）计算所有测定值的平均值

$$\bar{x} = \frac{x_1 + x_2 + x_3 + \cdots + x_n}{n}$$

（2）计算所有测定值的标准偏差

$$S = \sqrt{\frac{d_1^2 + d_2^2 + \cdots + d_n^2}{n-1}}$$

（3）按照公式求 $G_{\text{计}}$ 的值

$$G_{\text{计}} = \frac{x_{\text{可疑}} - \bar{x}}{S}$$

（4）查表 1-2 比较：若 $G_{\text{计}} \geqslant G_{\text{表}}$，则该可疑值舍弃；若 $G_{\text{计}} < G_{\text{表}}$，该可疑值保留。

表 1-2　95% 置信度的 G 临界值表

n	3	4	5	6	7	8	9	10
G	1.15	1.48	1.71	1.89	2.02	2.13	2.21	2.29

【例 6】　用 G 检验法确定例 5 中的可疑值 0.1032 是否应该舍弃。

解：（1）计算平均值：$\bar{x} = \dfrac{0.1023 + 0.1024 + 0.1025 + 0.1032}{4} = 0.1026$

（2）求标准偏差 $S = \sqrt{\dfrac{(-0.0003)^2 + (-0.0002)^2 + (0.0001)^2 + (0.0006)^2}{4-1}} = 0.00041$

（3）$G_{\text{计}} = \dfrac{0.1032 - 0.1027}{0.00041} = 1.23 < 1.48$

所以，该数据不能舍弃。

由上可见，用两种检验法检验得出的结论相同。

▶▶ **思考题**

试用 Q-检验和 G-检验法确定数据 25.16、25.15、25.17、25.19 中的可疑值是否应该保留，设置信度为 90%。

项目小结

本项目主要介绍了定量分析化学的一些基本概念和相关数据处理的知识。

定量分析可分为化学分析法和仪器分析法。化学分析法分为重量分析法和滴定分析法。滴定分析法根据原理的不同可分为：酸碱滴定法、沉淀滴定法、氧化还原滴定法和配位滴定法。

在分析过程中，误差是不可避免的，只能采取措施使误差减小到指定的范围内。

误差根据产生的原因和性质的不同可分为系统误差和偶然误差。系统误差是由确定因素产生的，具有单向性、重复性和可测性的特点；偶然误差是由某些偶然因素引起的，它的出现符合统计规律，小误差出现的机会多，大误差出现的机会少。

系统误差可分为仪器误差、方法误差、试剂误差和操作误差。减小误差的方法有很多，空白试验、仪器校正、对照试验是经常用到的减小系统误差的方法。另外，还要根据具体的分析要求采取合适的方法，称量适当质量（量取适当体积）的样品来减小系统误差。为了减小偶然误差需要适当增加平行实验的次数，滴定分析一般要求滴定 2~3 次。

分析结果的准确度用误差表示，误差分为绝对误差和相对误差。

准确度和精密度的关系：准确度高，精密度一定高；精密度高，准确度不一定高。

$$绝对误差＝测得值－真实值$$

$$相对误差＝\frac{绝对误差}{真实值}\times100\%＝\frac{测得值－真实值}{真实值}\times100\%$$

精密度用偏差表示，偏差分为绝对偏差和相对偏差。

$$绝对偏差（d）＝测得值－平均值$$

$$相对偏差＝\frac{绝对偏差}{平均值}\times100\%$$

此外，数据的离散程度用标准偏差（S）来表示。

在报告分析结果时，要对数据进行分析，合理的取舍，这就是有效数字的修约和运算。有效数字是在分析工作中能够测量到的具有实际意义的数字，它包括所有准确数字和最后一位不准确数字。有效数字的修约主要采取"四舍六入五留双"的方法，为了计算的方便，在实际工作中也采用"四舍五入"的方法。加减法的运算要以小数点后位数最少的数据为依据进行取舍，乘除法要以有效数字位数最少的数据为依据进行取舍。对于测定的可疑值的取舍可用 Q-检验和 G-检验来确定。

在学习上述知识时，要在理解定量分析的程序即"取样、试样分解、消除干扰、采取合适的方法进行测定、报告分析结果"的基础上，培养严肃认真的科学态度和实事求是的工作作风，在后续的实验课上培养各项实验技能，为专业课的学习奠定良好的基础。

自我测试

一、选择题

1.下列不属于系统误差的是（　　　）。

A. 滴定管刻度不准确　　　　　　　　　B. 测定过程中大气压突然变动

C. 锥形瓶振荡造成溶液损失　　　　　　D. 移液管最后一滴液体未按标示吹入锥形瓶

2.下列有四位有效数字的是（　　　）。

A. 0.9　　　　　　B. 0.090　　　　　　C. 0.0009　　　　　　D. 0.9000

3.数据 1.0451 按照"四舍六入五留双"修约保留三位有效数字后结果正确的是（　　　）。

A.1.04　　　　　　B.1.05　　　　　　C.不能确定

4. 试剂不纯造成的误差属于（　　　）。

A. 系统误差　　　　B. 偶然误差　　　　C. 绝对误差　　　　D. 相对误差

5. 下列不是系统误差的特点的是（　　　）。

A. 具有单向性　　　B. 具有重复性　　　C. 具有可测性　　　D. 符合统计规律

二、填空题

1. 误差按照产生的原因和性质可分为两类＿＿＿＿＿＿＿＿＿＿＿和＿＿＿＿＿＿＿＿＿。

2. 系统误差具有＿＿＿＿＿＿＿、＿＿＿＿＿＿＿＿＿和＿＿＿＿＿＿＿＿的特点。产生系统误差的原因包括：＿＿＿＿＿＿＿＿＿＿＿＿＿＿＿＿＿＿＿＿＿＿、＿＿＿＿＿＿＿＿＿＿＿＿。

3. 偶然误差的规律＿＿＿＿＿＿＿＿＿＿＿、＿＿＿＿＿＿＿＿＿＿、＿＿＿＿＿＿＿＿＿＿。

4. 减小测定中系统误差可采取以下措施＿＿＿＿＿＿＿＿＿＿＿＿＿＿＿＿＿、＿＿＿＿＿＿＿＿＿＿＿＿＿＿、＿＿＿＿＿＿＿＿＿＿＿。

5. 常用的有效数字的修约方法有两种：＿＿＿＿＿＿＿＿＿和＿＿＿＿＿＿＿＿＿。

6. 加减法运算时，以＿＿＿＿＿＿＿＿＿＿最大（即小数点后位数＿＿＿＿＿＿＿＿的）的那个数为依据；乘除法在运算时，要以＿＿＿＿＿＿＿＿＿＿（有效数字位数最少）的那个数为依据。

三、简答题

1. 将下列数据处理成四位有效数字：

98.745　　32.635　　10.0654　　0.326550　　1.3451×10^{-3}　　108.445　　128.45　　7.3864

2. 下列情况各引起什么误差？如果是系统误差，应如何消除？

a. 砝码腐蚀；

b. 称量时，试样吸收了空气的水分；

c. 天平零点稍有变动；

d. 读取滴定管读数时，最后一位数字估测不准；

e. 以含量为98%的金属锌作为基准物质标定EDTA溶液的浓度；

f. 试剂中含有微量待测组分；

g. 重量法测定SiO_2时，试液中硅酸沉淀不完全；

h. 天平两臂不等长。

3. 按照有效数字运算规则，计算下列算式：

a. $213.64 + 4.402 + 0.3244$；

b. $\dfrac{0.1000 \times (25.00 - 1.52) \times 246.47}{1.0000 \times 1000}$；

c. $\dfrac{1.5 \times 10^{-5} \times 6.11 \times 10^{-8}}{3.3 \times 10^{-5}}$。

4. 某三次测定结果为：21.87，21.93，21.69，假设真实值为21.06。试计算三次测定的绝对误差、相对误差。

5. 用NaOH标定盐酸时，经过5次测定，所用HCl的体积分别为：27.34mL、27.36mL、27.35mL、27.37mL、27.40mL，计算分析结果的平均值、绝对平均偏差和相对平均偏差。

四、综合题

1. 标定$KMnO_4$溶液浓度，五次测定结果如下：0.05030，0.05018，0.05016，

0.05019，0.05017。试用 Q-检验法判断数据中有无舍弃值（用 $Q_{0.90}$ 计算），并计算平均值在 95％置信度时的置信区间。

2.三个学生对样品中的某组分进行测定，结果如下：a.50.25％，50.27％，50.26％；b.50.10％，50.20％，50.30％；c.50.10％，50.12％，50.12％。设真实值为 50.26％，请你评价三人的分析结果，能说明什么问题？

项目二 分析化学仪器的使用

知识目标

(1) 了解电子天平的分类。

(2) 了解常见滴定管、移液管、容量瓶的规格。

(3) 掌握电子天平的使用规程，了解分析天平的简单原理及操作方法。

(4) 学会滴定管、移液管、容量瓶的使用。

技能目标

(1) 熟练使用电子天平的称量。

(2) 学会直接称量法、固定质量称量法和递减称量法。

知识点一 电子天平的使用

电子天平是最新一代的天平，是根据电磁力平衡原理直接称量，全量程不需砝码，放上称量物后，在几秒钟内达到平衡，显示读数，称量速度快，精度高。电子天平的支承点用弹性簧片取代机械天平的玛瑙刀口，用差动变压器取代升降枢装置，用数字显示代替指针刻度式。因而，电子天平具有使用寿命长、性能稳定、操作简便和灵敏度高的特点。此外，电子天平还具有自动校正、自动去皮、超载指示、故障报警等功能以及具有质量电信号输出功能，且可与打印机、计算机联用，进一步扩展其功能，如统计称量的最大值、最小值、平均值及标准偏差等。由于电子天平具有机械天平无法比拟的优点，尽管其价格较贵，但也会越来越广泛地应用于各个领域并逐步取代机械天平。

一、电子天平的种类

人们把用电磁力平衡原理来称量物体质量的天平称为电子天平。其特点是称量准确可靠、显示快速清晰并且具有自动检测系统、简便的自动校准装置以及超载保护装置等。按电子天平的精度可分为以下几类：

1. 超微量电子天平

超微量天平的最大称量是 $2\sim5g$，其标尺分度值小于（最大）称量的 10^{-6}。

2. 微量天平

微量天平的称量一般在 $3\sim50g$，其分度值小于（最大）称量的 10^{-5}。

3. 半微量天平

半微量天平的称量一般在 $20\sim100g$，其分度值小于（最大）称量的 10^{-5}。

4. 常量电子天平

常量天平的最大称量一般在 $100\sim200g$，其分度值小于（最大）称量的 10^{-5}。

分析天平是常量天平、半微量天平、微量天平和超微量天平的总称；精密电子天平是准确度级别为 Ⅱ 级的电子天平的统称。

二、电子天平的校准

在测试中人们会发现，对天平进行首次计量测试时误差较大，原因是相当一部分仪器，在较长的时间间隔内未进行校准，而且认为天平显示零位便可直接称量（需要指出的是，电子天平开机显示零点，不能说明天平称量的数据准确度符合测试标准，只能说明天平零位稳定性合格。因为衡量一台天平合格与否，还需综合考虑其他技术指标的符合性）。因存放时间较长，位置移动，环境变化或未获得精确测量，天平在使用前一般都应进行校准操作。校准方法分为内校准和外校准两种。德国生产的沙特利斯，瑞士产的梅特勒，上海产的"JA"等系列电子天平均有校准装置。如果使用前不仔细阅读说明书很容易忽略"校准"操作，造成较大的称量误差。

三、电子天平的使用步骤

1. 水平调节

（1）水平仪气泡的作用　电子天平在称量过程中会因为摆放位置不平而产生测量误差，称量精度越高误差就越大（如精密分析天平、微量天平），为此大多数电子天平都提供了调整水平的功能。

电子天平都有一个水准泡。水准泡必须位于液腔中央，否则称量不准确。调好之后，尽量不要搬动，否则，水准泡可能发生偏移，又需重调。电子天平一般有两个调平底座，一般位于后面，也有位于前面的，旋转这两个调平底座，就可以调整天平水平。

（2）水平仪气泡的调整方法　首先，旋转左或右调平底座，把水准泡先调到液腔左右的中间。单独旋转一个左或右调平底座，其实是调整天平的倾斜度，可以将水准泡调到液腔左右的中间，关键是调哪一个调平底座。初学者可以这样判断，先手动倾斜天平，使水准泡达到液腔左右的中间，然后看调平底座，哪一个高了，或者低了，调整其中一个调平底座的高矮，就可以使水准泡移动到液腔左右的中间。

注意，同时旋转两个调平底座，两手幅度必须一致，都须顺时针或者逆时针，让水准泡在液腔左右的中间线前后移动，最终移动到液腔中央。

同时顺时针或者逆时针旋转：双手同时旋转调平底座，一只手向胸前，一只手向胸外，方向相反，一般就是同时顺时针或者逆时针旋转调平底座。

方向问题：初学者不大容易判断方向，可手动抬高底座或另一个支座，使水泡向中央移动，再观察调平底座的位置，看是需要调高还是需要调低。

2. 预热

接通电源，预热至规定时间后（天平长时间断电之后再使用时，至少需预热 30min），开启显示器进行操作。

3. 开启显示器

轻按 $\boxed{\text{ON}}$ 键，显示器全亮，约 2s 后，显示天平的型号，然后是称量模式 0.0000g。读数时应关上天平门。

4. 天平基本模式的选定

天平通常为"通常情况"模式，并具有断电记忆功能。使用时若改为其他模式，使用后一按 $\boxed{\text{OFF}}$ 键，天平即恢复通常情况模式。称量单位的设置等可按说明书进行操作。

5. 校准

因存放时间较长、位置移动、环境变化或未获得精确测量，天平在使用前一般都应进行校准操作，采用外校准（有的电子天平具有内校准功能），由 $\boxed{\text{TAR}}$ 键清零及 $\boxed{\text{CAL}}$ 键、100g 校准砝码完成。

轻按 $\boxed{\text{CAL}}$ 键当显示器出现 CAL- 时松手，显示器就出现 CAL-100，其中"100"为闪烁码，表示校准砝码需用 100g 的标准砝码。此时就把准备好 100g 校准砝码放上秤盘，显示器即出现"——"等待状态，经较长时间后显示器出现 100.0000g，拿去校准砝码，显示器应出现 0.0000g，若不为零，则再清零，再重复以上校准操作（注意，为了得到准确的校准结果，最好重复以上校准）。

6. 称量

按 $\boxed{\text{TAR}}$ 键，显示为零后，置称量物于秤盘上，待数字稳定即显示器左下角的"0"标志消失后，即可读出称量物的质量值。

7. 去皮称量

按 $\boxed{\text{TAR}}$ 键清零，置容器于秤盘上，天平显示容器质量，再按 $\boxed{\text{TAR}}$ 键，显示零，即去除皮重。再置称量物于容器中，或将称量物（粉末状物或液体）逐步加入容器中直至达到所需质量，待显示器左下角"0"消失，这时显示的是称量物的净质量。将秤盘上的所有物品拿开后，天平显示负值，按 $\boxed{\text{TAR}}$ 键，天平显示 0.0000g。若称量过程中秤盘上的总质量超过最大载荷时，天平仅显示上部线段，此时应立即减小载荷。

8. 后续整理

称量结束后，若较短时间内还使用天平（或其他人还使用天平）一般不用按 $\boxed{\text{OFF}}$ 键关闭显示器。实验全部结束后，关闭显示器，切断电源，若短时间内（例如 2h 内）还使用天平，可不必切断电源，再用时可省去预热时间。若当天不再使用天平，应拔下电源插头。

四、样品的称量

常用的样品称量方法有直接称量法、固定质量称量法和递减称量法。

1. 直接称量法

直接称量法是将称量物直接放在天平盘上直接称量物体的质量。例如，容器器皿校正中称量某容量瓶的质量，重量分析实验中称量某坩埚的质量等，都使用这种称量法。

2. 固定质量称量法

固定质量称量法又称增量法，此法用于称量某一固定质量的试剂（如基准物质）或试样。这种称量操作的速度很慢，适用于称量不易吸潮、在空气中能稳定存在的粉末状或小颗粒（最小颗粒应小于 0.1mg，以便调节其质量）样品。

固定质量称量法应注意：若不慎加入试剂超过指定质量，应先关闭电源，然后用牛角匙取出多余试剂；重复上述操作，直至试剂质量符合指定要求为止；严格要求时，取出的多余试剂应弃去，不要放回原试剂瓶中；操作时不能将试剂散落于天平盘等容器以外的地方，称好的试剂必须定量地由表面皿等容器直接转入接受容器，即定量转移。

3. 递减称量法

递减称量法又称减量法，此法用于称量一定质量范围的样品或试剂。在称量过程中样品易吸水、易氧化或易与 CO_2 等反应时，可选此法。由于称取试样的质量是由两次称量之差求得，故也称差减法。

（1）从干燥器中用纸带（或纸片）夹住称量瓶后取出称量瓶（图 2-1）（注意，不要让手指直接触及称瓶和瓶盖，可以使用称量用的手套），用纸片夹住称量瓶盖柄，打开瓶盖，用牛角匙加入适量试样（一般为一份试样量的整数倍），盖上瓶盖。称出称量瓶加试样后的准确质量。

（2）将称量瓶从天平上取出，在接收容器的上方倾斜瓶身，用称量瓶盖轻敲瓶口上部使试样慢慢落入容器中（图 2-2），瓶盖始终不要离开接受器上方。当倾出的试样接近所需量（可从体积上估计或试重得知）时，一边继续用瓶盖轻敲瓶口，一边逐渐将瓶身竖直，使黏附在瓶口上的试样落回称量瓶，然后盖好瓶盖，准确称其质量。

（3）两次质量之差，即为试样的质量。按上述方法连续递减，可称量多份试样。有时一次很难得到符合质量范围要求的试样，可重复上述称量操作 1～2 次。

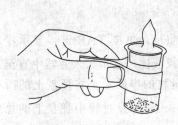

图 2-1 称量瓶

图 2-2 倾出试样的操作

五、电子天平的维护与保养

（1）电子天平安装室的环境要求

① 房间应避免阳光直射，最好选择阴面房间或采用遮光办法。

② 应远离震源，如铁路、公路、震动机等，无法避免时应采取防震措施。

③ 应远离热源和高强电磁场等环境。

④ 工作室内温度应恒定，以 20℃ 左右为最佳。

⑤ 工作室内的相对湿度应在 45%～75% 为最佳。

⑥ 工作室内应清洁干净，避免气流的影响。

⑦ 工作室内应无腐蚀性气体的影响。

（2）在使用前调整水平仪气泡至中间位置。

（3）电子天平应按说明书的要求进行预热。

（4）称量易挥发和具有腐蚀性的物品时，要盛放在密闭的容器中，以免腐蚀和损坏电子天平。

（5）经常对电子天平进行自校或定期外校，保证其处于最佳状态。

（6）如果电子天平出现故障应及时检修，不可带"病"工作。

（7）电子天平不可过载使用以免损坏天平。

（8）若长期不用电子天平时应暂时收藏。

▶▶ **思考题**

（1）简述电子天平外校准的方法。

（2）固定质量称量法和减量称量法各有什么优点？

（3）怎样利用 TAR 键进行快速称量？

知识点二　容量瓶的使用

容量瓶又叫量瓶。容量瓶用于准确地配制一定物质的量浓度的溶液。容量瓶上标有温度和容积，表示在所指温度下，液体的凹液面与容量瓶颈部的刻度线相切时，溶液体积恰好与瓶上标注的体积相等。容量瓶的主要用途为配制标准溶液，配制试样溶液或溶液的定量稀释。容量瓶按颜色可分为无色瓶和棕色瓶两种。一种规格的容量瓶只能量取一个量，常用的容量瓶有 100mL、250mL、500mL、1000mL 等多种规格。

一、容量瓶的准备工作

1. 检漏

使用前应检查瓶塞处是否漏水。具体操作方法是：在容量瓶内装入半瓶水，塞紧瓶塞，用右手食指顶住瓶塞，另一只手五指托住容量瓶底，将其倒立（瓶口朝下），观察容量瓶是否漏水，若不漏水，将瓶正立且将瓶塞旋转 180° 后，再次倒立，检查是否漏水，若两次操作容量瓶瓶塞周围皆无水漏出，即表明容量瓶不漏水。经检查不漏水的容量瓶才能使用。

2. 洗涤

先用自来水洗涤，倒出水后，内壁如不挂有水珠，即可用蒸馏水洗涤、备用，否则就必须用洗液洗涤。

用洗液洗涤时先尽量倒去瓶内残留的水，再倒入适量洗液，倾斜转动容量瓶，使洗液布满内壁，同时将洗液慢慢倒回原瓶。然后用自来水充分洗涤容量瓶及瓶塞，每次洗涤应充分振荡，并尽量使残留的水流尽。最后用蒸馏水洗三次。蒸馏水洗涤时应根据容量瓶的大小决定用水量，如 250mL 容量瓶，第一次约用 30mL 蒸馏水，第二、三次约用 20mL 蒸馏水。

二、容量瓶的使用步骤

用容量瓶配制溶液需按照下列步骤进行。第一，计算；第二，称量；第三，溶解；第四，转移；第五，定容；第六，摇匀。

计算所需溶质质量后，将准确称量的试剂（固体需要称取，液体需要量取）放在小烧杯中，加适量蒸馏水，搅拌使之溶解。用玻璃棒引流，将溶液转移到容量瓶中。

定量转移时，烧杯口应紧靠伸入容量瓶的玻璃棒（其上部不要碰瓶口，下端靠着瓶颈内壁），使溶液沿玻璃棒和内壁流入（图 2-3）。溶液全部转移后，将玻璃棒和烧杯稍微向上提起，同时使烧杯直立，再将玻璃棒放回烧杯。注意勿使溶液流至烧杯外壁而损失溶液。用洗瓶吹洗玻璃棒和烧杯内壁，如前将洗涤液转移至容量瓶中，如此重复多次，完成定量转移。当加水至容量瓶的 1/2 左右时，用右手食指和中指夹住瓶塞的扁头（图 2-4），将容量瓶拿起，按水平方向旋转几周，使溶液大体混匀。继续加水至距离标线约 1cm 处，等 1~2min，使附在瓶颈内壁的溶液流下后，再用细而长的滴管加水（注意勿使滴管接触溶液）至弯月面下缘与标线相切（也可用洗瓶加水至标线）。无论溶液有无颜色，一律按照这个标准。即使溶液颜色比较深，但最后所加的水位于溶液最上层，而尚未与有色溶液混匀，所以弯月下缘仍然非常清楚，不会有碍观察。盖上干的瓶塞，用一只手的食指按住瓶塞上部，其余四指拿住瓶颈标线以上部分，用另一只手的指尖托住瓶底边缘（图 2-5），将容量瓶倒转，使气泡上升到顶，此时将瓶振荡数次，正立后，再次倒转过来进行振荡。如此反复多次，将溶液混匀。最后放正容量瓶，打开瓶塞，使瓶塞周围的溶液流下，重新塞好塞子后，再倒转振荡1～2次，使溶液全部混匀。

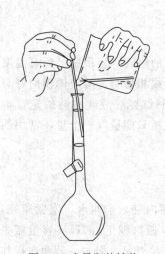
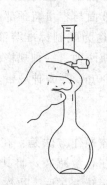
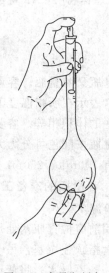

图 2-3　容量瓶的转移　　　图 2-4　容量瓶瓶盖拿法　　　图 2-5　容量瓶摇匀

若用容量瓶稀释溶液，则用移液管移取一定体积的溶液，放入容量瓶后，稀释至标线，混匀。

配好的溶液如需保存，应转移至磨口试剂瓶中。试剂瓶要用此溶液润洗三次，以免将溶液稀释。不要将容量瓶当作试剂瓶使用。

容量瓶用完后应立即用水冲洗干净。长期不用时，磨口处应洗净擦干，并用纸片将磨口隔开。

容量瓶不得在烘箱中烘烤，也不能用其他任何方法进行加热。

▶▶ 思考题

（1）常见容量瓶有哪些规格？
（2）配制溶液时能不能将溶解放热的样品溶液直接转移到容量瓶中？

知识点三　滴定管的使用

一、滴定管的准备工作

1. 酸式滴定管（酸管）的准备

酸管是滴定分析中经常使用的一种滴定管。除了强碱溶液，其他溶液作为滴定液时一般均采用酸管。

（1）使用前，首先应检查活塞与活塞套是否配合紧密，如不密合将会出现漏水现象，则不宜使用。其次，应进行充分的清洗。根据沾污的程度，可采用下列方法清洗：

① 用自来水冲洗。

② 用滴定管刷（特制的软毛刷）蘸合成洗涤剂刷洗，但铁丝部分不得碰到管壁（如用泡沫塑料刷代替毛刷更好）。

③ 用前法不能洗净时，可用铬酸洗液清洗。加入 5～10mL 洗液，边转动边将滴定管放平，并将滴定管口对着洗液瓶口，以防洗液洒出。洗净后，将一部分洗液从管口放回原瓶，最后打开活塞将剩余的洗液从出口管放回原瓶，必要时可加满洗液进行浸泡。

④ 可根据具体情况采用针对性洗液进行洗涤，如管内壁残存二氧化锰时，可用草酸、亚铁盐溶液或过氧化氢加酸溶液进行洗涤。

用各种洗涤剂清洗后，都必须用自来水充分洗净，并将管外壁擦干，以便观察内壁是否挂水珠。

（2）为了使活塞转动灵活并克服漏水现象，需将活塞涂油（如凡士林油或真空活塞脂）。操作方法如下。

① 取下活塞小头处的小橡皮圈，再取出活塞。

② 用吸水纸将活塞和活塞套擦干，并注意勿使滴定管内壁的水再次进入活塞套（将滴定管平放在实验台面上）。

③ 用手指将油脂涂抹在活塞的两头或用手指把油脂涂在活塞的大头和活塞套小口的内侧（图 2-6）。油脂涂量要适当，涂得太少，活塞转动不灵活，且易漏水；涂得太多，活塞孔容易被堵塞。油脂绝对不能涂在活塞孔的上下两侧，以免旋转时堵住活塞孔。

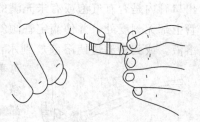

图 2-6　活塞涂油

④ 将活塞插入活塞套中。插时，活塞孔应与滴定管平行，径直插入活塞套，不要转动活塞，这样避免将油脂挤到活塞孔中。然后向同一方向旋转活塞，直到活塞和活塞套上的油脂层全部透明为止，套上小橡皮圈。

经上述处理后，活塞应转动灵活，油脂层没有纹络。

（3）用自来水充满滴定管，将其放在滴定管架上垂直静置约 2min，观察有无水滴漏下。然后将活塞旋转 180°，再如前检查，如果漏水，应重新涂油。若出口管尖被油脂堵塞，可将它插入热水中温热片刻，然后打开活塞，使管内的水突然流下，将软化的油脂冲出。油脂排除后，即可关闭活塞。

管内的自来水从管口倒出，出口管内的水从活塞下端放出（注意，从管口将水倒出时，务必不要打开活塞，否则活塞上的油脂会冲入滴定管，使内壁重新被沾污）。然后用蒸馏水洗三次，第一次用 10mL 左右，第二次及第三次各 5mL 左右。洗时，双手拿滴定管身两端无刻度处，边转动边倾斜滴定管，使水布满全管并轻轻振荡，然后直立，打开活塞将水放掉，同时冲洗出口管。也可将大部分水从管口倒出，再将余下的水从出口管放出。每次放掉水时应尽量不使水残留在管内。最后，将管的外壁擦干。

2. 碱式滴定管（碱管）的准备

使用前应检查乳胶管和玻璃珠是否完好。若胶管已老化，玻璃珠过大（不易操作）或过小（漏水），应更换。碱管的洗涤方法和酸管相同。在需要用洗液洗涤时，可除去乳胶管，用塑料乳头堵住碱管下口进行洗涤。如必须用洗液浸泡，则将碱管倒夹在滴定管架上，管口插入洗液瓶中，乳胶管处连接抽气泵，用手捏玻璃珠处的乳胶管，吸取洗液，直到洗液充满全管但不接触乳胶管，然后放开手，任其浸泡。浸泡完毕，轻轻捏乳胶管将洗液缓慢放出。

在用自来水冲洗或用蒸馏水清洗碱管时，应特别注意玻璃珠下方死角处的清洗。在捏乳胶管时应不断改变方位，使玻璃珠的四周都洗到。

3. 操作溶液的装入

装入操作溶液前，应将试剂瓶中的溶液摇匀，使凝结在瓶内壁上的水珠混入溶液，这在天气比较热、室温变化较大时更为必要。混匀后将操作溶液直接倒入滴定管中，不得用其他容器（如烧杯、漏斗等）转移。此时，左手前三指持滴定管上部无刻度处，并稍微倾斜，右手拿住细口瓶往滴定管中倒溶液。小瓶可以手握瓶身（瓶签向手心），大瓶则仍放在桌上，手拿瓶颈使瓶慢慢倾斜，让溶液慢慢沿滴定管内壁流下。

用摇匀的操作将滴定管洗涤三次（第一次 10mL，大部分可由上口放出，第二次、第三次各 5mL，可以从出口放出，洗法同前）。应特别注意的是，一定要使操作溶液洗遍全部内壁，并使溶液接触管壁 1～2min，以便与原来残留的溶液混合均匀。每次都要打开活塞冲洗出口管，并尽量放出残流液。对于碱管，仍应注意玻璃球下方的洗涤。最后，将操作溶液倒入，直到充满至零刻度以上为止。

注意检查滴定管的出口管是否充满溶液，酸管出口管及活塞透明，容易看出（有时活塞孔暗藏着的气泡，需要从出口管快速放出溶液时才能看见），碱管则需对光检查乳胶管内及出口管内是否有气泡或有未充满的地方。为使溶液充满出口管，在使用酸管时，右手拿滴定管上部无刻度处，并使滴定管倾斜约 30°，左手迅速打开活塞使溶液冲出（下面用烧杯承接溶液，或到水池边使溶液放到水池中），这时出口管中不再留有气泡。若气泡仍未能排出，

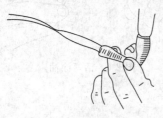

图 2-7 排气操作

可重复上述操作。如仍不能使溶液充满，可能是出口管未洗净，必须重洗。在使用碱管时，装满溶液后，右手拿滴定管上部无刻度处稍倾斜，左手拇指和食指拿住玻璃珠所在的位置并使乳胶管向上弯曲，出口管斜向上，然后在玻璃珠部位往一旁轻轻捏橡皮管，使溶液从出口管喷出（图 2-7）（下面用烧杯接溶液，同酸管排气泡），再一边捏乳胶管一边将乳胶管放直，注意当乳胶管放直后，再松开拇指和食指，否则出口管仍会有气泡。最后，将滴定管的外壁擦干。

4. 滴定管的读数

读数时应遵循下列原则：

（1）装满或放出溶液后，必须等 1～2min，使附着在内壁的溶液流下来，再进行读数。如果放出溶液的速度较慢（例如，滴定到最后阶段，每次只加半滴溶液时），等 0.5～1min 即可读数。每次读数前要检查一下管壁是否挂水珠，管尖是否有气泡。

（2）读数时，滴定管可以夹在滴定管架上，也可以用手拿滴定管上部无刻度处。不管用哪一种方法读数，均应使滴定管保持垂直。

（3）对于无色或浅色溶液，应读取弯月面下缘最低点，读数时，视线在弯月面下缘最低点处，且与液面成水平（图 2-8）；溶液颜色太深时，可读液面两侧的最高点，此时，视线应与该点成水平。注意初读数与终读数采用同一标准。

（4）必须读到小数点后第二位，即要求估计到 0.01mL。注意，估计读数时，应该考虑到刻度线本身的宽度。

（5）为了便于读数，可在滴定管后衬一黑白两色的读数卡。读数时，将读数卡衬在滴定

管背后，使黑色部分在弯月面下约 1mm 处，弯月面的反射层即全部成为黑色（图 2-9），读此黑色弯月面下缘的最低点。深色溶液需读两侧最高点时，可以用白色卡为背景。

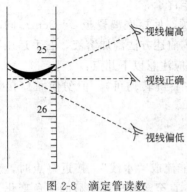

图 2-8　滴定管读数

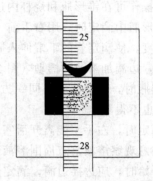

图 2-9　读数卡使用

（6）若为乳白板蓝线衬背滴定管，应当取蓝线上下两尖端相对点的位置读数。

（7）读取初读数前，应将管尖悬挂着的溶液除去。滴定至终点时应立即关闭活塞，并注意不要使滴定管中的溶液有稍许流出，否则终读数便包括流出的半滴液。因此，在读取终读数前，应注意检查出口管尖是否悬挂溶液，如有，则此次读数不能取用。

二、滴定管的使用步骤

进行滴定时，应将滴定管垂直地夹在滴定管架上。如使用的是酸管，左手无名指和小手指向手心弯曲，轻轻地贴着出口管，用其余三指控制活塞的转动（图 2-10）。但应注意不要向外拉活塞以免推出活塞造成漏水；也不要过分往里扣，以免造成活塞转动困难，不能操作。

如使用的是碱管，左手无名指及小手指夹住出口管，拇指与食指在玻璃珠所在部位往一旁（左右均可）捏乳胶管，使溶液从玻璃珠旁空隙处流出（图 2-11）。注意：①不要用力捏玻璃珠，也不能使玻璃珠上下移动；②不要捏到玻璃珠下部的乳胶管；③停止滴定时，应先松开拇指和食指，最后再松开无名指和小指。

图 2-10　酸管活塞操作

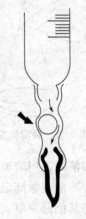

图 2-11　碱管操作

无论使用哪种滴定管，都必须掌握下面三种加液方法：

① 逐滴连续滴加；

② 只加一滴；

③ 使液滴悬而未落，即加半滴。

滴定操作如下。

滴定操作可在锥形瓶和烧杯内进行，并以白瓷板作背景。

在锥形瓶中滴定时，用右手前三指拿住锥形瓶瓶颈，使瓶底离瓷板 2～3cm。同时调节滴管的高度，使滴定管的下端伸入瓶口约 1cm。左手按前述方法滴加溶液，右手运用腕力摇动锥形瓶，边滴加溶液边摇动（图 2-12）。滴定操作中应注意以下几点：

① 摇瓶时，应使溶液向同一方向作圆周运动（左右旋转均可），但勿使瓶口接触滴定管，溶液也不得溅出。

② 滴定时，左手不能离开活塞任其自流。

③ 注意观察溶液落点周围溶液颜色的变化。

④ 开始时，应边摇边滴，滴定速度可稍快，但不能流成"水线"。接近终点时，应改为加一滴，摇几下。最后，每加半滴溶液就摇动锥形瓶，直至溶液出现明显的颜色变化。加半滴溶液的方法如下：微微转动活塞，使溶液悬挂在出口管嘴上，形成半滴，用锥形瓶内壁将其沾落，再用洗瓶以少量蒸馏水吹洗瓶壁。用碱管滴加半滴溶液时，应先松开拇指和食指，将悬挂的半滴溶液沾在锥形瓶内壁上，再放开无名指与小指，这样可以避免出口管尖出现气泡，使读数造成误差。

⑤ 每次滴定最好都从 0.00 开始（或从零附近的某一固定刻度线开始），这样可以减小误差。在烧杯中进行滴定时，将烧杯放在白瓷板上，调节滴定管的高度，使滴定管下端伸入烧杯内 1cm 左右。滴定管下端应位于烧杯中心的左后方，但不要靠壁过近。右手持玻璃棒在右前方搅拌溶液，在左手滴加溶液的同时（图 2-13），玻璃棒应作圆周搅动，但不得接触烧杯壁和底。

图 2-12 滴定操作

图 2-13 烧杯中滴定

当加半滴溶液时，用玻璃棒下端承接悬挂的半滴溶液，放入溶液中搅拌。注意，玻璃棒只能接触液滴，不能接触滴定管管尖。其他注意点同上。滴定结束后，滴定管内剩余的溶液应弃去，不得将其倒回原瓶，以免沾污整瓶操作溶液。随即洗净滴定管，并用蒸馏水充满全管，备用。

▶▶ 思考题

(1) 为什么酸式滴定管只能盛放酸，碱式滴定管只能盛放碱？

（2）酸碱式滴定管漏水时各需要怎么处理？

知识点四　移液管的使用

移液管用来准确移取一定体积的溶液。在标明的温度下，先使溶液的弯月面下缘与移液管标线相切，再让溶液按一定方法自由流出，则流出的溶液的体积与管上所标明的体积相同。吸量管一般只用于量取小体积的溶液，其上带有分度，可以用来吸取不同体积的溶液。上面所指的溶液均以水为溶剂，若为非水溶剂，则体积稍有不同。

一、移液管的准备工作

（1）使用前，移液管和吸量管都应该洗净，使整个内壁和下部的外壁不挂水珠，为此，可先用自来水冲洗一次，再用铬酸洗液洗涤。以左手持洗耳球，将食指或拇指放在洗耳球的上方，右手手指拿住移液管或吸量管颈标线以上的地方，将洗耳球紧接在移液管口上（图2-14）。管尖贴在吸水纸上，用洗耳球打气，吹去残留水。然后排除洗耳球中空气，将移液管插入洗液瓶中，左手拇指或食指慢慢放松，洗液缓缓吸入移液管球部或吸量管约1/4处。移去洗耳球，再用右手食指按住管口，把管横过来，左手扶住管的下端，慢慢开启右手食指，一边转动移液管，一边使管口降低，让洗液布满全管。洗液从上口放回原瓶，然后用自来水充分冲洗，再用洗耳球吸取蒸馏水，将整个内壁洗三次，洗涤方法同前。但洗过的水应

图2-14　移液

从下口放出。每次用水量应为移液管以液面上升到球部或吸量管全长约1/5处。也可用洗瓶从上口进行吹洗，最后用洗瓶吹洗管的下部外壁。

（2）移取溶液前，必须用吸水纸将尖端内外的水除去，然后用待吸溶液洗三次。方法是：将待吸溶液吸至球部（尽量勿使溶液流回，以免稀释溶液），以后的操作，按铬酸洗液洗涤移液管的方法进行，但用过的溶液应从下口放出弃去。

二、移液管的使用步骤

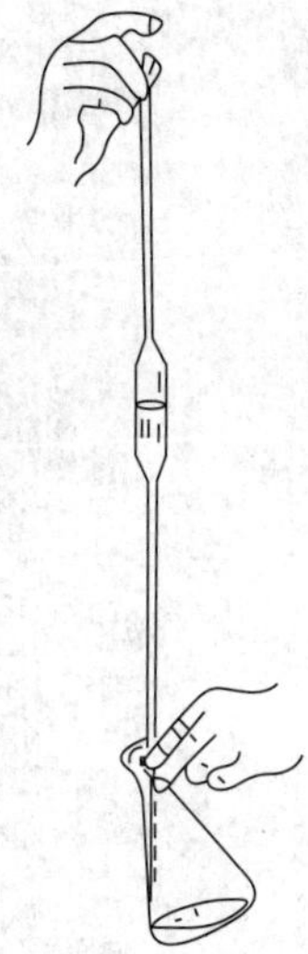

图2-15　放溶液

（1）移取溶液时，将移液管直接插入待吸溶液液面下1～2cm处，不要伸入太浅，以免液面下降后造成吸空；也不要伸入太深，以免移液管外壁附有过多的溶液。移液时将洗耳球紧接在移液管口上，并注意容器液面和移液管尖的位置，应使移液管随液面下降而下降，当液面上升至标线以上时，迅速移去洗耳球，并用右手食指按住管口，左手改拿盛待吸液的容器。将移液管向上提，使其离开液面，并将管的下部伸入溶液的部分沿待吸液容器内壁转两圈，以除去管外壁上的溶液。然后使容器倾斜约45°，其内壁与移液管尖紧贴，移液管垂直，此时微微松动右手食指，使液面缓慢下降，直到视线平视时弯月面与标线相切时，立即按紧食指。左手改拿接受溶液的容器，将接受容器倾斜，使内壁紧贴移液管尖成45°倾斜。松开右手食指，使溶液自由地沿壁流下（图2-15）。待液面下降到管尖后，再等15s取出移液管。注意，除非特别注明需要"吹"的以外，管尖最后留有的少量溶液不能吹入接受器中，因为在检定移液管体积时，就没有把这部分溶液算进去。

（2）用吸量管吸取溶液时，吸取溶液和调节液面至最上端标线的操作与移液管相同。放

溶液时，用食指控制管口，使液面慢慢下降至与所需的刻度相切时按住管口，移去接受器。若吸量管的分度刻到管尖，管上标有"吹"字，并且需要从最上面的标线放至管尖时，则在溶液流到管尖后，立即从管口轻轻吹一下即可。还有一种吸量管，分度刻在离管尖 1～2cm 处。使用这种吸量管时，应注意不要使液面降到刻度以下。在同一实验中应尽可能使用同一根吸量管的同一段，并且尽可能使用上面部分，而不用末端收缩部分。

（3）移液管和吸量管用完后应放在移液管架上。如短时间内不再用它吸取同一溶液时，应立即用自来水冲洗，再用蒸馏水清洗，然后放在移液管架上。

▶▶ 思考题

（1）移液管和刻度吸管有什么不同？

（2）使用移液管时应该注意哪些问题？

任务一　滴定仪器的使用

[任务目的]

（1）初步认识滴定管和移液管（吸量管）。

（2）学会滴定管的试漏、洗涤、装液、赶气泡及滴液操作。

（3）学会移液管（吸量管）的洗涤和移液的操作。

（4）学会实验后的整理工作。

[仪器和药品]

滴定管，移液管，烧杯，锥形瓶，蒸馏水。

[任务实施过程]

1.滴定管的使用

（1）练习滴定管的试漏操作。

（2）练习酸式滴定管的涂油操作。

（3）练习碱式滴定管的换珠（换乳胶管）的操作。

（4）练习滴定管的洗涤。

（5）练习滴定管的装液，"0"液面调整及赶气泡操作。

（6）练习用酸碱式滴定管进行滴液的操作及与锥形瓶的配合使用。

（7）练习滴定管的读数和记录。

2.移液管（吸量管）的使用

（1）练习移液管的洗涤。

（2）练习移液操作。

[任务评价]

见附录任务完成情况考核评分表。

[任务思考]

（1）酸式滴定管涂油应注意什么问题？

（2）酸式滴定管盛放碱液会造成什么样的后果？

（3）碱式滴定管可以盛放氧化性溶液吗？为什么？

（4）使用移液管为什么要用待装液洗涤？

(5) 移液管或者吸量管的"B"，"快"，"吹"表示什么含义？

任务二　一般溶液的配制

[任务目的]

(1) 巩固托盘天平的使用及固体药品取用。

(2) 巩固量筒的使用及液体药品取用。

(3) 熟悉溶液配制的一般步骤。

[仪器和药品]

仪器：台秤，量筒，烧杯，洗瓶，试剂瓶等。

药品：食盐，氢氧化钠，95％酒精。

[任务实施过程]

1. 配制1％、5％的NaCl溶液各100mL

(1) 计算所需要溶质的质量：

$$m=1\%\times100=1 （g）$$
$$m=5\%\times100=5 （g）$$

(2) 称量　用托盘天平称量1g NaCl放入250mL烧杯中。

(3) 溶解　向烧杯中加水至100mL刻度线，用玻璃棒搅拌使之溶解。

(4) 转移　将上述溶液转移到试剂瓶中并贴上标签。

5％的NaCl溶液的配制与上述步骤相同。

2. 配制60％的H_2SO_4溶液

(1) 计算所需要98％浓硫酸的体积：

$$V=\frac{60\%\times100}{98\%}=61.2 （mL）$$

(2) 称量　用量筒量取约61mL的硫酸。

(3) 溶解　向烧杯中注入39mL的水，将上述硫酸沿玻璃棒缓缓加入水中至刻度线，用玻璃棒搅拌使之溶解。

(4) 转移　将溶液冷却后转移到试剂瓶中并贴上标签。

3. 配制$0.1mol\cdot L^{-1}$氢氧化钠溶液250mL

(1) 计算所需氢氧化钠的质量：

$$m=0.1mol\cdot L^{-1}\times0.25L\times40g\cdot mol^{-1}=1 （g）$$

(2) 称量　用托盘天平称量1g NaOH，放入500mL烧杯中。

(3) 溶解　向烧杯中加入蒸馏水至250mL刻度线，用玻璃棒搅拌，使之溶解。

(4) 将冷却后的溶液转移至试剂瓶中贴上标签。

[任务评价]

见附录任务完成情况考核评分表。

[任务思考]

(1) 配制一般浓度溶液的步骤可归纳为哪几步？

(2) 配制一般浓度溶液所用的主要仪器有哪些？

(3) 配制一般浓度溶液需要计算什么？

(4) 如何称量具有腐蚀性的药品？

任务三　样品称量及容量瓶的使用

[任务目的]

（1）用称量瓶练习电子天平的使用（调水平、调零、称量、读数、回位等操作）学会固定质量称量，差减法称量。

（2）了解容量瓶的容量瓶的规格及使用注意事项。

（3）熟练掌握容量瓶的洗涤、检漏、溶液转移、加水至标线、摇匀等操作。学会使用容量瓶配制标准溶液。

[仪器和药品]

仪器：电子天平，称量瓶，容量瓶 100mL，容量瓶 250mL，烧杯，玻璃棒，胶头滴管。

药品：氯化钠，蒸馏水。

[任务实施过程]

1. 称量 0.1000g 样品，称量 0.2～0.3g 样品，称量 0.3～0.4g 样品

（1）电子天平的预热　接通电源预热 20～30min。

（2）电子天平的水平调节练习　旋转左或右调平底座，把水准泡先调到液腔左右的中间。单独旋转一个左或右调平底座，其实是调整天平的倾斜度，可以将水准泡调到液腔左右的中间，关键是调哪一个调平底座。初学者可以这样判断，先手动倾斜天平，使水准泡达到液腔左右的中间，然后看调平底座，哪一个高了，或者低了，调整其中一个调平底座的高矮，就可以使水准泡移动到液腔左右的中间。

（3）电子天平的校准练习　按 CAL 键当显示器出现 CAL-时松手，显示器就出现 CAL-100，其中"100"为闪烁码，加 100g 校准砝码于秤盘，显示器即出现"—"等待状态，经较长时间后显示器出现 100.0000g，拿去校准砝码，显示器应出现 0.0000g，若不为零，则再清零，再重复以上校准操作。

（4）称量 0.1000g 样品，称量 0.2～0.3g 样品，称量 0.3～0.4g 样品。

① 用固定质量称量法称量 0.1000g 样品。

② 用差减法称量 0.2～0.3g 样品，称量 0.3～0.4g 样品。

2. 配制 $0.1000 mol \cdot L^{-1}$ NaCl 溶液 100mL，250mL

（1）计算配制准确浓度为 $0.1000 mol \cdot L^{-1}$ 食盐溶液 100mL、250mL 所需食盐的用量。

（2）用电子天平用差减法准确称取食盐，准确称至 0.0001g，记录数据。

（3）在小烧杯中溶解后，转移至 100mL、250mL 容量瓶中，玻璃棒引流。

（4）洗涤小烧杯三次，洗涤液一并转移至容量瓶中。加水至距刻度线 2～3cm，改用胶头滴管加水。

（5）用胶头滴管加水至溶液凹液面与环形刻度线相切。

（6）将容量瓶摇匀 3～4 次。

（7）将上述溶液转移至试剂瓶中贴上标签。

[任务评价]

见附录任务完成情况考核评分表。

[任务思考]

（1）配制准确浓度溶液的步骤可归纳为哪几步？

（2）配制准确浓度溶液所用的主要仪器有哪些？

（3）配制准确浓度溶液需要计算什么？

（4）怎样使用 TAR 键快速称量样品？

任务四　容量仪器的校准

[任务目的]

（1）巩固分析天平差减法称量。

（2）巩固移液管、容量瓶的操作。

（3）掌握酸式滴定管的准备及使用。

[仪器和药品]

酸式滴定管，移液管，容量瓶，磨口锥形瓶，分析天平，温度计，蒸馏水。

[任务实施过程]

1. 滴定管的校准

（1）将欲校准的滴定管洗净，加入与室温温度相同的蒸馏水至零刻度线以下附近，记录水温（℃）及滴定管中水面（弯月形）的起始读数（mL）。

（2）称量 50mL 磨口锥形瓶（外部保持洁净及干燥）的质量，再以正确操作由滴定管中放出 10.00mL 水于上述磨口锥形瓶中（勿将水滴在磨口上），称量。两次称量值之差即为滴定管中放出水的质量。反复测量两次。

（3）用同样方法测得滴定管 10.00～20.00、20.00～30.00、30.00～40.00 、40.00～45.00 刻度间放出水的质量。根据校准温度下的密度，算出滴定管所测各段的真正容积。

2. 移液管的校准

方法同上。由从移液管放出的水的质量，计算出它的真正容积。重复一次，两次校正值之差不得超过 0.02mL。

3. 容量瓶的校准

用已校准的移液管进行间接校准。用 25mL 移液管移取蒸馏水至洗净而干燥的容量瓶（250mL）中，移取十次后，仔细观察溶液弯月面是否与标线相切，否则另做一新的标记。由移液管的真正容积可知容量瓶的容积（至新标线）。经相对校准后的移液管和容量瓶应配套使用。

[数据记录]

滴定管放出水的间隔读数/mL			放出水的质量/g			真正容积/mL	校正值/mL
$V_{起始}$	$V_{放水后}$	$V=V_{放水后}-V_{起始}$	$m_{瓶}$	$m_{瓶+水}$	$m_{水}$	$V_{20}=m_{水}/\rho_t$	$V_{20}-V$

[任务评价]

见附录任务完成情况考核评分表。

[任务思考]

（1）容量仪器为什么要校准？

（2）称量纯水所用的具塞锥形瓶，为什么要避免将磨口部分和瓶塞沾湿？

（3）在校准实验中，为什么只需称准至0.01g？

（4）分段校准滴定管时，为何每次要从0.00mL开始？

（5）在进行滴定管的校准以及移液管和容量瓶相对校准时，所用的锥形瓶和容量瓶是否都需要事先干燥？滴定管和移液管需要吗？

自我测试

一、填空题

1.按电子天平的精度可分为以下几类_____、_____、_____、_____。

2.天平在使用前一般都应进行校准操作。校准方法分为_____和_____两种。采用外校准，由_____键清零及_____键、_____g校准砝码完成。

3.常用的称量方法有_____、_____和_____。

4.容量瓶上标有温度和容积，表示在所指温度下，液体的_____液面与容量瓶颈部的_____相切时，溶液体积恰好与瓶上标注的体积_____。主要用途为配制_____，配制_____或作_____。

5.用容量瓶配制溶液需按照下列步骤进行。_____、_____、_____、_____、_____。

6.酸管是滴定分析中经常使用的一种滴定管。除了_____溶液外，其他溶液作为滴定液时一般均采用酸管。

7.滴定管的洗涤可根据具体情况采用针对性洗液进行洗涤，如管内壁残存二氧化锰时，可应用_____、_____溶液或_____溶液进行洗涤。

8.酸式滴定管经过涂油处理后，活塞应_____灵活，油脂层没有_____。

9.洗涤滴定管时先用自来水洗涤，然后用蒸馏水洗三次。第一次用_____mL左右，第二及第三次各_____mL左右。

10.无论使用哪种滴定管，都必须掌握下面三种加液方法_____、_____、_____。

滴定操作中应注意以下几点：_____、_____、_____、_____。

二、简答题

1.天平在使用前应该做好哪些准备工作？

2.简述电子天平外校准的方法。

3.固定质量称量法应注意哪些事项？

4.简述差减法称量的要点。

5.简述容量瓶检漏的要点。

6.简述酸式滴定管涂油的方法。

7. 简述酸碱式滴定管赶气泡的方法。

8. 滴定管读数时应遵循哪些原则？

9. 简述在烧杯中进行滴定的操作方法。

10. 简述移液管移液的操作。

项目三　定量分析的程序及试样分解

知识目标

（1）了解分析化学的分类。

（2）理解定量分析的程序。

（3）了解几类试样分解的方法。

（4）了解仪器分析的分类。

技能目标

（1）学会固体物质和液体物质的取样。

（2）能根据试样的性质选择合适的方法分解试样。

知识点一　定量分析的方法

　　分析化学是获取物质的化学信息，研究物质的组成、状态和结构的科学。它是化学领域的一个重要分支，包括定性分析、定量分析及结构分析。定性分析的任务是鉴定物质的组成（元素、离子、原子团、官能团等）；定量分析的任务是确定物质的含量。一般来说，要在定性分析的基础上进行定量分析。

　　分析化学作为一种检测手段，在科学领域中起着十分重要的作用，它的发展与生命科学、环境科学、信息科学、材料科学以及资源和能源科学的发展息息相关。在食品生物科学领域，分析化学更是起着无可替代的作用，无论是产品成分的分析检验，还是产品质量的检测都离不开分析化学。

　　鉴于高职学制短的现实，我们不介绍定性分析的内容，主要学习定量分析的有关知识。定量分析依据测定原理和操作方法的不同，可分为化学分析法和仪器分析法两类。

一、化学分析法

化学分析法是以物质的化学反应为基础的分析方法，包括重量分析法和滴定分析法。

1.重量分析法

重量分析法是通过称量来确定物质含量的分析方法，它包括分离和称量两大步骤。根据分离方法的不同，重量分析法又可分为挥发法、萃取法和沉淀法。即：

根据某一化学计量反应 X（待测组分）＋R（试剂）══P（反应产物），从 P（一般是沉淀）的质量来计算 X 在试样中的含量。

重量法适用于含量在 1％以上的常量组分的测定，准确度可达 0.1％～0.2％，但操作较麻烦，耗时长。

2. 滴定分析法（容量分析法）

滴定分析法是将已知准确浓度的 R 溶液滴加到 X 溶液中，直到其恰好按化学计量反应为止，根据 R 的浓度和消耗的体积计算待测组分的含量的方法。即：

根据某一化学计量反应：

$$X+R══P$$

滴定分析法通常用于常量组分（$\geq$1％）的测定（有时也用于测定微量组分）。它具有简便、快速，准确度比较高（相对误差 0.2％以下）的优点，因此应用比较广泛。

根据反应类型的不同，滴定分析法分为酸碱滴定法、配位滴定法、氧化还原滴定法和沉淀滴定法。

二、仪器分析法

仪器分析法是以物质的物理性质或物理化学性质为基础的分析方法，因需要专用的仪器，故称为仪器分析方法。常用的仪器分析法有光学分析法、电化学分析法、色谱法、质谱法、放射分析法、热分析法、电子能谱分析法等。

仪器分析一般是半微量（0.01～0.1g）、微量（0.1～10mg）、超微量（＜0.1mg）组分的分析，灵敏度高；而化学分析一般是半微量（0.01～0.1g）、常量（＞0.1g）组分的分析，准确度高。

在实际工作中，往往需要根据被测物质的性质、含量、试样的组成和对分析结果准确度的要求，选择最适当的方法进行测定。同时，一个复杂物质的分析常用几种方法配合进行，有时，同一元素要用几种不同的方法测定，进行比较，所以化学分析法和仪器分析法是互相补充的。

仪器分析具有如下特点：

（1）灵敏度高　大多数仪器分析法适用于微量、痕量分析。例如，原子吸收分光光度法测定某些元素的绝对灵敏度可达 10^{-14}g。

（2）取样量少　化学分析法需用 10^{-1}～10^{-4}g；仪器分析试样常在 10^{-2}～10^{-8}g。

（3）在低浓度下的分析准确度较高　含量在 10^{-5}％～10^{-9}％范围内的杂质测定，相对误差低达 1％～10％。

（4）快速　例如，发射光谱分析法在 1min 内可同时测定水中 48 个元素，灵敏度高。

（5）可进行无损分析　有时可在不破坏试样的情况下进行测定，适于考古、文物等特殊领域的分析。有的方法还能进行表面或微区分析，试样可回收。

（6）能进行多信息或特殊功能的分析　有时可同时作定性、定量分析，有时可同时测定材料的组分比和原子的价态。放射性分析法还可作痕量杂质分析。

（7）专一性强　例如，用单晶 X 衍射仪可专测晶体结构；用离子选择性电极可测指定离子的浓度等。

（8）便于遥测、遥控、自动化　可作即时、在线分析控制生产过程、环境自动监测与控制。

（9）操作较简便　省去了繁多化学操作过程，随自动化、程序化程度的提高操作将更趋于简化。

（10）仪器设备较复杂，价格较昂贵。

仪器分析将在后续课程中进行学习。

▶▶ 思考题

（1）化学分析法分为几类？

（2）容量分析法分为几类？

知识点二 定量分析的程序

要完成一项定量分析任务，通常按照以下的几个步骤进行。

1. 取样

要求所取的样品均匀和有代表性。在实际工作中，要分析的对象往往是大量的，很不均匀的，而分析时所取的试样量一般不到1g，所以最重要的一点是要保证所取的试样具有代表性，否则分析工作毫无意义。

2. 试样的分解

定量化学分析采用湿法分析，即把试样分解后转入溶液中，然后进行测定。试样的分解应根据试样性质的不同，采用不同的分解方法。常用的分解试样的方法有以下两类：①用水、酸、碱等溶剂溶解；②采用高温熔融法。

试样的分解应注意以下几点：试样分解完全；分解过程中待测组分不应损失；不能从外部引入待测组分和干扰物质；分解试样最好与分离干扰元素相结合。

3. 除杂去干扰

在实际测定中所遇到的样品往往存在许多干扰组分，应设法消除。掩蔽是一种较简便的办法（配位掩蔽、氧化还原掩蔽、沉淀掩蔽等）。若没有合适的掩蔽方法则需要进行分离。

4. 试样测定

根据被测组分的性质、含量和对分析结果准确度的要求，选择合适的测定方法进行样品测定。测定是定量分析的中心环节，也是本课程的主要学习内容。

5. 计算分析结果

根据试样质量，测量所得数据和分析过程中有关反应的计量关系，计算试样中被测组分的含量，有时还要应用统计方法对分析结果的可信程度进行评价。

在数据的记录和处理过程中，一定要树立严肃认真、实事求是的科学态度。

▶▶ 思考题

（1）认真思考，排除干扰的方法有哪些？

（2）试样分解的方法有哪些？应注意哪些事项？

知识点三 试样分解的方法

一、溶解法分解试样

溶解法是采用适当的溶剂，将试样溶解后制成溶液的方法。常用的溶剂有水、酸和碱等。

1. 水溶法

对于可溶性的无机盐,可直接用蒸馏水溶解制成溶液。

2. 酸溶法

多种无机酸及混合酸,常用做溶解试样的溶剂。利用这些酸的酸性、氧化性及配位性,使被测组分转入溶液。常用的酸有以下几种。

(1) 盐酸（HCl） 大多数氯化物均溶于水,电位序在氢之前的金属及大多数金属氧化物和碳酸盐都可溶于盐酸中,另外,Cl^-还具有一定的还原性,并且还可与很多金属离子生成配离子而利于试样的溶解。常用来溶解赤铁矿（Fe_2O_3）、辉锑矿（Sb_2S_3）、碳酸盐、软锰矿（MnO_2）等样品。

(2) 硝酸（HNO_3） 硝酸具有较强的氧化性,几乎所有的硝酸盐都溶于水,除铂、金和某些稀有金属外,浓硝酸几乎能溶解所有的金属及其合金。铁、铝、铬等会被硝酸钝化,溶解时加入非氧化酸,如盐酸除去氧化膜即可很好的溶解。几乎所有的硫化物也都可被硝酸溶解,但应先加入盐酸,使硫以H_2S的形式挥发出去,以免单质硫将试样裹包,影响分解。

(3) 硫酸（H_2SO_4） 除钙、锶、钡、铅外,其他金属的硫酸盐都溶于水。热的浓硫酸具有很强的氧化性和脱水性,常用于分解铁、钴、镍等金属和铝、铍、锑、锰、钍、铀、钛等金属合金以及分解土壤样品中的有机物等。硫酸的沸点较高（338℃）,当硝酸、盐酸、氢氟酸等低沸点酸的阴离子对测定有干扰时,常加硫酸并蒸发至冒白烟（SO_3）来驱除。在稀释浓硫酸时,切记,一定要把浓硫酸缓慢倒入水中,并用玻璃棒不断搅拌,如沾到皮肤要立即用大量水冲洗。

(4) 磷酸（H_3PO_4） 磷酸根具有很强的配位能力,因此,几乎90%的矿石都能溶于磷酸。包括许多其他酸不溶的铬铁矿、钛铁矿、铌铁矿、金红石等,对于含有高碳、高铬、高钨的合金也能很好的溶解。单独使用磷酸溶解时,一般应控制在500～600℃、5min以内。若温度过高、时间过长,会析出焦磷酸盐难溶物、生成聚硅磷酸黏结于器皿底部,同时也腐蚀了玻璃。

(5) 高氯酸（$HClO_4$） 热的、浓高氯酸具有很强的氧化性,能迅速溶解钢铁和各种铝合金,能将Cr、V、S等元素氧化成最高价态。高氯酸的沸点为203℃,蒸发至冒烟时,可驱除低沸点的酸,残渣易溶于水。高氯酸也常作为重量法中测定SiO_2的脱水剂。使用$HClO_4$时,应避免与有机物接触,当样品含有机物时,应先用硝酸氧化有机物和还原性物质后再加高氯酸,以免发生爆炸。

(6) 氢氟酸（HF） 氢氟酸的酸性很弱,但F^-的配位能力很强,能与Fe(Ⅲ)、Al(Ⅲ)、Ti(Ⅳ)、Zr(Ⅳ)、W(Ⅴ)、Nb(Ⅴ)、Ta(Ⅴ)、U(Ⅵ)等离子形成配离子而溶于水,并可与硅形成SiF_4而逸出。氢氟酸一定要在通风柜中使用,一旦沾到皮肤一定要立即用水冲洗干净。

3. 混合酸溶法

(1) 王水是由HNO_3与HCl按1∶3（体积比）混合。由于硝酸的氧化性和盐酸的配位性,使其具有更好的溶解能力,能溶解Pb、Pt、Au、Mo、W等金属和Bi、Ni、Cu、Ga、In、U、V等合金,也常用于溶解Fe、Co、Ni、Bi、Cu、Pb、Sb、Hg、As、Mo等的硫化物和Se、Sb等矿石。

（2）逆王水是由 HNO_3 与 HCl 按 3∶1（体积比）混合。逆王水可分解 Ag、Hg、Mo 等金属及 Fe、Mn、Ge 的硫化物。浓 HCl、浓 HNO_3、浓 H_2SO_4 的混合物，称为硫王水，可溶解含硅量较大的矿石和铝合金。

（3）$HF+H_2SO_4+HClO_4$ 可分解 Cr、Mo、W、Zr、Nb、Tl 等金属及其合金，也可分解硅酸盐、钛铁矿、粉煤灰及土壤等样品。

（4）$HF+HNO_3$ 常用于分解硅化物、氧化物、硼化物和氮化物等。

（5）$H_2SO_4+H_2O_2+H_2O$ 按 2∶1∶3（体积比）混合，可用于油料、粮食、植物等样品的消解。若加入少量的 $CuSO_4$、K_2SO_4 和硒粉作催化剂，可使消解更快速完全。

（6）$HNO_3+H_2SO_4+HClO_4$（少量）常用于分解铬矿石及一些生物样品，如动、植物组织、尿液、粪便和毛发等。

（7）$HCl+SnCl_2$ 主要用于分解褐铁矿、赤铁矿及磁铁矿等。

4. 碱溶法

碱溶法的主要溶剂为 NaOH、KOH 或加入少量的 Na_2O_2、K_2O_2。碱溶法常用来溶解两性金属，如铝、锌及其合金以及它们的氢氧化物或氧化物，也可用于溶解酸性氧化物如 MoO_3、WO_3 等。

二、熔融法分解试样

1. 酸熔法

酸熔法适用于碱性试样的分解，常用的熔剂有 $KHSO_4$ 和 $K_2S_2O_7$，$KHSO_4$ 加热脱水后生成 $K_2S_2O_7$，二者的作用是一样的。在 300℃ 以上时，$K_2S_2O_7$ 中部分 SO_3 可与碱性或中性氧化物（如 TiO_2、Al_2O_3、Cr_2O_3、Fe_3O_4、ZrO_2 等）作用，生成可溶性硫酸盐。这种方法常用于分解铝、铁、钛、铬、锆、铌等金属氧化物及硅酸盐、煤灰、炉渣和中性或碱性耐火材料等。KHF_2 在铂坩埚中低温熔融可分解硅酸盐、钍和稀土化合物等。B_2O_3 在铂坩埚中于 580℃ 熔融，可分解硅酸盐及其他许多金属氧化物。

2. 碱熔法

碱熔法用于酸性试样的分解，常用的熔剂有 Na_2CO_3、K_2CO_3、NaOH、KOH、Na_2O_2 和它们的混合物等。

（1）Na_2CO_3（熔点为 850℃）和 K_2CO_3（熔点为 890℃）按 1∶1 形成的混合物，其熔点为 700℃ 左右，用于分解硅酸盐、硫酸盐等。分解硫、砷、铬的矿样时，用 Na_2CO_3 加入少量的 KNO_3 或 $KClO_3$，在 900℃ 时熔融，可利用空气中的氧将其氧化为 SO_4^{2-}、HSO_4^-、CrO_4^{2-}。用 Na_2CO_3 或 K_2CO_3 作熔剂宜在铂坩埚中进行。

（2）Na_2CO_3+S 用来分解含砷、锑、锡的矿石，可使其转化为可溶性的硫代酸盐，由于含硫的混合熔剂会腐蚀铂，故常在瓷坩埚中进行。

（3）NaOH（熔点为 321℃）和 KOH（熔点为 404℃）　二者都是低熔点的强碱性熔剂，常用于分解铝土矿、硅酸盐等试样，可在铁、银或镍坩埚中进行分解。用 Na_2CO_3 作熔剂时，加入少量 NaOH，可提高其分解能力并降低熔点。

（4）Na_2O_2（熔点为 460℃）　Na_2O_2 是一种具有强氧化性、强腐蚀性的碱性熔剂，能分解许多难溶物，如铬铁矿、硅铁矿、黑钨矿、辉钼矿、绿柱石、独居石等。能将其大部分元素氧化成高价态。有时将 Na_2O_2 与 Na_2CO_3 混合使用，以减缓其氧化的剧烈程度。用 Na_2O_2 作熔剂时，不宜与有机物混合，以免发生爆炸。Na_2O_2 对坩埚腐蚀严重，一般用铁、镍或刚玉坩埚。

（5）NaOH＋Na₂O₂ 或 KOH＋Na₂O₂　常用于分解一些难溶性的酸性物质。

3. 半熔法

半熔法又称烧结法。该法是在低于熔点的温度下，将试样与熔剂混合加热至熔结。由于温度比较低，不易损坏坩埚而引入杂质，但加热所需时间较长。例如 800℃时，用 Na_2CO_3＋ZnO 分解矿石或煤；用 MgO＋Na_2CO_3 分解矿石、煤或土壤等。

一般情况下，优先选用简便、快速、不易引入干扰的溶解法分解样品。熔融法分解样品时，操作费时费事，且易引入坩埚杂质，所以熔融时，应根据试样的性质及操作条件，选择合适的坩埚，尽量避免引入杂质。常用的坩埚有刚玉坩埚、铁坩埚、镍坩埚、铂金坩埚（不能用于有王水时溶样）、瓷坩埚等。

三、干式灰化法分解试样

干式灰化法分解试样，常用于分解有机试样或生物试样。在一定温度下，于马弗炉内加热，使试样分解、灰化，然后用适当的溶剂将剩余的残渣溶解。根据待测物质挥发性的差异，选择合适的灰化温度，以免造成分析误差。也可用氧气瓶燃烧法，该法是将试样包裹在定量滤纸内，用铂片夹牢，放入充满氧气并盛有少量吸收液的锥形瓶中进行燃烧，试样中的硫、磷、卤素及金属元素，将分别形成硫酸根、磷酸根、卤素离子及金属氧化物或盐类等溶解在吸收液中。有机物中碳、氢元素的测定，通常用燃烧法，将其定量的转变为 CO_2 和 H_2O。

除以上几种常用分解方法外，还有在密封容器中进行加热，使试样和溶剂在高温、高压下快速反应而分解的压力溶样法；还有目前已被人们普遍接受、特点较为明显的微波溶样法，即利用微波能，将试样、溶剂置于密封的、耐压、耐高温的聚四氟乙烯容器中进行微波加热溶样，该法可大大简化操作步骤、节省时间和能源，且不易引入干扰，同时也减少了对环境的污染，原本需数小时处理分解的样品，只需几分钟即可顺利完成。

▶▶ 思考题

硫酸、高氯酸和氢氟酸在使用时要注意哪些事项？

项目小结

分析化学是获取物质的化学信息，研究物质的组成、状态和结构的科学，包括定性分析、定量分析及结构分析。定性分析的任务是鉴定物质的组成（元素、离子、原子团、官能团等）；定量分析的任务是确定物质的含量。

定量分析依据测定原理和操作方法的不同，可分为化学分析法和仪器分析法。

化学分析法是以物质的化学反应为基础的分析方法，包括重量分析法和滴定分析法。

仪器分析法是以物质的物理性质或物理化学性质为基础的分析方法。

要完成一项定量分析任务，通常按照以下的几个步骤进行：取样、试样分解、除去杂质排除干扰、选择合适的方法进行测定、记录数据并进行数据处理。

试样分解的方法包括：溶解法分解试样的水溶法、酸溶法、混合酸溶法和碱溶法；熔融法分解试样的酸熔法、碱熔法、半熔法；干式灰化法分解试样。

在进行试样分析时，要依据试样的性质选择合适的方法进行分析，以得到合理可靠的结果。

自我测试

一、填空题

1.分析化学是获取物质的_____，研究物质的_____、_____和_____的科学。它包括_____、_____及结构分析。定性分析的任务是鉴定物质的组成（_____、_____、_____等）；定量分析的任务是_____。一般来说，要在_____的基础上进行_____。

2.化学分析法是以物质的_____为基础的分析方法，包括_____和_____。

3.重量分析法是通过_____来确定物质含量的分析方法。它包括_____和_____两大步骤。根据分离方法的不同重量分析又可分为：_____和_____。根据反应类型的不同，滴定分析法分为_____、_____、_____和_____。

4.仪器分析法是以物质的_____或_____基础的分析方法。因需要专用的仪器，故称为仪器分析方法。常用的仪器分析法有_____、_____、_____、_____放射分析法，此外，还有热分析法、电子能谱分析法等。

5.常用的分解试样的方法有以下两类：①_____等溶剂溶解②_____。

6.酸熔法适用于_____试样的分解，常用的熔剂有_____、_____、_____等。碱熔法用于_____的分解。常用的熔剂有_____、_____、_____、_____、_____和它们的混合物等。

二、简答题

1.简述定量分析的程序。

2.仪器分析法有哪些特点？

3.什么叫半熔法？

4.什么叫干式灰化法？

5.酸溶法常用的酸有哪几种？

项目四 实验条件的选择

知识目标

(1) 明确滴定分析的标准溶液、试液、滴定终点、终点误差等概念。

(2) 熟悉直接滴定法、间接滴定法、返滴定法和置换滴定法的应用条件。

(3) 熟记几种常见的基准物质。

(4) 理解滴定分析法对化学反应的要求。

(5) 理解物质的量的浓度和滴定度的概念。

技能目标

(1) 能根据物质性质选择合适方法进行测定。

(2) 能合理选择基准物质顺利完成标准溶液的标定。

(3) 熟练掌握滴定技能。

知识点一   基本概念

一、滴定分析

滴定分析法又称容量分析法，是化学分析中一种重要的分析方法。它是将一种已知准确浓度的试剂溶液（标准溶液）滴加到待测物质溶液（试液）中，直到化学反应定量完成为止，然后根据所加试剂溶液的浓度和体积计算待测组分含量的一种方法。滴定操作如图 4-1 所示。已知准确浓度的溶液称为标准溶液，又叫滴定剂。将标准溶液通过滴定管逐滴加到待测溶液中的操作过程叫滴定。当滴入的标准溶液与被测定的物质定量反应时，也就是两

图 4-1 滴定操作示意图

者的物质的量正好符合化学反应方程式所表明的计量关系时所用去的标准溶液的体积，称为理论终点或叫化学计量点。而许多滴定反应到达化学计量点时无外观变化，为了较准确地确定理论终点，需要加入指示剂，即用来确定理论终点的试剂。指示剂正好发生颜色变化的转变点叫做滴定终点。由于化学计量点与实验中实际测得的滴定终

点不一定完全相符造成的分析误差叫终点误差，也称滴定误差。终点误差是滴定分析误差的主要来源之一，它的大小取决于指示剂的选择，指示剂的性能及用量等。

滴定分析法通常用于常量组分（一般含量＞1％）的测定，不适合微量和痕量组分的测定。它的特点是操作简便，仪器简单，速度快，准确度高。一般情况下，滴定的相对误差为0.1％～0.2％。

二、滴定分析的反应条件

滴定分析根据化学反应类型不同分为酸碱滴定法、氧化还原滴定法、沉淀滴定法和配位滴定法。上述滴定分析法是以水作溶剂的分析方法。另外，还有在非水溶剂中进行的滴定分析法，称为非水滴定法，主要用来测定在水中较难进行滴定的酸、碱等物质。

滴定分析法是以化学反应为基础的，但并非所有化学反应都可以用于滴定分析。作为滴定分析的反应，必须具备下列条件：

（1）反应必须定量地完成　被测物质与标准溶液之间的反应要按一定的化学方程式进行，而且反应必须接近完全，通常要达到99.9％以上，这是滴定分析进行定量计算的基础。

（2）反应速率快　速率较慢的反应，可加热或加催化剂使之加速进行。

（3）要有简便可靠的方法确定滴定终点　如有合适的指示剂等。

（4）反应必须无干扰杂质存在，否则应进行掩蔽或除去。

三、滴定分析法的主要方式

按滴定方式，滴定分析法主要分为直接滴定法、返滴定法、置换滴定法和间接滴定法。

1. 直接滴定法

凡是待测物质与标准溶液之间的反应能满足滴定分析对化学反应的要求，都可以用标准溶液直接滴定，此种滴定方法称为直接滴定法。如用 HCl 标准溶液滴定 NaOH，用 NaOH 标准溶液滴定乙酸等。

2. 返滴定法

返滴定法也称为回滴法或剩余滴定法，以下几种情况可以用返滴定法：①被测物质与标准溶液反应速度很慢；②被测物质为固体；③没有适宜的指示剂。所谓返滴定法是先准确地加入过量的标准溶液 1，使反应加速，待反应完成后，再用标准溶液 2 滴定剩余的溶液 1，根据两标准溶液的浓度和消耗的体积，可以求出被测物质的量。如，测定 Al^{3+} 时，Al^{3+} 与 EDTA 反应速度很慢，可以加过量的 EDTA 标准溶液，并加热促其反应完全，溶液冷却后，可再用 Zn^{2+} 标准溶液快速滴定剩余的 EDTA。

3. 置换滴定法

当反应不按一定的反应式进行或伴有副反应时，可采用置换滴定法，即先用适当的试剂与被测物质反应，使被测物质定量地置换成另外一种物质，然后，再用标准溶液滴定这一物质，从而求出被测物质的含量。如在酸性溶液中，$K_2Cr_2O_7$（重铬酸钾）是氧化剂，能将 $Na_2S_2O_3$（硫代硫酸钠）氧化为 $Na_2S_4O_6$（连四硫酸钠）和 SO_4^{2-}，有副反应产生，所以不能用 $Na_2S_2O_3$ 直接滴定 $K_2Cr_2O_7$ 及其他氧化剂。此时可用置换滴定法，在 $K_2Cr_2O_7$ 中加过量 KI，使 $K_2Cr_2O_7$ 被还原，产生一定量的 I_2，再用 $Na_2S_2O_3$ 标准溶液滴定。

4. 间接滴定法

间接滴定法是指被测物质不能与标准溶液直接反应，但能通过另一种能与标准溶液反应的物质而被间接滴定的方法。如用 $KMnO_4$ 标准溶液测定样品中的 Ca^{2+} 含量，因为 Ca^{2+} 没有可变价态，不能与 $KMnO_4$ 直接反应，可以先用 $C_2O_4^{2-}$ 使 Ca^{2+} 沉淀为 CaC_2O_4，过滤后，

用 H_2SO_4 将 CaC_2O_4 溶解，再用 $KMnO_4$ 标准溶液滴定 $C_2O_4^{2-}$，根据它们之间的计量关系，求得 Ca^{2+} 的量。

返滴定法、置换滴定法及间接滴定法，扩大了滴定分析的应用范围。

▶▶ 思考题

(1) 任意反应都可以用来进行滴定吗？为什么？

(2) 一种物质不能用直接滴定法进行测定是不是就意味着不能用滴定分析法进行测定了？

知识点二　基准物质的选择与标准溶液的配制、标定

滴定分析过程中，无论采用何种滴定方式，都离不开标准溶液，因为待测物质的含量是根据所消耗的标准溶液的浓度和体积计算出来的。因此，标准溶液的准确性是测定结果准确性的前提。正确地配制标准溶液及准确地标定其浓度，是至关重要的。

一、基准物质

用来直接配制标准溶液的物质叫基准物质，作为基准物质应具备下列条件：

(1) 试剂纯度高　基准物质杂质含量少到可以忽略不计，一般要求基准物质的纯度达到 99.9% 以上。杂质含量少到不影响分析结果的准确性。

(2) 性质稳定　在一般情况下，基准物质物理性质和化学性质非常稳定，如加热、干燥不分解，称量时不吸湿，不吸收空气中的 CO_2，不挥发，不被空气氧化等。

(3) 物质组成与化学式完全符合　如 $Na_2B_4O_7 \cdot 10H_2O$，$H_2C_2O_4 \cdot 2H_2O$，物质的实际组成必须是 10 个结晶水和 2 个结晶水。

(4) 摩尔质量大　摩尔质量越大，称取质量越多，可相应减少称量的相对误差。滴定分析中常用基准物质见表 4-1。

表 4-1　滴定分析中常用基准物质

名称	化学式	干燥后的组成	干燥条件/℃	标定对象
硼砂	$Na_2B_4O_7 \cdot 10H_2O$	$Na_2B_4O_7 \cdot 10H_2O$	放在装有 NaCl 和蔗糖饱和溶液的密闭器皿中	酸
二水合草酸	$H_2C_2O_4 \cdot 2H_2O$	$H_2C_2O_4 \cdot 2H_2O$	室温空气干燥	碱或高锰酸钾
邻苯二甲酸氢钾	$KHC_8H_4O_4$	$KHC_8H_4O_4$	110～120	碱
重铬酸钾	$K_2Cr_2O_7$	$K_2Cr_2O_7$	140～150	还原剂
草酸钠	$Na_2C_2O_4$	$Na_2C_2O_4$	130	氧化剂
三氧化二砷	As_2O_3	As_2O_3	室温干燥器中保存	氧化剂
碳酸钙	$CaCO_3$	$CaCO_3$	110	EDTA
锌	Zn	Zn	室温干燥器中保存	EDTA
氧化锌	ZnO	ZnO	800	EDTA
氯化钠	NaCl	NaCl	500～600	$AgNO_3$
氯化钾	KCl	KCl	500～600	$AgNO_3$
铜	Cu	Cu	室温干燥器中保存	还原剂
碳酸钠	Na_2CO_3	Na_2CO_3	270～300	酸
溴酸钾	$KBrO_3$	$KBrO_3$	150	还原剂

注：干燥条件在不同的文献上略有差异。

二、标准溶液

1. 标准溶液浓度的表示方法

（1）物质的量浓度　单位体积溶液中所含溶质 B 的物质的量，称为物质的量浓度，用符号 c_B 表示，单位为 $mol \cdot L^{-1}$。即：

$$c_B = n_B/V$$

$$n_B = m_B/M_B$$

式中，V 表示溶液的体积，L；n_B 为溶液中溶质 B 的物质的量，mol；m_B 是物质 B 的质量，g；M_B 是物质 B 的摩尔质量，$g \cdot mol^{-1}$。

（2）滴定度　在实际工作中，常用滴定度（T）表示标准溶液的浓度。有三种表示方法：

① 按配制标准溶液的物质表示的滴定度　该滴定度的含义是每毫升标准溶液中含溶质的质量，用符号 T_S 表示。其中 S 是溶质的化学式，如 $T_{NaOH} = 0.04000 g \cdot mL^{-1}$，它表示 1mL NaOH 标准溶液中含有 0.04000g NaOH。有时也用 $mg \cdot L^{-1}$ 表示，此种表示方法不常用。

② 按被测物质表示的滴定度　该滴定度指每毫升标准溶液相当于被测物质的质量，以符号 $T_{X/S}$ 表示。如 $T_{NaOH/HCl} = 0.001597 g \cdot mL^{-1}$，它表示 1mL HCl 标准溶液恰好能与 0.001597g NaOH 作用。此种方法广泛用于生产和检测中。

③ 按被测物质的百分数表示　当试样质量固定时，每毫升标准溶液相当于被测物质的百分含量，以符号 $T_{X/S}$ 表示。如 $T_{NaOH/H_2SO_4} = 2.69\%$，表示当试样固定时，每毫升 H_2SO_4 相当于试样中 2.69% 的 NaOH。对于生产来说，这种表示方法由于经常分析同一种样品，能省很多计算，使用起来很方便。

物质的量浓度 c 和滴定度 T 都表示标准溶液的浓度，它们之间存在着一定的关系，即：

$$c_{溶液} = 1000 T_{X/S}/M_X$$

2. 标准溶液的配制和标定

配制标准溶液通常使用直接配制法和间接配制法。

（1）直接配制法　准确称取一定质量的基准物质，用蒸馏水溶解后，定量转移到容量瓶中，加蒸馏水稀释到刻度，根据物质的质量和容量瓶的体积，可以算出溶液的准确浓度。凡是基准物质均可用直接配制法配制溶液，如 $Na_2B_4O_7 \cdot 10H_2O$。

（2）间接配制法　间接配制法又称标定法，有许多试剂不符合基准物质的条件，如不易提纯和保存，性质不稳定等，此时用间接配制法，即先用这类试剂配制成近似于所需浓度的溶液，然后，选用一种基准物质或另一种物质的标准溶液来测定它的准确浓度。用基准物质或已知准确浓度的溶液测定标准溶液浓度的过程，称为标定。

标定标准溶液浓度的方法有两种：

① 用基准物质标定　用基准物质标定也称直接标定法，即准确称取一定质量的基准物质，溶解后，用待标定的标准溶液滴定，再根据基准物质的质量以及所消耗的待标定的溶液的体积，算出该溶液的准确浓度。

② 比较标定法　准确吸取一定体积的待标定溶液，用已知准确浓度的溶液滴定，或者准确吸取一定体积的标准溶液，用待标定的溶液进行滴定，再根据两种溶液所消耗的体积及标准溶液浓度算出待标定溶液的准确浓度。

两种方法进行对比可知，用基准物质标定更加准确。

应该注意：不论用哪种方法进行标定，都要平行测定 3～4 次，至少也要测 2～3 次，以保证其相对平均偏差≤0.2%。直接配制法所用仪器是移液管、分析天平、容量瓶等，而间接配制法使用精确度不高的仪器，如量筒、托盘天平等。

三、滴定分析法的计算

【例1】 称取基准物质硼砂 $Na_2B_4O_7 \cdot 10H_2O$ 0.4709g，用 HCl 溶液滴定至终点，消耗 HCl 溶液 25.20mL，求 HCl 溶液的物质的量浓度。

解： $Na_2B_4O_7 \cdot 10H_2O + 2HCl = 4H_3BO_3 + 2NaCl + 5H_2O$

$$n_{HCl} = 2n_{Na_2B_4O_7 \cdot 10H_2O}$$

因为 $n_{HCl} = c_{HCl}V_{HCl}$ $\qquad n_{Na_2B_4O_7 \cdot 10H_2O} = \dfrac{m_{Na_2B_4O_7 \cdot 10H_2O}}{M_{Na_2B_4O_7 \cdot 10H_2O}}$

故 $c_{HCl} = \dfrac{2m_{Na_2B_4O_7 \cdot 10H_2O}}{M_{Na_2B_4O_7 \cdot 10H_2O}V_{HCl}} \times 1000 = 2 \times \dfrac{0.4709 \times 1000}{381.43 \times 25.20} = 0.009798 \text{ (mol} \cdot L^{-1})$

【例2】 测定纯碱的纯度，称取试样 0.2648g，溶解于 25mL 蒸馏水，用甲基橙作指示剂，用 $0.2000\text{mol} \cdot L^{-1}$ 的 HCl 标准溶液滴定，消耗 24.00mL HCl 溶液，求纯碱的纯度。

解： $2HCl + Na_2CO_3 = 2NaCl + H_2CO_3$

$$n_{Na_2CO_3} = \frac{1}{2}n_{HCl}$$

$$w_{Na_2CO_3} = \frac{\frac{1}{2}c_{HCl}V_{HCl}M_{Na_2CO_3}}{m_s} \times 100\% = \frac{\frac{1}{2} \times 0.2000 \times 24.00 \times 10^{-3} \times 105.99}{0.2648} \times 100\%$$

$$= 96.06\%$$

▶▶ 思考题

(1) 常用来标定盐酸和氢氧化钠的基准物质有哪些？

(2) 在滴定分析中常用的溶液浓度有哪些？

(3) 滴定度有几种表示方法？各是怎么定义的？

项目小结

滴定分析法又称容量分析法是将标准溶液滴加到待测物质溶液（试液）中，按化学反应定量完成，根据所加试剂溶液的浓度和体积计算待测组分含量的一种方法。

完成一个滴定要用到标准溶液、试液、指示剂和必要的滴定仪器。将标准溶液通过滴定管逐滴加到待测溶液中的操作过程叫滴定。滴定过程的误差是客观存在的，由于化学计量点与实验中实际测得的滴定终点不一定完全相符造成的分析误差叫终点误差（滴定误差）。

配制标准溶液可以用基准物质配制，也可以采用标定法配制。作为基准物质应具备下列条件：试剂纯度高、性质稳定、物质组成与化学式完全符合、摩尔质量大。

标准溶液浓度的表示方法常用的有物质的量浓度和滴定度。在理解这两个概念时要从定义入手，只有这样才可以顺利地进行相关计算。

单位体积溶液中所含溶质 B 的物质的量，称为物质的量浓度，用符号 c_B 表示，单位为 $\text{mol} \cdot L^{-1}$。即：

$$c_B = n_B/V$$
$$n_B = m_B/M_B$$

常用滴定度（T）表示标准溶液的浓度。有三种表示方法：

① 按配制标准溶液的物质表示的滴定度　该滴定度的含义是每毫升标准溶液中含溶质的质量。

② 按被测物质表示的滴定度　该滴定度指每毫升标准溶液相当于被测物质的质量，以符号 $T_{X/S}$ 表示。

③ 按被测物质的百分数表示　当试样质量固定时，指每毫升标准溶液相当于被测物质的百分含量，以符号 $T_{X/S}$ 表示。

其中，前两种用得比较多。

滴定分析根据化学反应类型不同分为酸碱滴定法、氧化还原滴定法、沉淀滴定法和配位滴定法。作为滴定分析的反应，必须定量反应、反应速率快、要有简便可靠的方法确定滴定终点。如有合适的指示剂、反应必须无干扰杂质存在。

滴定分析法的方式有直接滴定法、返滴定法、置换滴定法和间接滴定法。

滴定分析法通常用于常量组分（一般含量＞1%）的测定，不适合微量和痕量组分的测定。它的特点是：操作简便，仪器简单，速度快，准确度高。一般情况下，滴定的相对误差为 0.1%～0.2%。

自我测试

一、填空题

1.滴定分析法又称_____，是化学分析中一种重要的分析方法，它是将一种已知_____溶液（标准溶液）滴加到_____（试液）中，直到化学反应_____完成为止，然后根据所加试剂溶液的浓度和_____计算待测组分含量的一种方法。

2.已知准确浓度的溶液称为_____，又叫_____。将标准溶液通过滴定管逐滴加到待测溶液中的操作过程叫_____。当滴入的标准溶液与被测定的物质定量反应时，也就是两者的物质的量正好符合化学计量关系时，称为_____或叫_____。而许多滴定反应到达化学计量点时无外观变化，为了较准确地确定理论终点，需要加入_____，用来确定理论终点的试剂。

3.指示剂正好发生颜色变化的转变点叫做_____。由于化学计量点与实验中实际测得的滴定终点不一定完全相符造成的分析误差叫_____，也称_____。终点误差是滴定分析误差的主要来源之一。

4.滴定分析根据化学反应类型不同分为_____、_____、_____和_____。

5.按滴定方式，滴定分析法主要分为_____、_____、_____和_____。

6.配制标准溶液通常使用_____配制法和_____配制法。

二、选择题

1.下列试剂中，可用直接法配制标准溶液的是（　　）。

A. $K_2Cr_2O_7$　　B. NaOH　　　　　　C. H_2SO_4　　　　　D. $KMnO_4$

2.下列说法正确的是（　　　）。

A.指示剂的变色点即为化学计量点　　　　B.分析纯的试剂均可作基准物质

C.定量完成的反应均可作为滴定反应　　　D.已知准确浓度的溶液称为标准溶液

3.将 Ca^{2+} 沉淀为 CaC_2O_4，然后溶于酸，再用 $KMnO_4$ 标准溶液滴定生成的 $H_2C_2O_4$，从而测定 Ca 的含量。所采用的滴定方式属于（　　　）。

A.直接滴定法　　　B.间接滴定法　　　　C.沉淀滴定法　　　D.氧化还原滴定法

4.用甲醛法测定铵盐中的氮含量，采用的滴定方式是（　　　）。

A.直接滴定法　　　B.酸碱滴定法　　　　C.置换滴定法　　　D.返滴定法

5.下列误差中，属于终点误差的是（　　　）。

A.在终点时多加或少加半滴标准溶液而引起的误差

B.指示剂的变色点与等量点（化学计量点）不一致而引起的误差

C.由于确定终点的方法不同，使测量结果不一致而引起的误差

D.终点时由于指示剂消耗标准溶液而引起的误差

6.用减量法从称量瓶中准确称取 0.4000g 分析纯的 NaOH 固体，溶解后稀释为 100.0mL，所得溶液的浓度（　　　）。

A.小于 $0.1000mol \cdot L^{-1}$　　　　　　B.等于 $0.1000mol \cdot L^{-1}$

C.大于 $0.1000mol \cdot L^{-1}$　　　　　　D.上述 A、B、C 都有可能

7.配制 NaOH 标准溶液的正确方法是（　　　）。

A.用间接配制法（标定法）　　　　　　　B.用分析天平称量试剂

C.用少量蒸馏水溶解并在容量瓶中定容　　D.用上述 B 和 C

8.用酸碱滴定法测定 $CaCO_3$ 含量时，不能用 HCl 标准溶液直接滴定而需用返滴法是由于（　　　）。

A. $CaCO_3$ 难溶于水与 HCl 反应速率慢　　B. $CaCO_3$ 与 HCl 反应不完全

C. $CaCO_3$ 与 HCl 不反应　　　　　　　　D.没有适合的指示剂

9.下列纯物质中可以作为基准物质的是（　　　）。

A. $KMnO_4$　　　　B. $Na_2B_4O_7 \cdot 10H_2O$　　C. NaOH　　　　　D. HCl

10.标准溶液是指（　　　）的溶液。

A.由纯物质配制而成　　　　　　　　　　B.由基准物配制而成

C.能与被测物完全反应　　　　　　　　　D.已知其准确浓度

三、判断题

1.纯度达到 99.9% 的试剂就可作为基准物质。　　　　　　　　　　　　　（　　　）

2.基准物质（试剂）必须有符合化学式的固定组成（包括结晶水）。　　　（　　　）

3.滴定分析法要求滴定反应的反应速率足够快。　　　　　　　　　　　　（　　　）

4.基准物质应符合的条件之一是必须易溶于水。　　　　　　　　　　　　（　　　）

5.滴定分析法主要应用于常量组分分析。　　　　　　　　　　　　　　　（　　　）

6.滴定度是以每毫升标准溶液相当于被测物的质量（g）表示的浓度。　　（　　　）

7.在被测试液中，加入已知量的过量标准溶液与被测物反应完全后，再用另一种标准溶液滴定第一种标准溶液的余量，这种滴定方法为返滴法。　　　　　　　　　　（　　　）

8. $K_2Cr_2O_7$ 等强氧化剂与 $Na_2S_2O_3$ 的反应无确定化学计量关系，不能进行直接滴定。

（　　　）

9.凡是纯净的物质都可作为基准物质使用。 （　　）

10.滴定分析法要求滴定剂和被滴物都要制成溶液。 （　　）

四、简答题

1.什么叫标准溶液？

2.作为滴定分析的反应必须具备哪些条件？

3.简述直接滴定法的使用条件。

4.简述间接滴定法的使用条件。

5.返滴定法跟其他滴定方法相比有什么特点？

6.简述置换滴定法的使用条件。

五、计算题

1.用硼砂做基准物质标定 HCl（约 $0.10mol \cdot L^{-1}$）溶液，消耗的滴定剂 $20 \sim 30mL$，应称取多少基准物质？

2.测定牛奶中的氮，准确称取牛奶样品 $0.4750g$，将蛋白质转化为铵盐，然后加入碱，将氨蒸馏到 $25.00mL$ HCl 溶液中，剩余酸用 $13.12mL$ $0.07891mol \cdot L^{-1}$ NaOH 滴定至终点。$25.00mL$ HCl 需要 $15.83mL$ NaOH 中和。计算样品中 N 的质量分数。

3.计算 $0.1028mol \cdot L^{-1}$ 的 HCl 溶液对 CaO 的滴定度。

项目五　试样测定

知识目标

(1) 掌握强电解质理论，水的离解及近似计算水溶液酸度的方法。

(2) 掌握弱酸弱碱的离解平衡及弱酸弱碱溶液酸碱度的计算方法。

(3) 掌握同离子效应对酸碱平衡移动的影响。

(4) 掌握缓冲溶液的组成、性质和缓冲原理。

(5) 掌握盐类的水解及有关计算。

(6) 了解酸碱质子理论，理解沉淀溶解平衡的特点。

(7) 掌握有关溶度积的计算和溶度积规则的应用。

技能目标

(1) 能根据样品的性质，选择合适的方法对物质进行测定。

(2) 能熟练使用滴定仪器。

(3) 能熟练进行标准溶液的配制和标定。

(4) 能合理地使用指示剂，准确判断滴定终点。

(5) 能正确地记录数据并对数据进行合理的处理。

(6) 能规范地写出实验报告。

(7) 熟知滴定仪器使用前及使用后的处理。

知识点一　滴定分析的化学反应

滴定分析的进行依赖于化学反应的发生。作为基础知识，我们需学习化学反应速率及化学平衡的知识。

任何一个化学反应都涉及两个方面的问题：一个是反应进行得快慢，即化学反应速率问题，这是化学动力学研究的课题；另一个是反应进行的方向和程度，即化学平衡问题，它属于化学热力学研究的范畴。这两个问题对理论研究和生产实践都有重要意义。本章将分别对化学反应速率和化学平衡作一些初步介绍，为以后学习电离平衡、氧化还原平衡、配位离解平衡和有关元素、化合物的性质打下初步的理论基础。

一、化学反应速率

不同的化学反应进行的快慢程度往往不相同，如酸碱中和反应、溶液中的某些离子反应等瞬间即可完成，反应釜中乙烯的聚合过程按小时计算，室温条件下普通塑料橡胶的老化速率按年计，而自然界岩石的风化、石油和煤的形成则按百年以至千年计算。我们用化学反应速率来表示化学反应进行的快慢。

化学反应速率通常以单位时间内反应物或生成物浓度变化的正值来表示。

设一反应：$A+B \longrightarrow Y+Z$，在反应中，反应物 A 和 B 的浓度不断减少，生成物 Y 和 Z 的浓度不断增加。

对于上述反应，如以反应物 A 表示，则反应速率：

$$v = -\Delta c(A)/\Delta t$$

式中，Δt 为时间间隔；$\Delta c(A)$ 为在 Δt 时间间隔内 A 物质浓度的变化。

由于 $\Delta c(A)$ 为负值，为了保持反应速率为正值，需在前面加一个负号。

如以生成物 Y 表示，则反应速率：

$$v = -\Delta c(Y)/\Delta t$$

式中，$\Delta c(Y)$ 为在 Δt 时间间隔内 Y 物质浓度的变化。

浓度的单位一般采用 $mol \cdot L^{-1}$（或 $mol \cdot dm^{-3}$），时间的单位根据具体反应可以用 s（秒）、min（分）或 h（小时）表示，反应速率的单位则为 $mol \cdot L^{-1} \cdot s^{-1}$、$mol \cdot L^{-1} \cdot min^{-1}$ 或 $mol \cdot L^{-1} \cdot h^{-1}$ 等。

下面以 N_2O_5 在 CCl_4 中的分解反应为例说明反应速率的表示。

N_2O_5 在 CCl_4 溶液中按下式分解：

$$2N_2O_5 = 4NO_2 + O_2$$

分解反应的数据列于表 5-1。

表 5-1　在 CCl_4 溶液中 N_2O_5 的分解速率（25℃）

t/s	$\Delta t/s$	$c(N_2O_5)/mol \cdot L^{-1}$	$\Delta c(N_2O_5)/mol \cdot L^{-1}$	$\bar{v}(N_2O_5)/mol \cdot L^{-1} \cdot s^{-1}$
0	0	2.10	—	—
100	100	1.95	-0.15	1.5×10^{-3}
300	200	1.70	-0.25	1.3×10^{-3}
700	400	1.31	-0.39	9.9×10^{-4}
1000	300	1.08	-0.23	7.7×10^{-4}
1700	700	0.76	-0.32	4.5×10^{-4}
2100	400	0.56	-0.20	3.5×10^{-4}
2800	700	0.37	-0.19	2.7×10^{-4}

注：此表引自高职高专化学教材编写组，《无机化学》2000 年 8 月第二版，高等教育出版社。

从表 5-1 可以看出随着反应的进行，反应物 N_2O_5 的浓度在不断减小，各时间段内反应的平均速率在不断减小。将 N_2O_5 浓度对时间作图，得到图 5-1。

在表示与测定反应速率时要注意以下几点：

（1）化学反应速率随时间而改变。在 N_2O_5 分解的第一个 100s 内，N_2O_5 的浓度减少 $0.15mol \cdot L^{-1}$，随后的 200 s 内减少 $0.25mol \cdot L^{-1}$，紧接着的 400 s 内减少 $0.39mol \cdot L^{-1}$。

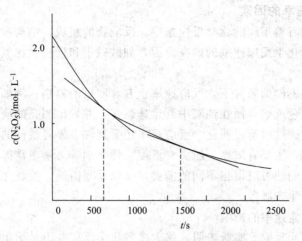

图 5-1　在 CCl_4 中 N_2O_5 浓度随时间的变化

由此类推，在同样的时间间隔内，N_2O_5 的分解速率都是不同的，即使在 2s 内，前 1s 和后 1s 的反应速率也是有区别的。所以表 5-1 中所列举的都是平均速率。

平均速率 $\bar{v}$ 的计算：

$$\bar{v} = -\frac{\Delta c(N_2O_5)}{\Delta t} = -\frac{c(N_2O_5)_2 - c(N_2O_5)_1}{t_2 - t_1}$$

式中，$\Delta c(N_2O_5)$ 为 N_2O_5 的浓度；Δt 为时间间隔。

如在第一个时间间隔 100s 内：

$$\bar{v} = -\frac{\Delta c(N_2O_5)}{\Delta t} = -\frac{c(N_2O_5)_2 - c(N_2O_5)_1}{t_2 - t_1}$$

$$= -\frac{(1.95 - 2.10)\ mol \cdot L^{-1}}{(100 - 0)s}$$

$$= 1.5 mol \cdot L^{-1} \cdot s^{-1}$$

以此类推。

如果将时间间隔取无限小，则平均速率的极限值即为某时间反应的瞬时速率，图 5-1 中曲线上某一点的斜率，即为该时刻的瞬时速率，由图中可以看出，随着反应的进行，瞬时速率也在逐渐减小。

（2）在 N_2O_5 的分解反应中，N_2O_5 的分解和 NO_2 的产生是同时发生的，所以反应速率可以用 N_2O_5 浓度的降低表示，也可以用 NO_2 或 O_2 浓度的增加表示。两种表示方法的具体数值既有联系又有差别。

根据反应方程式，每减少 1mol N_2O_5 时，同时会生成 2mol 的 NO_2 和 0.5mol 的 O_2，故 NO_2 的生成速率必然是 N_2O_5 分解速率的 2 倍，而 O_2 的生成速率是 N_2O_5 分解速率的 $\frac{1}{2}$。由此可得到分别用三种物质表示的反应速率之间的关系为：

$$v(N_2O_5) = \frac{1}{2}v(NO_2) = 2v(O_2)$$

因此，用 N_2O_5、NO_2 或 O_2 表示反应速率的数值虽不同，但实际含义相同。在表示反应速率时必须指明具体物质，以免混淆。以后提到的反应速率均指瞬时速率。

二、影响反应速率的因素

不同的化学反应有着不同的化学反应速率。反应物的组成、结构和性质差异是起决定性作用的因素，是影响化学反应速率的内在原因，如酸碱中和反应就比氮气与氢气合成氨的反应快得多。

同一化学反应在不同的条件下，反应速率也有着明显的差别。例如，硫在空气中缓慢燃烧，产生微弱的淡蓝色火焰，而在纯氧中则迅速燃烧，并发出明亮的淡紫色火焰；食物在夏天比在冬天容易变质。这些都说明化学反应速率还受到许多外界条件的影响。影响化学反应速率的外界因素很多，主要有浓度、压力、温度、催化剂等。学习掌握这些因素对化学反应速率的影响规律，我们便可以根据不同的需要，采取适当措施，控制化学反应速率，使其更好地为我们的生活、生产服务。

1. 浓度对化学反应速率的影响

（1）元反应和非元反应　实验表明，绝大多数化学反应并不是简单地一步完成，往往是分步进行的，一步就能完成的反应称为元反应。例如：

$$2NO_2(g) \longrightarrow 2NO(g) + O_2(g)$$

$$NO_2(g) + CO(g) \xrightarrow{327℃} NO(g) + CO_2(g)$$

分几步进行的反应称为非元反应。例如反应：

$$2NO(g) + 2H_2(g) \xrightarrow{800℃} N_2(g) + 2H_2O(g)$$

此反应实际上是分两步进行的：

第一步　　　　　　　　$2NO + H_2 \longrightarrow N_2 + H_2O_2$

第二步　　　　　　　　$H_2O_2 + H_2 \longrightarrow 2H_2O$

每一步为一个元反应，总反应即为两步反应的加和。

（2）经验速率方程　化学家们在大量实验的基础上总结出：对于元反应，其反应速率与各反应物浓度幂的乘积成正比。浓度指数在数值上等于元反应中各反应物前面的化学计量系数，这种定量关系可用经验速率方程（亦称质量作用定律）来表示。

例如，对于元反应：

$$aA + bB \longrightarrow yY + zZ$$

反应速率
$$v \propto \{c(A)\}^a \{c(B)\}^b$$
$$= k\{c(A)\}^a \{c(B)\}^b$$

上式称为速率方程。式中，$c(A)$ 和 $c(B)$ 分别为反应物 A 和 B 的浓度，$mol \cdot L^{-1}$；k 为用浓度表示的反应速率常数。当 $c(A)$、$c(B)$ 都为 $1mol \cdot L^{-1}$ 时，$v = k$。因此 k 的物理意义是，单位浓度时的反应速率。

如为气体反应，因体积恒定时，各组分气体的分压与浓度成正比，故速率方程也可表示为：

$$v = k'\{p(A)\}^a \{p(B)\}^b$$

式中，$p(A)$ 和 $p(B)$ 分别为 A 和 B 的分压；k' 为用分压表示时的反应速率常数。

① 速率常数 k 取决于反应物的本性，其他条件相同时快反应通常有较大的速率常数。k 小的反应在相同条件下反应速率较慢。

② 对于指定的反应来说，k 值与温度、催化剂等因素有关，而与浓度无关，通常温度升高，k 值变大。

对于非元反应，由实验得到的速率方程中浓度（或分压）的指数，往往与反应式中的化学计量系数不一致。化学反应速率与路径密切有关，速率方程式中浓度的方次要由实验确定，不能直接按化学方程式的计量系数写出，故称为经验速率方程。

已知某浓度时的反应速率，即可计算出 k 值。知道 k 值，便可计算任一浓度时的反应速率。

【例1】 340K 时，N_2O_5 浓度为 $0.160 mol \cdot L^{-1}$，其分解反应的速度为 $0.056 mol \cdot L^{-1} \cdot min^{-1}$，计算该反应的速率常数及浓度为 $0.100 mol \cdot L^{-1}$ 时的反应速率（已知该反应为元反应）。

解：

（1）求 k

$$v = kc(N_2O_5)$$

$$k = \frac{v}{c(N_2O_5)} = \frac{0.056 mol \cdot L^{-1} \cdot min^{-1}}{0.16 mol \cdot L^{-1}} = 0.35 min^{-1}$$

（2）求 N_2O_5 浓度为 $0.100 mol \cdot L^{-1}$ 时的反应速率

$$v = kc(N_2O_5) = 0.35 min^{-1} \times 0.100 mol \cdot L^{-1} = 0.035 mol \cdot L^{-1} \cdot min^{-1}$$

大量实验证明：当其他条件不变时，增大反应物的浓度，会增大化学反应速率；减小反应物的浓度，会减小化学反应速率。

2. 温度对化学反应速率的影响

温度是影响化学反应速率的重要因素，化学反应的速率和温度的关系比较复杂，对于一般的反应，温度越高速率越快，温度越低速率越慢，这不仅是化学工作者熟悉的现象，也是人们的生活常识，如夏季室温高，食物容易腐烂变质，但放在冰箱里的食物就能储存较长的时间；高压锅煮饭比常压下要快，是因为高压锅内沸腾的温度比常压下高出 10℃ 左右。

实验事实表明，对多数反应来说，温度每升高 10℃，反应速率增加到原来的 2～4 倍。表 5-2 列出了温度对 H_2O_2 与 HI 反应速率的影响。

表 5-2　温度对 H_2O_2 与 HI 反应速率的影响

$T/℃$	0	10	20	30	40	50
相对反应速率	1.00	2.08	4.32	8.38	16.19	39.95

注：此表引自高职高专化学教材编写组，《无机化学》，2000 年 8 月第 2 版，高等教育出版社。

3. 压力对化学反应速率的影响

当温度一定时，一定量气体的体积与所受压力成正比。如果气体所受的压力增大一定的倍数，则气体的体积缩小相应的倍数，单位体积内气体的分子数（即气体物质的浓度）就会增加相应的倍数。因此，压力只对有气体参加的化学反应的反应速率有影响。对于有气体参加的反应来说，增大压力，气体反应物的体积减小，也就是增大气体反应物的浓度，因此可以增大化学反应的速率；减小压强，气体的体积扩大，气体反应物的浓度减小，因此可以减小化学反应的速率。

由于改变压力对固体、液体的体积影响很小，它们的浓度几乎不发生改变，因此，可以认为压力不影响固体或液体物质间的反应速率。

4. 催化剂对化学反应速率的影响

凡能显著改变化学反应速率，而本身的化学组成、性质及质量在反应前后都不发生变化的物质称为催化剂。催化剂能改变反应速率的作用，称为催化作用。

有些催化剂能使缓慢的化学反应迅速进行，例如，用二氧化硫为原料制硫酸时，为加快反应速率，提高产量，用五氧化二钒做催化剂；氮气和氢气合成氨时用铁做催化剂等。这种能加快反应速率的催化剂称为正催化剂，而在实际工作中并非所有的反应速率都要加快，如防止塑料、橡胶的老化和过氧化氢的保存，都需要添加某种物质以减慢反应速率，能减慢反应速率的催化剂称为负催化剂。一般所说的催化剂是指正催化剂，常常把负催化剂叫抑制剂或阻化剂。

催化剂具有选择性，一种催化剂往往只对某些特定的反应有催化作用，如五氧化二钒用于催化二氧化硫的氧化，铁用于催化合成氨等等。催化剂的选择性，在生物催化作用中更为突出。酶是一种极为重要的高效能生物催化剂，酶对它所催化的反应有着严格的选择性，例如淀粉酶只能催化淀粉水解、脲酶只能催化尿素水解等。人体内有许多种酶，它们不但选择性高，而且能在常温、高压和近乎中性的条件下加速某些反应的进行。而工业生产中不少催化剂往往需要高温、高压等较苛刻的条件，因此，为了适应发展新技术的需要，模拟酶的催化作用已成为当今重要的研究课题，我国科学工作者在化学模拟生物固氮酶的研究方面已处于世界前列。

关于催化剂对反应速率的影响，应注意以下几点：

（1）催化剂对反应速率的影响是通过改变反应机理实现的。

（2）对于可逆反应，催化剂同等程度的改变正、逆反应的速率。在一定条件下，正反应的优良催化剂必然也是逆反应的优良催化剂。例如，合成氨反应用的铁催化剂，也是氨分解反应的催化剂；有机化学中常用铂、钯等金属作加氢反应的催化剂，也是脱氢反应的催化剂。

（3）催化剂只能加速理论上可以发生的反应。对于理论上不能发生的反应，使用任何催化剂都是徒劳的。催化剂只能改变反应途径而不能改变反应发生的方向。

5. 影响反应速率的其他因素

在非均匀系统中进行的反应，如固体和液体、固体和气体或液体和气体的反应等，除了上述几种影响因素外，还与反应物接触面的大小和接触机会有关。对固液反应来说，如将大块固体破碎成小块或磨成粉末，反应速率必然增大。对于气液反应，为增大反应速率可将液态物质采用喷淋的方式以扩大与气态物质的接触面。对反应物进行搅拌，同样可以增加反应物的接触机会。此外，让生成物及时离开反应界面，也能增大反应速率。超声波、紫外光、激光和高能射线等会对某些反应的速率产生影响。

以上主要讨论了浓度、压力、温度、催化剂等外界条件对化学反应速率的影响。这些影响可以通过有效碰撞理论来解释。有效碰撞理论是总结大量气体反应的特征而提出的，简单地说，在化学反应中，反应物分子不断碰撞，在无数次碰撞中，大多数碰撞不发生反应，只有少数分子的碰撞才能发生反应。这种能发生反应的碰撞被称为有效碰撞，能发生有效碰撞的分子称为活化分子。化学反应速率的大小主要取决于单位时间内有效碰撞的次数，而有效碰撞的次数与单位体积内活化分子的比例有关。活化分子占的比例越大，单位时间内有效碰撞越多，反应速率就会越大。增大反应物的浓度，加大有气体参加的反应的压力及升高温度都会增大单位时间内有效碰撞的次数，从而加快化学反应速率，反之就会降低反应速率。加入催化剂则会使化学反应沿着捷径进行，减小反应难度，使更多的分子成为活化分子，发生有效碰撞，从而大大加快化学反应的速率。

三、化学平衡

1. 可逆反应和化学平衡

在一定条件下，有些反应一旦发生，就能不断进行，直到反应物近乎完全变成生成物，而在同样的条件下，生成物不能转回成反应物，这样的反应是单向反应，这种只能向一个方向进行的单向反应，称为不可逆反应。例如：

$$2KClO_3 \xrightarrow[\triangle]{MnO_2} 2KCl + 3O_2 \uparrow$$

$$C_6H_{12}O_6 + 6O_2 \Longrightarrow 6CO_2 + 6H_2O$$

$$HCl + NaOH \Longrightarrow NaCl + H_2O$$

大多数化学反应在同一条件下，两个相反方向的反应可以同时进行，即反应物能变成生成物，同时生成物也可以转变成反应物。例如，在一定条件下，氮气和氢气化合生成氨，同时又有一部分氨可分解成氮气和氢气。这种在同一反应条件下，能同时向两个方向进行的反应，称为可逆反应。在可逆反应的化学方程式中常用"$\Longrightarrow$"来表示反应的可逆性。上述反应可写成：

$$N_2 + 3H_2 \xrightarrow[催化剂]{高温、高压} 2NH_3$$

在可逆反应中，通常把从左到右进行的反应称为正反应，从右到左进行的反应称为逆反应。

可逆反应的特点是在密闭容器中反应不能进行到底，即无论反应进行多久，反应物和生成物总是同时存在。例如在一定条件下合成氨的反应中，反应开始时，密闭容器中只有 N_2 和 H_2，随着反应的进行，只要条件不变，无论何时测定都会发现 N_2、H_2 和 NH_3 共存，无论经过多长时间，N_2 和 H_2 也不可能全部转化为 NH_3。

进一步研究可逆反应的过程就会发现，在一定条件下，当反应开始时，容器中只有反应物，此时正反应速率 $v_{正}$ 最大，逆反应速率为零 $v_{逆} = 0$；随着反应的进行，反应物的浓度逐渐减小，正反应速率也逐渐减小；同时由于生成物的浓度逐渐增大，逆反应速率也逐渐增大。当反应进行到一定程度时，正反应速率和逆反应速率相等 $v_{正} = v_{逆}$（不等于零）（图 5-2），即在单位时间内反应物减少的分子数，恰好等于逆反应生成的反应物分子数，此时，反应物和生成物共存且各自浓度不再随时间改变。以合成氨反应为例，在一定条件下当正反应速率和逆反应速率相等时，单位时间内 N_2 和 H_2 减少的分子数，恰好等于 NH_3 分解生成的 N_2 和 H_2 的分子数，只要条件不变，N_2、H_2 和 NH_3 的浓度各自保持不变。

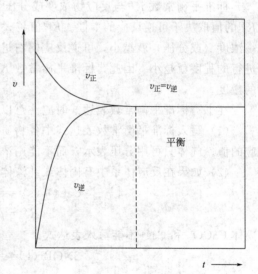

图 5-2　可逆反应的正逆反应速率变化示意图

综上所述，一定条件下，在可逆反应中，正反应速率等于逆反应速率，反应物浓度和生成物浓度不再随时间改变的状态，称为化学平衡。

如果条件不改变，这种状态可以维持下去。外表看来，反应好像已经停止，实际上，正、逆反应都在进行，只不过它们的速率相等，方向相反，两个反应的结果互相抵消，使整个体系处于动态平衡。

化学平衡状态有几个重要特点：

（1）化学平衡是一种动态平衡，在平衡状态下，可逆反应仍在进行，但正、逆反应速率相等，反应物和生成物浓度各自保持恒定，不再随时间改变。

（2）化学平衡状态是一定条件下可逆反应进行的最大程度即限度。

（3）化学平衡是有条件的、相对的、暂时的平衡，随着条件的改变，化学平衡会被破坏而发生移动，直到在新条件下建立新的动态平衡。

2. 化学平衡常数

在一定条件下，可逆反应达到化学平衡状态时，各物质的浓度保持恒定，大量的实验事实已证明，在一定温度下，平衡体系中，各物质浓度间还存在着定量关系。

在我国公布的现行国家标准中，用标准平衡常数来表示反应达平衡时反应物和生成物间量的关系。对于既有固相 A，又有水溶液 B 和 D，以及气体 E 和 H_2O 参与的一般反应，其通式为：

$$a\,A(s) + b\,B(aq) \Longrightarrow d\,D(aq) + e\,E(g)$$

达到平衡时，其标准平衡常数表达式：

$$K^\ominus = \frac{\{c(D)/c^\ominus\}^d \{p(E)/p^\ominus\}^e}{\{c(B)/c^\ominus\}^b}$$

即标准平衡常数是以配平后的化学计量数为指数的生成物的 $c/c^\ominus$（或 $p/p^\ominus$）的乘积除以反应物的 $c/c^\ominus$（或 $p/p^\ominus$）的乘积所得的商（对于溶液的溶质取 $c/c^\ominus$，对于气体取 $p/p^\ominus$，其中，$c^\ominus = 1\,mol \cdot L^{-1}$，$p^\ominus = 100\,kPa$）。

标准平衡常数 $K^\ominus$ 与反应物浓度或分压无关，但与温度有关。温度改变，$K^\ominus$ 也将变化。$K^\ominus$ 的值取决于可逆反应的本性。$K^\ominus$ 值越大，产物的平衡浓度（或分压）越大，反应物的平衡浓度（或分压）就越小，可逆反应向右进行得越彻底；反之，$K^\ominus$ 值越小，可逆反应向右进行的程度就越小。因此，标准平衡常数 $K^\ominus$ 是一定温度下，可逆反应可能进行的最大限度的量度。

在书写标准平衡常数表达式时应注意以下几点：

（1）写入标准平衡常数表达式中各物质的浓度或分压，必须是在系统达到平衡状态时相应的值。气体只可用分压表示，而不能用浓度表示，这与气体规定的标准状态有关。

（2）如果在反应体系中有固体或纯液体参加，不要把他们写入表达式中。例如：

$$CaCO_3(s) \Longrightarrow CaO(s) + CO_2(g)$$

$$K^\ominus = p(CO_2)/p^\ominus$$

固体 $CaCO_3$ 和 CaO 不能写入表达式。

$$2NOBr(g) \Longrightarrow 2NO(g) + Br_2(l)$$

$$K^\ominus = \frac{\{p(NO)/p^\ominus\}^2}{\{p(NOBr)/p^\ominus\}^2}$$

纯液体 Br_2 不能写入表达式。

（3）在稀溶液中进行的反应，若溶剂参与反应，由于溶剂的量很大，浓度基本不变，可以看成一个常数，不写入表达式中。例如：

$$HAc + H_2O \Longrightarrow H_3O^+ + Ac^-$$

$$K^\ominus = \frac{\{c(H_3O^+)/c^\ominus\}\{c(Ac^-)/c^\ominus\}}{\{c(HAc)/c^\ominus\}}$$

溶剂 H_2O 虽然参加反应，但不写入表达式中。

（4）标准平衡常数表达式及 $K^\ominus$ 的数值与反应方程式的写法有关。例如：

$$N_2(g) + 3H_2(g) \Longrightarrow 2NH_3(g)$$

$$K_1^\ominus = \frac{\{p(NH_3)/p^\ominus\}^2}{\{p(N_2)/p^\ominus\}\{p(H_2)/p^\ominus\}^3}$$

若反应式写成：

$$\frac{1}{2}N_2(g) + \frac{3}{2}H_2(g) \Longrightarrow NH_3(g)$$

$$K_2^\ominus = \frac{\{p(NH_3)/p^\ominus\}}{\{p(N_2)/p^\ominus\}^{\frac{1}{2}}\{p(H_2)/p^\ominus\}^{\frac{3}{2}}}$$

$K_1^\ominus$ 和 $K_2^\ominus$ 数值不同，它们之间的关系为 $K_1^\ominus = (K_2^\ominus)^2$。

（5）正逆反应的标准平衡常数互为倒数。例如 NH_3 的电离：

$$NH_3 + H_2O \Longrightarrow NH_4^+ + OH^-$$

$$K_{正}^\ominus = \frac{\{c(NH_4^+)/c^\ominus\}\{c(OH^-)/c^\ominus\}}{\{c(NH_3)/c^\ominus\}}$$

逆反应：

$$NH_4^+ + OH^- \Longrightarrow NH_3 + H_2O$$

$$K_{逆}^\ominus = \frac{\{c(NH_3)/c^\ominus\}}{\{c(NH_4^+)/c^\ominus\}\{c(OH^-)/c^\ominus\}}$$

【例2】 在 273K，$0.2129\text{mol} \cdot L^{-1}$ 的 HAc 在水溶液中电离达平衡后，测得 $[H_3O]^+$ 为 $2.0 \times 10^{-3}\text{mol} \cdot L^{-1}$，求 HAc 电离的标准平衡常数 $K^\ominus$。

解： HAc 在水溶液中的电离平衡及各物种的浓度如下所示：

$$HAc + H_2O \Longrightarrow H_3O^+ + Ac^-$$

起始浓度/$\text{mol} \cdot L^{-1}$ 0.2129   0   0

平衡浓度/$\text{mol} \cdot L^{-1}$ $0.2129 - 2.0 \times 10^{-3}$ 2.0×10^{-3} 2.0×10^{-3}

$$K^\ominus = \frac{\{c(H_3O^+)/c^\ominus\}\{c(Ac^-)/c^\ominus\}}{\{c(HAc)/c^\ominus\}}$$

由于 $c^\ominus = 1\text{mol} \cdot L^{-1}$，所以：

$$K^\ominus = \frac{(2.0 \times 10^{-3}) \times (2.0 \times 10^{-3})}{(0.2129 - 2.0 \times 10^{-3})} = \frac{4.0 \times 10^{-6}}{0.2109} = 1.9 \times 10^{-5}$$

【例3】 已知 698.1K 时，下列反应：

$$I_2(g) + H_2(g) \Longrightarrow 2HI(g)$$

反应达到平衡时，I_2 的分压 $p(I_2) = 4.278\text{kPa}$，H_2 和 HI 的分压分别为 $p(H_2) = 26.47\text{kPa}$，$p(HI) = 78.54\text{kPa}$，求标准平衡常数 $K^\ominus$。

解： $K^\ominus = \dfrac{\{p(HI)/p^\ominus\}^2}{\{p(H_2)/p^\ominus\}\{p(I_2)/p^\ominus\}} = \dfrac{(78.54/100)^2}{(26.47/100) \times (4.278/100)} = 54.74$

由平衡常数还可以判断反应是否处于平衡态和处于非平衡态时反应进行的方向。若在一容器中放入任意量的 A、B、Y、Z 四种物质，在一定温度下进行下列可逆反应：

$$aA + bB \Longrightarrow yY + zZ$$

在一定温度下，对于任意可逆反应，将其各物质的浓度或分压按平衡常数的表达式列成分式，即得到反应商 Q。

$$Q = \frac{\{c(\text{Y})/c^\ominus\}^y \{c(\text{Z})/c^\ominus\}^z}{\{c(\text{A})/c^\ominus\}^a \{c(\text{B})/c^\ominus\}^b}$$

当 $Q < K^\ominus$ 时，说明生成物的浓度（或分压）小于平衡浓度（或分压），反应处于不平衡状态，反应将正向进行；当 $Q > K^\ominus$ 时，反应也处于不平衡状态，但这时生成物将转化为反应物，即反应将逆向进行；只有当 $Q = K^\ominus$ 时，系统才处于平衡状态，这就是化学反应进行方向的反应商判据。

【例 4】 目前我国的合成氨工业多在中温（500℃）、中压（$2.03 \times 10^4 \text{kPa}$）下操作。已知此条件下的反应 $N_2(g) + 3H_2(g) \Longleftrightarrow 2NH_3(g)$，$K^\ominus = 1.57 \times 10^{-5}$。若反应进行至某一阶段时取样分析，其组分为 14.4%NH_3，21.4%N_2、64.2%H_2（体积分数），试判断此时合成氨反应是否已完成（是否达到平衡状态）。

解： 要预测反应方向，需将反应商 Q 与 $K^\ominus$ 进行比较。根据题意由分压定律可求出该状态下系统中各组分的分压：

$$p_i = p_{总}(V_i/V_{总}) = 2.03 \times 10^4 \text{kPa}$$
$$p(\text{NH}_3) = 2.03 \times 10^4 \text{kPa} \times 14.4\% = 2.92 \times 10^3 \text{kPa}$$
$$p(\text{N}_2) = 2.03 \times 10^4 \text{kPa} \times 21.4\% = 4.34 \times 10^3 \text{kPa}$$
$$p(\text{H}_2) = 2.03 \times 10^4 \text{kPa} \times 64.2\% = 1.30 \times 10^4 \text{kPa}$$

$$Q = \frac{\{p(\text{NH}_3)/p^\ominus\}^2}{\{p(\text{N}_2)/p^\ominus\}\{p(\text{H}_2)/p^\ominus\}^3} = \frac{\left(\dfrac{2.92 \times 10^3 \text{kPa}}{100 \text{kPa}}\right)}{\left(\dfrac{4.34 \times 10^3 \text{kPa}}{100 \text{kPa}}\right) \times \left(\dfrac{1.30 \times 10^4 \text{kPa}}{100 \text{kPa}}\right)} = 8.94 \times 10^{-6}$$

$Q < K^\ominus$，说明系统尚未达到平衡状态。

需要说明的是，有时候在一个反应体系中，同时存在着多个平衡即多重平衡。例如，SO_2、SO_3、O_2、NO、NO_2 共存于一个系统中，此时，有三个平衡存在：

(1) $SO_2 + \frac{1}{2}O_2 \Longleftrightarrow SO_3$ k_1

(2) $NO_2 \Longleftrightarrow NO + \frac{1}{2}O_2$ k_2

(3) $SO_2 + NO_2 \Longleftrightarrow SO_3 + NO$ k_3

在以上三式中，若把式(1)和式(2)的左右两侧各相加，消掉等式两侧相同的物质，则得到式(3)，且 $k_3 = k_1 k_2$。

在相同条件下，若有两个反应方程式相加（减）得到第三个反应方程式，则第三个反应式的平衡常数等于前两个平衡常数的积（商），该规则称为多重平衡规则。

四、化学平衡的移动

任何化学平衡都是在一定温度、压力、浓度条件下的暂时的动态平衡。当条件改变时，化学平衡就会被破坏，各物质的浓度（或分压）就会改变，反应继续进行，直到建立新的平衡。这种由于外界条件变化导致可逆反应从原来的平衡状态转变到新的平衡状态的过程叫做化学平衡的移动。

由于浓度、压力、温度等是影响化学反应速率的主要因素，分析和掌握这些因素对化学平衡移动的影响，在生产实践和生活中创造条件使化学平衡向着有利的方向移动，使可逆反应进行到最大程度或缩短平衡到达的时间，都具有十分重要的意义。

1. 浓度对化学平衡的影响

在一定温度下，对于在溶液中的任一反应：

$$a\mathrm{A}+b\mathrm{B}\Longrightarrow d\mathrm{D}+e\mathrm{E}$$

达到平衡时，若增大 A 或 B 的浓度，正反应速率增大，$v_正 > v_逆$，反应向正反应方向进行。随着反应的进行，生成物 D 和 E 的浓度不断增大，反应物 A 和 B 的浓度不断减小，正反应速率下降，而逆反应速率上升，当正反应速率和逆反应速率再次相等，即 $v'_正 = v'_逆$，系统又一次达到平衡，见图 5-3。

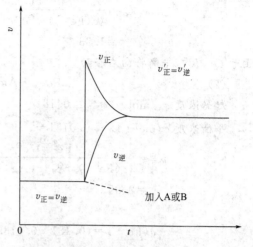

图 5-3 增大反应物浓度对化学平衡的影响

在上述新的平衡系统中，生成物的浓度有所增大，反应物的浓度比增加后的有所减小，而比未增加前也有一定增大，反应向增加生成物的方向移动，即平衡向右移动。若增大生成物 D 或 E 的浓度，反应就会向增加反应物的方向移动，即平衡向左移动。

也可以用反应商判据来判断平衡移动的方向。对于反应：

$$a\mathrm{A}+b\mathrm{B}\Longrightarrow d\mathrm{D}+e\mathrm{E}$$

$$Q=\frac{\{c(\mathrm{D})/c^{\ominus}\}^{d}\{c(\mathrm{E})/c^{\ominus}\}^{e}}{\{c(\mathrm{A})/c^{\ominus}\}^{a}\{c(\mathrm{B})/c^{\ominus}\}^{b}}$$

式中，$c(\mathrm{A})$、$c(\mathrm{B})$、$c(\mathrm{D})$、$c(\mathrm{E})$ 分别为各反应物和生成物的任意浓度。如果它们都等于平衡浓度，则 $Q=K^{\ominus}$，系统处于平衡状态。如果往已达到平衡状态的反应系统中加入反应物 A 或 B，即增大反应物的浓度，由于 $Q<K^{\ominus}$，平衡被破坏，反应将向右进行。随着反应 A 和 B 浓度的减小和生成物 D 和 E 浓度的增大，Q 值增大，当 $Q=K^{\ominus}$ 时，反应又达到一个新的平衡。在新的平衡系统中，各物质的浓度均已改变，A、B、D、E 的浓度不同于原来平衡系统中的浓度，由于 $Q>K^{\ominus}$，平衡将向左移动，直到 $Q=K^{\ominus}$，建立新的平衡。

【例 5】 $AgNO_3$ 和 $Fe(NO_3)_2$ 两种溶液会发生下列反应：

$$\mathrm{Fe}^{2+}+\mathrm{Ag}^{+}\Longrightarrow\mathrm{Fe}^{3+}+\mathrm{Ag}$$

在 25℃时，将 $Ag(NO_3)$ 和 $Fe(NO_3)_2$ 溶液混合，达平衡时各离子的浓度分别为：$c(\mathrm{Fe}^{2+})=c(\mathrm{Ag}^{+})=0.0806\mathrm{mol}\cdot\mathrm{L}^{-1}$，$c(\mathrm{Fe}^{3+})=0.0194\mathrm{mol}\cdot\mathrm{L}^{-1}$。若达平衡后再加入一定量的 Fe^{2+}，使加入后 $c(\mathrm{Fe}^{2+})=0.181\mathrm{mol}\cdot\mathrm{L}^{-1}$，维持温度不变。问：(1) 平衡将向什么方向移动？(2) 再次建立新平衡时各物质的浓度。

解：(1) 25℃时反应的平衡常数为：

$$K^{\ominus}=\frac{c(\mathrm{Fe}^{3+})/c^{\ominus}}{\{c(\mathrm{Fe}^{2+})/c^{\ominus}\}\{c(\mathrm{Ag}^{+})/c^{\ominus}\}}=\frac{0.0194}{(0.0806)^{2}}$$

$$=2.99$$

刚加入 Fe^{2+} 时，溶液中各离子的瞬时浓度为

$$c(\mathrm{Fe}^{2+})=0.181\mathrm{mol}\cdot\mathrm{L}^{-1}$$

$$c(\mathrm{Fe}^{3+})=0.0194\mathrm{mol}\cdot\mathrm{L}^{-1}$$

$$c(\mathrm{Ag}^{+})=0.0806\mathrm{mol}\cdot\mathrm{L}^{-1}$$

$$Q = \frac{c(Fe^{3+})/c^{\ominus}}{\{c(Fe^{2+})/c^{\ominus}\}\{c(Ag^{+})/c^{\ominus}\}} = \frac{0.0194}{0.181 \times 0.0806}$$

$$= 1.33$$

由于 $Q < K^{\ominus}$，平衡将向右移动。

（2） $\qquad\qquad Fe^{2+} + Ag^{+} \rightleftharpoons Fe^{3+} + Ag$

起始浓度 $c_0/\text{mol} \cdot \text{L}^{-1}$　　0.181　　　　0.0806　　0.0194

平衡浓度 $c/\text{mol} \cdot \text{L}^{-1}$　0.0181$-x$　　　0.0806$-x$　0.0194$+x$

$$K^{\ominus} = \frac{c(Fe^{3+})/c^{\ominus}}{\{c(Fe^{2+})/c^{\ominus}\}\{c(Ag^{+})/c^{\ominus}\}} = \frac{0.0194+x}{(0.0181-x)(0.0806-x)}$$

$$= 2.99$$

$$x = 0.0139$$

$$c(Fe^{2+}) = (0.181 - 0.0139)\text{mol} \cdot \text{L}^{-1} = 0.167\text{mol} \cdot \text{L}^{-1}$$

$$c(Ag^{+}) = (0.0806 - 0.0139)\text{mol} \cdot \text{L}^{-1} = 0.0667\text{mol} \cdot \text{L}^{-1}$$

$$c(Fe^{3+}) = (0.0194 + 0.0139)\text{mol} \cdot \text{L}^{-1} = 0.0333\text{mol} \cdot \text{L}^{-1}$$

浓度对化学平衡的影响可以总结为：在其他条件不变时，增大反应物的浓度或减小生成物的浓度，平衡向正反应方向（或向右）移动；增大生成物的浓度或减小反应物的浓度，平衡向逆反应方向（或向左）移动。

通过浓度对化学平衡影响的结论，可以得到这样的启示：

（1）在可逆反应中，为了充分利用某一反应物，经常用过量的另一反应物，以提高前者的转化率。例如，在工业上制备硫酸时，存在下列可逆反应：

$$2SO_2 + O_2 \rightleftharpoons 2SO_3$$

为了尽量利用成本较高的 SO_2，就需要过量的氧（空气中的氧）。方程式中它们的计量系数比是 $1 : 0.5$，实际工业上采用的比值是 $1 : 1.6$。

（2）不断将生成物从反应体系中分离出来，则平衡将不断地向生成产物的方向移动。例如，通氢气于红热的四氧化三铁上时，把生成的水蒸气不断从反应体系中移去，四氧化三铁就可以全部转化成金属铁：

$$Fe_3O_4 + 4H_2(g) \rightleftharpoons 3Fe + 4H_2O(g)$$

2. 压力对化学平衡的影响

压力的变化对固相或液相反应的平衡几乎没有影响，但对于有气体参加的可逆反应就可能有影响。对于有气体参加的任一反应：

$$aA + bB \rightleftharpoons dD + eE$$

$$Q = \frac{\{p(D)/p^{\ominus}\}^d \{p(E)/p^{\ominus}\}^e}{\{p(A)/p^{\ominus}\}^a \{p(B)/p^{\ominus}\}^b}$$

式中，$p(A)$、$p(B)$ 和 $p(E)$、$p(D)$ 分别为各反应物和生成物的分压。如果它们都等于平衡分压，则 $Q = K^{\ominus}$。如果增大反应物的分压或减小产物的分压，平衡将向右移动；反之，增大产物的分压或减小反应物的分压，平衡将向左移动。这与浓度对化学平衡的影响完全相同。

如果对一个已达平衡的气体反应，增加系统的总压或减小总压，对化学平衡的影响分两种情况：如果反应物气体分子总数与生成物的气体分子总数相等，即 $a + b = d + e$，增加总压或减小总压都不会改变 Q 值，$Q = K^{\ominus}$，平衡不发生移动。如果反应物气体分子总数与生成物的气体分子总数不等，即 $a+b\neq d+e$，则改变平衡体系总压，将导致平衡移动。

若增大系统的总压，当生成物分子数大于反应物分子数时，$Q>K^{\ominus}$，平衡向左移动，即向气体分子数减小的方向移动。例如反应 $N_2O_4(g)\Longleftrightarrow 2NO_2(g)$，增大压力，平衡向左移动，系统的红棕色变浅。

若增大系统的总压，当生成物分子数小于反应物分子数时，$Q<K^{\ominus}$，平衡向右移动，即向气体分子数减小的方向移动。例如反应 $N_2+3H_2\Longleftrightarrow 2NH_3$，增大压力有利于 NH_3 的合成。

压力对化学平衡的影响可以总结为：压力变化只对那些反应前后气体分子数目有变化的反应有影响；在恒温下，增大总压力，平衡向气体分子总数减小的方向移动，减小总压力，平衡向气体分子总数增大的方向移动。反应前后气体分子数不变的反应，压力变化对化学平衡不产生影响。压力对固相或液相的平衡没有影响。

【例6】 在 1000℃ 及总压力为 3000kPa 下，反应：

$$CO_2(g)+C(s)\Longleftrightarrow 2CO(g)$$

达到平衡时，CO_2 的摩尔分数为 0.17。求：（1）该温度下此反应的平衡常数；（2）当总压减至 2000kPa 时，CO_2 的摩尔分数为多少？（3）由此可得出什么结论？

解：（1）在原有的平衡时：

$$p(CO_2)=3000kPa\times 0.17=510kPa$$
$$p(CO)=3000kPa\times(1-0.17)=2490kPa$$
$$K^{\ominus}=\frac{\{p(CO)/p^{\ominus}\}^2}{p(CO_2)/p^{\ominus}}=\frac{(2490/100)^2}{510/100}=122$$

（2）在 2000 kPa 总压下的新平衡中，设 CO_2 的摩尔分数为 x，则 CO 的摩尔分数为 $(1-x)$。

$$p(CO_2)=2000x(kPa)$$
$$p(CO)=2000(1-x)(kPa)$$
$$K^{\ominus}=\frac{\{p(CO)/p^{\ominus}\}^2}{p(CO_2)/p^{\ominus}}=\frac{\{2000(1-x)/100\}^2}{2000x/100}=122$$

解得：$x=0.13$

（3）可见，当总压减小时，平衡向着气体分子数增多的方向移动。

3. 温度对化学平衡的影响

温度对化学平衡的影响与浓度或压力对化学平衡的影响完全不同，温度变化使平衡常数改变，从而导致化学平衡的移动。

温度对化学平衡的影响与反应的热效应有关。表 5-3 和表 5-4 分别列出了温度对放热反应和吸热反应平衡常数的影响。

表 5-3 温度对放热反应平衡常数的影响

$$2SO_2(g)+O_2(g)\Longleftrightarrow 2SO_3(g);\Delta_r H_m^{\ominus}=-197.7kJ\cdot mol^{-1}$$

$T/℃$	400	425	450	475	500	525	550	575	600
$K^{\ominus}$	434	238	136	80.8	49.6	31.4	20.4	13.7	9.29

注：此表引自高职高专化学教材编写组，《无机化学》，2000 年 8 月第 2 版，高等教育出版社。

通过上表数据可知，若正向反应为放热反应（$\Delta_r H_m^{\ominus}<0$），升高温度会使平衡常数 $K^{\ominus}$ 变小，反应商 $Q>K^{\ominus}$，平衡向左移动，即向吸热反应方向移动。

表 5-4　温度对吸热反应平衡常数的影响

$$CaCO_3(s) \Longrightarrow CaO(s) + CO_2(g); \Delta_r H_m^\ominus = 178.2 kJ \cdot mol^{-1}$$

$T/℃$	500	600	700	800	900	1000
$K^\ominus$	9.7×10^{-5}	2.4×10^{-3}	2.9×10^{-2}	2.2×10^{-1}	1.05	3.70

注：此表引自高职高专化学教材编写组，《无机化学》，2000 年 8 月第 2 版，高等教育出版社。

通过上表数据可知，若正向反应为吸热反应（$\Delta_r H_m^\ominus > 0$），升高温度会使平衡常数 $K^\ominus$ 增大，反应商 $Q < K^\ominus$，平衡向右移动，即向吸热反应方向移动。

温度对化学平衡的影响可以归纳如下：升高温度，平衡会向吸热反应方向移动；降低温度，平衡会向放热反应方向移动。

对于浓度、压力、温度等因素所引起的平衡系统移动的方向，法国科学家吕·查德里（H. L. LeChatelier）在 1884 年总结归纳为：若以某种形式改变平衡体系的条件之一（如浓度、压力或温度），平衡就会向着减弱这个改变的方向移动。这个规律被称为吕·查德里原理。

根据这一原理，可以对浓度、压力或温度对化学平衡的影响作出统一的解释：①在平衡体系中增大任何物质的浓度，则平衡将向着减少该物质浓度的方向移动；减少某一物质的浓度，则平衡向增大此物质浓度的方向移动，以尽力消除浓度改变带来的影响，恢复原有状态。②升高温度，平衡向吸热方向移动，以尽量恢复原来系统的低温；降低温度，平衡向放热方向移动，以尽力恢复原来系统的高温。③增加压力，平衡向气体分子总数（也降低总压力）减小的方向移动，以尽力恢复原来系统的高压状态。

吕·查德里原理是一条普遍的规律，它对于所有的动态平衡（包括物理平衡）都适用。但是应注意它只能应用于已达平衡的体系，对于非平衡体系不适用。

在工业生产中，我们要综合考虑影响化学平衡及反应速率的各种因素，结合吕·查德里原理，采取有利的工艺条件，充分利用原料以提高产量、缩短生产周期、降低成本。例如，在工业上利用 SO_2 的氧化生成 SO_3：

$$2SO_2(g) + O_2(g) \Longrightarrow 2SO_3(g); \Delta_r H_m^\ominus = -197.7 kJ \cdot mol^{-1}$$

首先，采用 O_2（来自空气）适当过量来提高 SO_2 的转化率。

其次，因为正反应是放热反应，降低温度，有利于提高 SO_2 的转化率，但是温度过低，反应速率会很慢，不利于反应的进行，所以采取一个适当的温度，不宜过高或过低。

再次，正反应是分子数减小的反应，增大压力有利于反应的进行，但是通过测定不同温度下压力对 SO_2 转化率的影响（表 5-5），可以看出，在常压下 SO_2 的转化率已经很高，所以，实际上反应在常压下进行即可。

表 5-5　不同温度下压力对 SO_2 转化率的影响

$\alpha/\%$ $T/℃$	p/kPa				
	101.3	506.5	1013	2532	10130
400	99.2	99.6	99.7	99.9	99.9
500	97.5	98.9	99.2	99.5	99.7
600	93.5	96.9	97.8	98.6	99.3
700	85.6	92.9	94.9	96.7	98.3

注：此表引自高职高专化学教材编写组，《无机化学》，2000 年 8 月第 2 版，高等教育出版社。

此外，催化剂不会使平衡发生移动，但是，它能同时加快正、逆两个反应方向的反应速率，能缩短达到平衡的时间。所以在反应过程中，人们选用催化效果好、价格相对便宜的 V_2O_5 作此反应的催化剂。

▶▶ 思考题

(1) 通常所指的化学反应速率是什么？

(2) 怎样理解化学平衡是暂时的、相对的和有条件的？

(3) 试用质量作用定律的数学表达式分析浓度（压力）对反应速度的影响。

(4) 举例说明吕查德里原理。

(5) 什么是多重平衡？

知识点二　电解质溶液和离子平衡

一、强电解质溶液和弱电解质溶液

酸、碱、盐都是电解质，它们的水溶液（或熔化状态下）能电离出自由移动的离子，因而都能导电。但不同种类的电解质溶液导电能力不同。用等体积 $0.5\text{mol} \cdot \text{L}^{-1}$ 的盐酸、乙酸、氯化钠、氢氧化钠和氨水等溶液进行导电性实验，结果表明，乙酸溶液或氨水溶液导电时灯泡亮度小，而盐酸、氯化钠或氢氧化钠溶液导电时灯泡亮度大。可见盐酸、氯化钠或氢氧化钠溶液的导电能力强，乙酸或氨水溶液的导电能力弱。溶液的导电能力与溶液中存在的自由移动离子的浓度有关，由此可知，体积和浓度相同的不同电解质在溶液里的电离程度是不同的。根据电离程度的不同，可把电解质分为强电解质和弱电解质。盐酸、氯化钠和氢氧化钠在溶液里能完全离解成离子，溶液里没有分子存在，这种在水溶液里完全离解成离子而没有分子存在的电解质叫做强电解质。强电解质的离解是不可逆的，其离解方程式用"$=\!=\!=$"来表示，如：

$$HCl =\!=\!= H^+ + Cl^-$$
$$NaOH =\!=\!= Na^+ + OH^-$$
$$NaCl =\!=\!= Na^+ + Cl^-$$

强酸、强碱和大多数盐都是强电解质。

乙酸和氨水在溶液里只有一部分离解成离子，溶液中还存在着大量未离解的分子。例如乙酸的离解，一方面 HAc 分子离解成 H^+ 和 Ac^-。

$$HAc \rightleftharpoons H^+ + Ac^-$$

另一方面 H^+ 和 Ac^- 又不断结合成乙酸分子。

$$H^+ + Ac^- \rightleftharpoons HAc$$

像乙酸这样在水溶液里只有部分离解的电解质叫弱电解质。弱电解质的离解是可逆的，其离解方程式用"$\rightleftharpoons$"来表示，如

$$HAc \rightleftharpoons H^+ + Ac^-$$
$$NH_3 \cdot H_2O \rightleftharpoons OH^- + NH_4^+$$

弱酸、弱碱都是弱电解质。

按照强电解质在水溶液中全部离解的观点，强电解质的离解度应该是 100%，但对其溶液导电性的测定结果表明，它们的离解度都小于 100%。这种由实验测得的离解度称为表观

离解度。表 5-6 列出了几种强电解质的表观离解度。

表 5-6　几种强电解质的表观离解度（25℃，$0.1mol \cdot L^{-1}$）

电解质	离解式	表观电离度/%
盐酸	$HCl \longrightarrow H^+ + Cl^-$	92
硝酸	$HNO_3 \longrightarrow H^+ + NO_3^-$	92
硫酸	$H_2SO_4 \longrightarrow 2H^+ + SO_4^{2-}$	61
氢氧化钠	$NaOH \longrightarrow Na^+ + OH^-$	91
氢氧化钾	$KOH \longrightarrow K^+ + OH^-$	89
氯化钠	$NaCl \longrightarrow Na^+ + Cl^-$	84
氯化钾	$KCl \longrightarrow K^+ + Cl^-$	86
硫酸锌	$ZnSO_4 \longrightarrow Zn^{2+} + SO_4^{2-}$	40

为了解释上述矛盾现象，1923 年德拜（P. W. Debye）和休克尔（E. Hückel）提出了强电解质溶液离子互吸理论。该理论认为强电解质在水溶液中是完全离解的，但由于在溶液中的离子浓度较大，离子间的引力和斥力比较显著，在阳离子周围吸引着较多的阴离子；在阴离子周围吸引着较多的阳离子。这种情况好像阳离子周围有阴离子氛，阴离子周围有阳离子

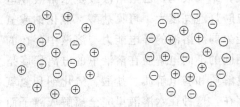

图 5-4　离子氛示意图

氛（图 5-4），导致离子在溶液里的运动受到周围离子氛的牵制，并非完全自由。因此在导电性实验中，阴阳离子向两极移动的速度比较慢，好像电解质没有完全离解。这时所测得的离解度并不能表示强电解质在溶液中完全离解的情况，它只反映了强电解质溶液中阴阳离子间相互作用的强弱。为了区别强电解质的真实离解度（100%），把实验测得强电质的离解度称为表观离解度。

由于离子间的互相牵制，致使离子的有效浓度比实际浓度小，如 $0.1mol \cdot L^{-1}$ 的 KCl 溶液，K^+ 和 Cl^- 的浓度都应该是 $0.1mol \cdot L^{-1}$，但根据表观离解度计算得到的离子有效浓度只有 $0.086mol \cdot L^{-1}$。通常把有效浓度称为活度（a）。活度（a）与实际浓度（c）的关系为

$$a = fc$$

式中，f 为活度系数。一般情况下，$a < c$，故 f 常常小于 1。显然，溶液中离子浓度越大，离子相互牵制程度越大，f 越小。此外，离子所带的电荷数越大，离子间的相互作用也越大，同样会使 f 减少。而在弱电解质及难溶强电解质溶液中，由于离子浓度很小，离子间的距离较大，相互作用较弱。此时，活度系数 $f \to 1$，离子活度与浓度几乎相等，故在近似计算中用离子浓度代替活度，不会引起较大的误差。本书都采用离子浓度进行计算。

二、水的离解和溶液的 pH

1. 水的离解平衡

通常认为纯水不导电，但用精密仪器测定时，发现水有微弱的导电性。这说明水是一种极弱的电解质，绝大部分以水分子形式存在，它能离解出极少量的 H^+ 和 OH^-。水的离解平衡可表示为

$$H_2O \Longrightarrow OH^- + H^+$$

在一定温度下，水的离解达到平衡时，其标准平衡常数：

$$K^{\ominus} = \frac{\{c(H^+)/c^{\ominus}\}\{c(OH^-)/c^{\ominus}\}}{c(H_2O)/c^{\ominus}} = \frac{c'(H^+)c'(OH^-)}{c'(H_2O)}$$

式中，c' 为系统中物质的浓度 c 与标准浓度 $c^{\ominus}$ 的比值。即 $c'(A) = c(A)/c^{\ominus}$ 或 $c(A) = c'(A) \, c^{\ominus}$。由于 $c^{\ominus} = 1\,mol \cdot L^{-1}$，故 c 和 c' 数值完全相等，只是量纲不同，c 量纲为 $mol \cdot L^{-1}$，c' 量纲为 1，或者说 c' 只是个数值。因此 $K^{\ominus}$ 的量纲也为 1。

由于绝大部分水仍以水分子形式存在，其离解部分可以略去不计，因此可将 $c'(H_2O)$ 看作一个常数，合并入 $K^{\ominus}$ 项得到：

$$c'(H^+)c'(OH^-) = K^{\ominus} c'(H_2O) = K_w^{\ominus}$$

上式表明，在一定温度下，水中 $c'(H^+)$ 和 $c'(OH^-)$ 的乘积为一个常数，叫做水的离子积常数，简称水的离子积，用 $K_w^{\ominus}$ 表示。$K_w^{\ominus}$ 可以从实验测得，也可由热力学计算求得。实验测得，在 25℃ 时，1L 纯水（55.5mol 水）中仅有 10^{-7}mol 水分子离解，水中的 $c'(H^+)$ 和 $c(OH^-)$ 相等，都是 10^{-7}mol $\cdot$ L^{-1}，二者的乘积是一个常数，即 $K_w^{\ominus} = 10^{-14}$。

$$K_w^{\ominus} = c'(H^+)c(OH^-) = 10^{-7} \times 10^{-7} = 10^{-14}$$

和所有平衡常数一样，温度对 $K_w^{\ominus}$ 有影响，随着温度的升高，$K_w^{\ominus}$ 值显著增大。表 5-7 列出某些温度下的 $K_w^{\ominus}$ 值。

表 5-7　不同温度下水的离子积

$T/℃$	0	10	20	25	40	50	90	100
$K_w^{\ominus}/10^{-14}$	0.1138	0.2917	0.6808	1.009	2.917	5.470	38.02	54.95

从上表可见，在室温范围内，$K_w^{\ominus}$ 值变化不大，一般采用 $K_w^{\ominus} = 1.00 \times 10^{-14}$。

由于水的电离平衡的存在，H^+ 浓度或者 OH^- 浓度两者中若有一种增大，则另一种一定减小，达到新的平衡时，溶液中 $c'(H^+)c'(OH^-) = K_w^{\ominus}$ 这一关系式仍然存在。所以水的离子积常数不仅适用于纯水，对于任何酸性或碱性电解质的稀溶液同样适用。水的离子积常数 $K_w^{\ominus}$ 是计算水溶液中 $c(H^+)$ 和 $c(OH^-)$ 的重要依据。

2. 溶液的酸碱性和 pH

常温下，纯水中 $c(H^+) = c(OH^-) = 10^{-7}$mol $\cdot$ L^{-1}，所以纯水是中性的。如果向纯水中加入酸，H^+ 浓度增大，水的离解平衡向左移动，OH^- 浓度随之减小，达到新的平衡时，溶液中 $c(H^+) > c(OH^-)$，$c'(H^+)c'(OH^-) = K_w^{\ominus}$ 这一关系式仍然存在，即 $c(H^+) > 10^{-7}$mol $\cdot$ L^{-1}，$c(OH^-) < 10^{-7}$mol $\cdot$ L^{-1}，但 $c(OH^-)$ 不会等于零，溶液呈酸性。如果向纯水中加入碱，OH^- 浓度增大，也使水的离解平衡向左移动，溶液中 $c(OH^-) > c(H^+)$，$c'(H^+)\,c'(OH^-) = K_w^{\ominus}$ 这一关系式仍然存在，即 $c(OH^-) > 10^{-7}$mol $\cdot$ L^{-1}，$c(H^+) < 10^{-7}$mol $\cdot$ L^{-1}，但 $c(H^+)$ 不会等于零，溶液呈碱性。由此可见，溶液的酸碱性跟 H^+ 和 OH^- 浓度的关系可表示为：

中性溶液 $c(H^+) = c(OH^-)$　　　$c(H^+) = 10^{-7}$mol $\cdot$ L^{-1}

酸性溶液 $c(H^+) > c(OH^-)$　　　$c(H^+) > 10^{-7}$mol $\cdot$ L^{-1}

碱性溶液 $c(H^+) < c(OH^-)$　　　$c(H^+) < 10^{-7}$mol $\cdot$ L^{-1}

H^+ 浓度越大，溶液的酸性越强；H^+ 浓度越小，溶液的酸性越弱。

溶液的酸碱性可用 H^+ 或 OH^- 浓度来表示，习惯上常用 $c(H^+)$ 表示。但当溶液里 $c(H^+)$ 很小时，用 $c(H^+)$ 表示溶液的酸碱性很不方便，1909 年索伦森（Sörensen）提出用 pH 来表示溶液的酸碱性。所谓 pH，就是溶液中氢离子浓度的负对数。

$$pH = -\lg c'(H^+)$$

溶液的酸碱性与 pH 的关系为

$$\text{酸性溶液} \qquad pH < 7$$
$$\text{中性溶液} \qquad pH = 7$$
$$\text{碱性溶液} \qquad pH > 7$$

溶液的 pH 越小，酸性越强；溶液的 pH 越大，碱性越强。

pH 在生命科学中是极为重要的量值之一，例如各种植物只有在适宜的 pH 条件下才能得到较好的生长，维持人和动物生存的酶对 pH 的依赖程度也很大，表 5-8 列出一些重要溶液的 pH。

表 5-8　一些重要溶液的 pH

溶液	pH	溶液	pH
标准饮用水	6.5~8.5	柠檬汁	2.2~2.4
人的血液	7.35~7.45	橙汁	3.0~4.0
人的唾液	6.5~7.5	葡萄酒	2.8~3.8
人尿	4.8~8.4	啤酒	4.0~5.0
胃液	1.0~1.5	咖啡	5.0
胆液	7.8~8.6	食醋	3.0
牛奶	6.3~6.6	西红柿汁	4.0~4.4
鸡蛋清	7.6~8.0	苹果	2.9~3.3
乳酪	4.8~6.4	白菜	5.2~5.4
海水	7.0~7.5	马铃薯	5.6~6.0

同样 $c(OH^-)$ 和 $K_w^\ominus$ 等数值都可用负对数表示：

$$pOH = -\lg c'(OH^-) \qquad pK_w^\ominus = -\lg K_w^\ominus$$

常温时，水溶液中：

$$c'(H^+)c'(OH^-) = K_w^\ominus$$

在等式两边分别取负对数：

$$-\lg\{c'(H^+)c'(OH^-)\} = -\lg K_w^\ominus$$
$$-\lg c'(H^+) - \lg c'(OH^-) = -\lg K_w^\ominus$$
$$pH + pOH = pK_w^\ominus$$

因为 $K_w^\ominus = 10^{-14}$，所以 $pH + pOH = 14$。

一般而言，pH 值的应用范围是 0~14，即溶液中 $c(H^+) \leqslant 1\text{mol} \cdot L^{-1}$ 或 $c(OH^-) \leqslant 1\text{mol} \cdot L^{-1}$ 的情况。当溶液中 $c(H^+)$ 或 $c(OH^-) > 1\text{mol} \cdot L^{-1}$ 时，用 pH 表示溶液的酸碱性并不简便，例如，$c(H^+) = 2\text{mol} \cdot L^{-1}$ 的溶液，其 pH 值为 -0.3，$c(H^+) = 6\text{mol} \cdot L^{-1}$ 的溶液，其 pH 值为 -0.78。因此当溶液的 $c(H^+)$ 或 $c(OH^-) > 1\text{mol} \cdot L^{-1}$ 时，采用物质的量浓度来表示溶液的酸碱性更为方便。

【例 7】　计算 $0.1\text{mol} \cdot L^{-1}$ HCl 溶液的 pH。

解：盐酸为强电解质，在溶液中全部离解：

$$HCl \Longrightarrow H^+ + Cl^-$$

$$c(H^+) = 0.1 mol \cdot L^{-1}$$
$$pH = -\lg c'(H^+) = -\lg 0.1 = 1.00$$

【例8】 计算 $5.0 \times 10^{-5} mol \cdot L^{-1}$ NaOH 溶液的 pH。

解：氢氧化钠为强电解质，在溶液中全部离解：

$$NaOH \Longrightarrow Na^+ + OH^-$$
$$c(OH^-) \leqslant 5.0 \times 10^{-5} mol \cdot L^{-1}$$
$$pOH = \lg c'(OH^-) = -\lg 5.0 \times 10^{-5} = 4.30$$
$$pH = pK_w^{\ominus} - pOH = 14.00 - 4.30 = 9.70$$

三、弱酸、弱碱的离解平衡

1. 一元弱酸、弱碱的离解平衡

（1）离解常数 弱酸、弱碱是弱电解质，在溶液中部分离解，在已离解的离子和未离解的分子之间存在着离解平衡。用 HA 表示一元弱酸，离解平衡式为：

$$HA \Longrightarrow H^+ + A^-$$

标准离解常数 $K_a^{\ominus}$：

$$K_a^{\ominus} = \frac{\{c(H^+)/c^{\ominus}\}\{c(A^-)/c^{\ominus}\}}{\{c(HA)/c^{\ominus}\}} = \frac{c'(H^+)c'(A^-)}{c'(HA)}$$

用 BOH 表示一元弱碱，离解平衡式为：

$$BOH \Longrightarrow B^+ + OH^-$$

标准离解常数 $K_b^{\ominus}$：

$$K_b^{\ominus} = \frac{\{c(B^+)/c^{\ominus}\}\{c(OH^-)/c^{\ominus}\}}{\{c(BOH)/c^{\ominus}\}} = \frac{c'(B^+)c'(OH^-)}{c'(BOH)}$$

$K_a^{\ominus}$，$K_b^{\ominus}$ 分别表示弱酸、弱碱的离解常数。对于具体的酸或碱的离解常数，则在 $K_a^{\ominus}$ 或 $K_b^{\ominus}$ 的后面注明酸或碱的分子式或化学式。例如 $K_a^{\ominus}$（HAc），$K_b^{\ominus}$（NH$_3$）分别表示乙酸和氨水的离解常数。从离解常数的表达式可以看出：$K^{\ominus}$ 值大，离子浓度必然大，表示该电解质容易离解；$K^{\ominus}$ 值小，离子浓度必然小，表示该电解质不易离解。所以离解常数的大小可以表明弱电解质的相对强弱。例如 25℃ 时 $0.10 mol \cdot L^{-1}$，HAc 溶液的 $K_a^{\ominus}$ 值是 1.75×10^{-5}，而 $0.10 mol \cdot L^{-1}$ HCN 溶液的 $K_a^{\ominus}$ 值是 6.02×10^{-10}，所以氢氰酸是比乙酸更弱的酸。通常把 $K^{\ominus}$ 值在 $10^{-3} \sim 10^{-2}$ 的称为中强电解质；$K^{\ominus} < 10^{-4}$ 的为弱电解质；$K^{\ominus} < 10^{-7}$ 的为极弱电解质。

离解常数和其他平衡常数一样，不受浓度的影响，而随温度的变化而改变。例如 25℃ 时，$0.10 mol \cdot L^{-1}$ HAc 和 $0.01 mol \cdot L^{-1}$ HAc，它们的 $K_a^{\ominus}$（HAc）都是 1.75×10^{-5}。而在 0℃ 时，HAc 的 $K_a^{\ominus}$ 是 1.65×10^{-5}。但由于离解常数随温度的变化而改变的幅度不大，所以常温时可以不考虑温度对离解常数的影响。

（2）离解度 不同的弱电解质在水溶液里的离解程度是不相同的，有的离解程度大，有的离解程度小，弱电解质离解程度的大小，还可以用离解度（α）来表示。

$$\alpha = \frac{已离解的弱电解质浓度}{弱电解质的起始浓度} \times 100\%$$

在温度，浓度相同的条件下，离解度大，表示该弱电解质相对较强。离解度与离解常数不同，它与溶液的浓度有关。故在表示离解度时必须指出酸或碱的浓度。

离解度与离解常数和浓度之间有什么关系呢？以一元弱酸 HA 为例来说明。设 HA 的

浓度为 $c\,\text{mol}\cdot\text{L}^{-1}$，离解度为 α，则：

$$HA \Longrightarrow H^+ + A^-$$

起始浓度 c 0 0

平衡浓度 $c(1-\alpha)$ $c\alpha$ $c\alpha$

代入离解常数表达式中：

$$K_a^\ominus = \frac{c'(H^+)c'(A^-)}{c(HA)} = \frac{c'\alpha c'\alpha}{c'(1-\alpha)} = \frac{c'\alpha^2}{1-\alpha}$$

即：

$$c'\alpha^2 + K_a^\ominus \alpha - K_a^\ominus = 0$$

$$\alpha = \frac{-K_a^\ominus + \sqrt{(K_a^\ominus)^2 + 4c'K_a^\ominus}}{2c'}$$

$$c(H^+) = c\alpha = c\,\frac{-K_a^\ominus + \sqrt{(K_a^\ominus)^2 + 4c'K_a^\ominus}}{2c'}$$

$$= \frac{-K_a^\ominus + \sqrt{(K_a^\ominus)^2 + 4c'K_a^\ominus}}{2}c^\ominus$$

对弱电解质来说，离解度很小，可认为 $1-\alpha \approx 1$，或 $c/K_a^\ominus > 500$ 时，作近似计算，得以下简式：

$$K_a^\ominus = c'\alpha^2$$

$$\alpha = \sqrt{K_a^\ominus/c'}$$

$$c'(H^+) = \sqrt{K_a^\ominus c'}$$

同理，对于一元弱碱溶液，也得到类似的计算公式：

$$K_b^\ominus = c'\alpha^2$$

$$\alpha = \sqrt{K_b^\ominus/c'}$$

$$c'(OH) = \sqrt{K_b^\ominus c'}$$

近似公式表明，在一定温度下，当溶液的浓度改变时，电离度 α 也随着改变，浓度越稀，离解度越大，离解度与浓度的平方根成反比，与离解常数的平方根成正比，该关系式称为稀释定律。但 $c'(H^+)$ 或 $c'(OH^-)$ 并不因浓度稀释，离解度增加而增大。

在弱酸或弱碱的溶液中，同时还存在着水的离解平衡，两个平衡互相联系，互相影响。但当 $K_a^\ominus$（或 $K_b^\ominus$）$\gg K_w^\ominus$，而弱酸（弱碱）又不是很稀时，溶液中 H^+ 或 OH^- 主要来源于弱酸或弱碱的离解，计算时可忽略水的离解。

2. 一元弱酸、弱碱溶液中离子浓度及 pH 值的计算

【例9】 计算 $25\,℃$ 时下列各溶液的 H^+ 浓度和溶液的 pH 值。

(1) $0.10\,\text{mol}\cdot\text{L}^{-1}$ HAc 溶液。

(2) $0.01\,\text{mol}\cdot\text{L}^{-1}$ HAc 溶液。

解：(1) HAc 是弱电解质，离解平衡式为：

$$HAc \Longrightarrow H^+ + Ac^-$$

起始浓度 $c_0/\text{mol}\cdot\text{L}^{-1}$ 0.10 0 0

平衡浓度 $c/\text{mol}\cdot\text{L}^{-1}$ $0.10-x$ x x

查表知 $25\,℃$ 时 $K_a^\ominus = 1.75 \times 10^{-5}$

$$K_a^\ominus = \frac{c'(H^+)c'(Ac^-)}{c'(HAc)} = \frac{xx}{0.10-x}$$

$K_a^\ominus$（HAc）很小，或 $c/K_a^\ominus = \dfrac{0.1}{1.75 \times 10^{-5}} \gg 500$，可近似认为 $0.10 - x \approx 0.10$

$$x = \sqrt{1.75 \times 10^{-5} \times 0.1} = 1.3 \times 10^{-5}$$
$$c(\text{H}^+) = 1.3 \times 10^{-3} \text{mol} \cdot \text{L}^{-1}$$
$$\text{pH} = -\lg c'(\text{H}^+) = -\lg 1.3 \times 10^{-3} = 2.89$$

（2）
$$c'(\text{H}^+) = \sqrt{1.75 \times 10^{-5} \times 0.010} = 4.2 \times 10^{-4}$$
$$c'(\text{H}^+) = 4.2 \times 10^{-4} \text{mol} \cdot \text{L}^{-1}$$
$$\text{pH} = -\lg c'(\text{H}^+) = -\lg 4.2 \times 10^{-4} = 3.38$$

【例 10】 计算 25℃时，$0.020\text{mol} \cdot \text{L}^{-1}$ 氨水溶液的 pH 值和离解度。

解： 氨水是弱电解质，离解平衡式为：

$$\text{NH}_3 + \text{H}_2\text{O} \rightleftharpoons \text{NH}_4^+ + \text{OH}^-$$

起始浓度 $c_0/\text{mol} \cdot \text{L}^{-1}$ 0.020   0   0

平衡浓度 $c/\text{mol} \cdot \text{L}^{-1}$ $0.020 - x$ x x

查表知 25℃时，$K_b^\ominus = 1.80 \times 10^{-5}$

$$K_b^\ominus = \frac{c'(\text{NH}_4^+)c'(\text{OH}^-)}{c'(\text{NH}_3)} = \frac{x^2}{0.020 - x}$$

$$1.8 \times 10^{-5} = \frac{x^2}{0.02 - x}$$

因 $K_b^\ominus$ 很小，可近似地认为 $0.020 - x \approx 0.020$

$$x = \sqrt{1.8 \times 10^{-5} \times 0.02} = 6.0 \times 10^{-4}$$
$$c(\text{OH}^-) = 6.0 \times 10^{-4} \text{mol} \cdot \text{L}^{-1}$$
$$\text{pOH} = -\lg c'(\text{OH}^-) = \lg(6.0 \times 10^{-4}) = 3.22$$
$$\text{pH} = \text{p}K_w^\ominus - \text{pOH} = 14 - 3.22 = 10.78$$
$$\alpha = \frac{c'(\text{OH}^-)}{c'(\text{NH}_3)} \times 100\% = \frac{6.0 \times 10^{-4}}{0.02} \times 100\% = 3.0\%$$

3. 多元弱酸的离解平衡

多元弱酸（弱碱）在水溶液中的离解是分步进行的，每一步电离出一个 H^+（OH^-），各步的离解度并不相等，具有相应的离解平衡常数。例如，碳酸是二元弱酸，分两步离解：

第一步离解：$\text{H}_2\text{CO}_3 \rightleftharpoons \text{H}^+ + \text{HCO}_3^-$

$$K_{a_1}^\ominus(\text{H}_2\text{CO}_3) = \frac{c'(\text{H}^+)c'(\text{HCO}_3^-)}{c'(\text{H}_2\text{CO}_3)} = 4.4 \times 10^{-7}$$

第二步离解：$\text{HCO}_3^- \rightleftharpoons \text{H}^+ + \text{CO}_3^{2-}$

$$K_{a_2}^\ominus(\text{H}_2\text{CO}_3) = \frac{c'(\text{H}^+)c'(\text{CO}_3^{2-})}{c'(\text{HCO}_3^-)} = 4.7 \times 10^{-11}$$

磷酸分三步离解：

第一步离解：$\text{H}_3\text{PO}_4 \rightleftharpoons \text{H}^+ + \text{H}_2\text{PO}_4^-$

$$K_{a_1}^\ominus(\text{H}_3\text{PO}_4) = \frac{c'(\text{H}^+)c'(\text{H}_2\text{PO}_4^-)}{c(\text{H}_3\text{PO}_4)} = 7.1 \times 10^{-3}$$

第二步离解：$\text{H}_2\text{PO}_4^- \rightleftharpoons \text{H}^+ + \text{HPO}_4^{2-}$

$$K_{a_2}^{\ominus}(H_3PO_4) = \frac{c'(H^+)c'(HPO_4^{2-})}{c(H_2PO_4^-)} = 6.3 \times 10^{-8}$$

第三步离解：$HPO_4^{2-} \rightleftharpoons H^+ + PO_4^{3-}$

$$K_{a_3}^{\ominus}(H_3PO_4) = \frac{c'(H^+)c'(PO_4^{3-})}{c(HPO_4^{2-})} = 4.3 \times 10^{-13}$$

上列数据表明，多元酸的离解常数逐级减小，即 $K_{a_1}^{\ominus} \gg K_{a_2}^{\ominus} \gg K_{a_3}^{\ominus}$。说明第二步离解需从带有一个负电荷的离子中再离解出一个 H^+，显然比中性分子困难；此外，第一步离解出来的 H^+，抑制了第二步离解的进行；第三步离解比第二步更困难。溶液中 H^+ 的来源主要来自第一步离解。因此近似地计算多元弱酸溶液中的 H^+ 浓度时，可以只考虑其第一步的离解。多元弱酸的相对强弱，取决于 $K_{a_1}^{\ominus}$ 的大小，$K_{a_1}^{\ominus}$ 越大，多元酸的酸性越强。

多元弱碱的离解与多元弱酸的离解情况是相似的。

离解常数可以通过实验测定。常见的几种弱电解质的离解常数见表 5-9。

表 5-9 常见的几种弱电解质的离解常数（25℃）

电解质	离解常数 $K_a^{\ominus}(K_b^{\ominus})$
乙酸 CH_3COOH	$K_a^{\ominus} = 1.75 \times 10^{-5}$
草酸 $H_2C_2O_4$	$K_{a_1}^{\ominus} = 5.4 \times 10^{-2}; K_{a_2}^{\ominus} = 5.4 \times 10^{-5}$
碳酸 H_2CO_3	$K_{a_1}^{\ominus} = 4.4 \times 10^{-7}; K_{a_2}^{\ominus} = 4.7 \times 10^{-11}$
氢氰酸 HCN	$K_a^{\ominus} = 6.02 \times 10^{-10}$
亚硝酸 HNO_2	$K_a^{\ominus} = 7.2 \times 10^{-4}$
磷酸 H_3PO_4	$K_{a_1}^{\ominus} = 7.1 \times 10^{-3}; K_{a_2}^{\ominus} = 6.3 \times 10^{-8}; K_{a_3}^{\ominus} = 4.2 \times 10^{-13}$
亚硫酸 H_2SO_3	$K_{a_1}^{\ominus} = 1.3 \times 10^{-2}; K_{a_2}^{\ominus} = 6.1 \times 10^{-3}$
氢硫酸 H_2S	$K_{a_1}^{\ominus} = 1.32 \times 10^{-7}; K_{a_2}^{\ominus} = 7.10 \times 10^{-15}$
次氯酸 $HClO$	$K_a^{\ominus} = 2.8 \times 10^{-8}$
氨水 $NH_3 \cdot H_2O$	$K_b^{\ominus} = 1.8 \times 10^{-5}$
联氨 NH_2-NH_2	$K_b^{\ominus} = 9.8 \times 10^{-7}$
羟氨 NH_2OH	$K_b^{\ominus} = 9.1 \times 10^{-9}$
苯胺 $C_6H_5N_2$	$K_b^{\ominus} = 4 \times 10^{-10}$
吡啶 C_5H_5N	$K_b^{\ominus} = 1.5 \times 10^{-9}$
六亚甲基四胺 $(CH_2)_6N_4$	$K_b^{\ominus} = 1.4 \times 10^{-9}$

注：本表数据摘自 Lange's Handbook of chemistry, 13th ed. 1985。

【例 11】 室温时，碳酸饱和溶液的浓度为 $0.040 mol \cdot L^{-1}$，求溶液中的 H^+、HCO_3^- 和 CO_3^{2-} 的浓度。

解：已知 H_2CO_3 的 $K_{a_1}^{\ominus} \gg K_{a_2}^{\ominus}$，且 $c/K_{a_1}^{\ominus} > 0.040 \div (4.4 \times 10^{-7}) > 500$，求溶液中的 $c'(H^+)$ 时可按一元酸处理。

第一步离解 $\qquad H_2CO_3 \rightleftharpoons H^+ + HCO_3^-$

起始浓度 $c_0/mol \cdot L^{-1} \qquad 0.040 \qquad 0 \qquad 0$

平衡浓度 $c/mol \cdot L^{-1} \qquad 0.040-x \qquad x \qquad x$

近似认为 $0.04-x \approx 0.04$

故
$$x = \sqrt{4.4 \times 10^{-7} \times 0.040} = 1.3 \times 10^{-4}$$
$$c'(H^+) = c'(HCO_3^-) = 1.3 \times 10^{-4} \text{mol} \cdot L^{-1}$$

溶液中 CO_3^{2-} 是由第二步离解产生，根据第二步离解平衡：

$$HCO_3^- \rightleftharpoons H^+ + CO_3^{2-}$$

$$K_{a_2}^\ominus = \frac{c'(H^+)c'(CO_3^{2-})}{c(HCO_3^-)}$$

$$c'(CO_3^{2-}) = \frac{K_{a_2}^\ominus c'(HCO_3^-)}{c'(H^+)}$$

因为 $K_{a_1}^\ominus \gg K_{a_2}^\ominus$，所以 $c'(H^+) \approx c'(HCO_3^-)$

故 $c'(CO_3^{2-}) = K_{a_2}^\ominus = 4.7 \times 10^{-11}$

$$c'(CO_3^{2-}) = 4.7 \times 10^{-11} \text{mol} \cdot L^{-1}$$

通过上例计算表明，二元弱酸溶液中酸根离子的浓度近似等于 $K_{a_2}^\ominus$，与酸的原始浓度无关。在实际工作中，如果需用较高浓度的多元酸酸根离子时，不能用多元弱酸来配制，应使用酸根离子组成的可溶性盐类。

四、同离子效应和缓冲溶液

弱电解质的离解平衡同其他化学平衡一样，都是暂时的，有条件的。根据化学平衡移动的原理，如果改变了平衡条件，原有的平衡就被破坏而发生移动，直到在新的条件下建立新的平衡。下面我们从电解质离子浓度改变对离解平衡的影响，来说明同离子效应以及缓冲溶液的组成和缓冲作用的原理。

1. 同离子效应

在弱电解质溶液达到离解平衡时，溶液中的分子和离子都保持着一定的浓度。如果向溶液中加入一种和该弱电解质具有相同离子的强电解质，则弱电解质的电离度就会降低。例如，在一定温度时，弱酸 HAc 在溶液中存在以下离解平衡：

$$HAc \rightleftharpoons H^+ + Ac^-$$
$$NaAc \rightleftharpoons Na^+ + Ac^-$$

若在 HAc 平衡溶液中加入少量 NaAc，由于 NaAc 是强电解质，在溶液中完全离解，于是溶液中 Ac^- 浓度增加，使 HAc 的离解平衡向左移动，结果 H^+ 浓度减小，HAc 的离解度降低。同理，在弱碱氨水溶液中加入少量固体氯化铵，即增大 NH_4^+ 的浓度，离解平衡向生成氨水分子的方向移动，从而使氨水的离解度也降低。

$$NH_3 + H_2O \rightleftharpoons OH^- + NH_4^+$$
$$NH_4Cl \rightleftharpoons Cl^- + NH_4^+$$

这种在弱电解质溶液中，加入和弱电解质具有相同离子的强解质，使弱电解质离解度降低的现象叫做同离子效应。

【例 12】 计算 1.0 L 0.10mol·L^{-1} HAc 溶液中 H^+ 浓度和离解度为多少？若在 0.10mol·L^{-1} HAc 加入固体 NaAc，使 NaAc 浓度也恰为 0.10mol·L^{-1}（假设溶液体积不变），则该 HAc 溶液的氢离子浓度和离解度又为多少？

解：（1）未加 NaAc 时

$$HAc \rightleftharpoons H^+ + Ac^-$$

起始浓度 c_0/mol·L^{-1} 0.10   0   0

平衡浓度 $c/\text{mol} \cdot \text{L}^{-1}$ $0.10-x$ x x

$$K_a^{\ominus} = \frac{c'(\text{H}^+)c'(\text{Ac}^-)}{c'(\text{HAc})} = \frac{x^2}{0.10-x}$$

$$1.75 \times 10^{-5} = x^2 \ (0.10-x)$$

因为 $K_a^{\ominus}(\text{HAc})$ 很小，$0.10-x \approx 0.10$

故 $x = \sqrt{1.75 \times 10^{-5} \times 0.10} = 1.3 \times 10^{-3}$

$$c'(\text{H}^+) = 1.3 \times 10^{-3} \text{mol} \cdot \text{L}^{-1}$$

$$\alpha = (1.3 \times 10^{-3}/0.10) \times 100\% = 1.3\%$$

（2）加入 NaAc 后，NaAc 是强电解质在溶液中全部离解，由 NaAc 离解所提供的 Ac^- 浓度为 $0.10\text{mol} \cdot \text{L}^{-1}$，达平衡时，设 HAc 离解出的 Ac^- 浓度为 $x\text{mol} \cdot \text{L}^{-1}$，则：

$$\text{HAc} \Longrightarrow \text{H}^+ + \text{Ac}^-$$

平衡浓度 $c/\text{mol} \cdot \text{L}^{-1}$ $0.10-x$ x $0.10+x$

$$K_a^{\ominus} = \frac{c'(\text{H}^+)c'(\text{Ac}^-)}{c'(\text{HAc})} = \frac{x(0.1+x)}{0.10-x}$$

因 $K_a^{\ominus}(\text{HAc})$ 值很小，加入 NaAc 存在同离子效应，使平衡向左移动，由 HAc 离解出来的 H^+ 和 Ac^- 浓度很小，与 NaAc 离解出来的 Ac^- 浓度相比可以忽略不计，所以

$$0.10+x \approx 0.10 \qquad\qquad 0.10-x \approx 0.10$$

代入上式得 $K_a^{\ominus}(\text{HAc}) = (x \times 0.10)/0.10$

$$K_a^{\ominus}(\text{HAc}) = x = 1.75 \times 10^{-5}$$

$$c(\text{H}^+) = 1.75 \times 10^{-5} \text{mol} \cdot \text{L}^{-1}$$

$$\alpha = \{c(\text{H}^+)/c'(\text{HAc})\} \times 100\% = [(1.75 \times 10^{-5})/0.10] \times 100\% = 0.0175\%$$

HAc 的离解度为原来的 $0.00175\%/1.3\% = 1/74$。因此，同离子效应对弱酸、弱碱溶液离解度的影响不容忽视。

2. 缓冲溶液

（1）缓冲作用和缓冲溶液　　在弱酸或弱碱溶液中加入含有相同离子的盐类后，不但具有同离子效应，而且还具有另一个特性：溶液的 pH 并不因外界加入少量酸、碱，稀释而发生显著变化。为了说明缓冲作用，先看下列几组实验数据（表 5-10）。

表 5-10　缓冲作用实验数据

序号	溶液	加入 1.0mL 1.0mol·L⁻¹ 的 HCl 溶液	加入 1.0mL 1.0mol·L⁻¹ 的 NaOH 溶液
1	1.0L 纯水	pH 值从 7.0 变为 3.0，改变 4 个单位	pH 值从 7.0 变为 11，改变 4 个单位
2	1.0L 溶液中含有 0.10mol HAc 和 0.10mol NaAc	pH 值从 4.76 变为 4.75，改变 0.01 个单位	pH 值从 4.76 变为 4.77，改变 0.01 个单位
3	1.0L 溶液中含有 0.10mol NH_3 和 0.10mol NH_4Cl	pH 值从 9.26 变为 9.25，改变 0.01 个单位	pH 值从 9.26 变为 9.27，改变 0.01 个单位

结果表明，纯水中加入少量的酸或碱，其溶液的 pH 发生显著的变化；而由 HAc 和 NaAc 或者 NH_3 和 NH_4Cl 组成的混合液，当加入少量的纯水、酸或碱时，其溶液的 pH 几乎不变，这说明 HAc 和 NaAc 或者 NH_3 和 NH_4Cl 组成的混合液具有抵抗外加少量酸和碱

的能力。

这种能抵抗外加少量酸、碱或稀释，而保持溶液的pH几乎不发生显著变化的作用称为缓冲作用，具有缓冲作用的溶液称为缓冲溶液。

（2）缓冲溶液的组成　溶液要具有缓冲作用，其组成中必须具有抗酸成分和抗碱成分，且两种成分之间必须存在化学平衡，通常把这两种成分称为缓冲对或缓冲系。实验得知：凡是弱酸及其弱酸盐、弱碱及其弱碱盐，以及多元酸的酸式盐和其对应的次级盐，都可作为缓冲对。根据缓冲对的组成的不同，一般有以下几类：

① 弱酸及其弱酸盐，如碳酸与碳酸氢钠、乙酸与乙酸钠。

弱酸（抗碱成分）　　弱酸盐（抗酸成分）

HAc　　　　　　　　$NaAc$

H_2CO_3　　　　　　$NaHCO_3$

② 弱碱及其弱碱盐，如氨水与氯化铵。

弱碱（抗酸成分）　　弱碱盐（抗酸成分）

$NH_3 \cdot H_2O$　　　　　　　NH_4Cl

③ 多元酸的酸式盐及其对应的次级盐，如碳酸氢钠与碳酸钠、磷酸二氢钠与磷酸氢二钠。

多元酸的酸式盐　　对应的次级盐

（抗碱成分）　　　（抗酸成分）

$NaHCO_3$　　　　　　Na_2CO_3

NaH_2PO_4　　　　　Na_2HPO_4

（3）缓冲作用的原理　缓冲溶液具有缓冲作用，可以抵抗外来的少量酸和碱及一定量的稀释是因为溶液中含有抗酸成分和抗碱成分，能保持溶液的pH几乎不变。现在以HAc-$NaAc$缓冲对为例来说明缓冲作用的原理。在HAc-$NaAc$的混合溶液中存在着以下离解过程：

$$HAc \Longrightarrow H^+ + Ac^-$$

$$NaAc \Longrightarrow Na^+ + Ac^-$$

从离解式可以看出，由于$NaAc$是强电解质，在溶液全部离解，所以溶液中存在着大量的Ac^-。HAc是弱酸只有少部分离解，由于同离子效应，大量的Ac^-会抑制HAc的离解，使HAc的离解度变小，其结果是溶液中存在着大量的Ac^-和HAc分子。这种在溶液中同时存在大量弱酸分子及该弱酸根离子（或者大量的弱碱分子及该弱碱的阳离子），是弱酸及其弱酸盐（或弱碱及其弱碱盐）组成的缓冲溶液的特点。

当向此溶液中加入少量酸时，Ac^-与H^+结合生成难离解的HAc分子，消耗掉外来的H^+，溶液中的H^+浓度几乎没有增大，故溶液的pH几乎不变。在这里Ac^-（即$NaAc$）成为缓冲溶液的抗酸成分。

当向此溶液中加入少量碱时，由于溶液中的H^+与OH^-结合生成难离解的H_2O，使HAc的电离平衡向右移动，继续离解出的H^+仍可与OH^-结合，消耗掉外来的OH^-，使溶液中的OH^-浓度没有明显升高，溶液的pH几乎不变，因而HAc分子是缓冲溶液的抗碱成分。

当用水稀释混合溶液时，其他离子浓度也相对降低，减少了离子间相互碰撞而结合成分子的机会，促使HAc的电离平衡向右移动，于是大量的HAc分子不断离解出H^+给以补充，使溶液中 H^+ 浓度没有明显变化。因此 HAc 不但是缓冲溶液的抗碱成分，也是抗稀释成分。

由此可见，缓冲溶液同时具有抵抗外来少量酸或碱的作用，其抗酸、抗碱作用是由缓冲对的不同部分来担负的。

其他两种类型缓冲溶液的作用原理，也与上述作用原理基本相同。但必须指出：缓冲溶液的缓冲作用或者能力是有一定限度的，只有外加酸、碱的量比较小时，溶液才有缓冲作用。否则，当外加酸、碱的量过多时，溶液中的抗酸成分或抗碱成分被消耗尽，缓冲溶液受到破坏并失去缓冲能力，溶液的 pH 必然变化很大。

（4）缓冲溶液 pH 值的计算　缓冲溶液 pH 值的计算公式推导如下：

设缓冲溶液由一元弱酸 HA 和相应的盐 MA 组成，一元弱酸的浓度为 $c($ 酸 $)$，盐的浓度为 $c($ 盐 $)$，由 HA 离解的 $c(H^+)=x\ mol \cdot L^{-1}$，在溶液中存在着下列离解平衡：

盐：$\qquad\qquad\qquad\qquad MA \Longrightarrow M^+ + A^-$

$c_0/mol \cdot L^{-1} \qquad\qquad\qquad c'($ 盐 $)\ c'($ 盐 $)$

酸：$\qquad\qquad\qquad\qquad HA \Longrightarrow H^+ + A^-$

平衡时 $c/mol \cdot L^{-1} \qquad c'($ 酸 $)-x \quad x \quad c'($ 盐 $)+x$

$$K_a^\ominus = \frac{c'(H^+)c'(A^-)}{c'(HA)} = \frac{x\{(c'(\text{盐})+x)\}}{c'(\text{酸})-x}$$

$$x = K_a^\ominus \frac{c'(\text{酸})-x}{c'(\text{盐})+x}$$

由于 $K_a^\ominus$ 值很小，且存在同离子效应，此时 x 也很小，因而 $c'($ 酸 $)-x \approx c'($ 酸 $)$，$c'($ 盐 $)+x \approx c'($ 盐 $)$，代入上式得：

$$c'(H^+) = x = [K_a^\ominus c'(\text{酸})]/c'(\text{盐}) = [K_a^\ominus c(\text{酸})]/c(\text{盐})$$

$$pH = -\lg c'(H^+) = -\lg K_a^\ominus - \lg \{c(\text{酸})/c(\text{盐})\}$$

$$= pK_a^\ominus - \lg \{c(\text{酸})/c(\text{盐})\}$$

这就是计算一元弱酸及其盐组成的缓冲溶液 H^+ 及 pH 值的通式。式中，$c($ 酸 $)$ 为弱酸的原始浓度；$c($ 盐 $)$ 为盐的浓度。

同理，也可以推导出一元弱碱及其盐组成的缓冲溶液 pH 值的通式：

$$c'(OH^-) = [K_b^\ominus c'(\text{碱})]/c(\text{盐}) = [K_b^\ominus c(\text{碱})]/c(\text{盐})$$

$$pOH = -\lg c'(OH^-) = -\lg K_b^\ominus - \lg \{c(\text{碱})/c(\text{盐})\}$$

$$= pK_b^\ominus - \lg \{c(\text{碱})/c(\text{盐})\}$$

式中，$c($ 碱 $)$ 为碱的原始浓度；$c($ 盐 $)$ 为盐的浓度。

$$pH = -\lg c'(H^+) = -\lg K_a^\ominus - \lg \{c(\text{酸})/c(\text{盐})\}$$

$$= pK_a^\ominus - \lg \{c(\text{酸})/c(\text{盐})\}$$

$$pOH = -\lg c'(OH^-) = -\lg K_b^\ominus - \lg \{c(\text{碱})/c(\text{盐})\}$$

$$= pK_b^\ominus - \lg \{c(\text{碱})/c(\text{盐})\}$$

可以看出：

① 缓冲溶液的 pH 主要取决于弱酸或弱碱的离解常数 $K_a^\ominus$ 或 $K_b^\ominus$，其次和组分浓度比值有关。在配制缓冲溶液时，为了使缓冲溶液具有较大的缓冲能力，必须依据对缓冲溶液 pH 的要求来选择合适的缓冲对，使 $pK_a^\ominus$（或 $pK_b^\ominus$）值尽量接近欲配制缓冲溶液的 pH（或 pOH）值。

② 缓冲溶液的缓冲能力主要与弱酸（或弱碱）及其盐的浓度有关。弱酸（或弱碱）及其盐的浓度越大，外加酸、碱后，$c(酸)/c(盐)$ [或 $c(碱)/c(盐)$] 改变越小，pH 值变化越小。此外，缓冲能力还与 $c(酸)/c(盐)$ [或 $c(碱)/c(盐)$] 的比值有关。一般而言：$c(酸)/c(盐)$ [或 $c(碱)/c(盐)=1$] 时，缓冲溶液的缓冲能力最大；$c(酸)/c(盐)$ [或 $c(碱)/c(盐)$] 的比值在 0.1～10 时，有较好的缓冲作用。比值过大或过小，都降低溶液的缓冲能力。对于任何一个缓冲体系都有一个有效的缓冲范围：

弱酸及弱酸盐体系　　$pH = pK_a^\ominus \pm 1$

弱碱及弱碱盐体系　　$pOH = pK_b^\ominus \pm 1$

当缓冲溶液 $c(酸)/c(盐)$ [或 $c(碱)/c(盐)$] 为 1 时，$pH = pK_a^\ominus$；$pOH = pK_b^\ominus$，故在选择缓冲溶液时，应注意其缓冲范围。一旦溶液中抗酸（或抗碱）成分消耗完了，它就失去缓冲作用。

③ 稀释缓冲溶液时，由于两组分浓度以相同倍数缩小，$c(酸)/c(盐)$ [或 $c(碱)/c(盐)$] 值不变，故溶液的 pH 也不变，这就是缓冲溶液能抗稀释的原因。

【例 13】 在 1.0L 浓度均为 0.10mol·L^{-1} 的 HAc 和 NaAc 缓冲溶液中分别加入 0.010mol·L^{-1} HCl、NaOH 和加入 1.0LH$_2$O 后，pH 有何变化？

解：（1）先求 HAc-NaAc 缓冲溶液的 pH 值，$pK_a^\ominus = 1.75 \times 10^{-5}$，$c(酸) = 0.10 mol·L^{-1}$，$c(盐) = 0.10 mol·L^{-1}$。

$$pH = pK_a^\ominus - \lg \{c(酸)/c(盐)\}$$
$$= -\lg (1.75 \times 10^{-5}) - \lg (0.10/0.10) = 4.75$$

（2）加入 0.010mol·L^{-1} HCl 后，此时体系中：

$$c(酸) \approx (0.10 + 0.01) mol·L^{-1} = 0.11 mol·L^{-1}$$
$$c(盐) = (0.10 - 0.01) mol·L^{-1} = 0.09 mol·L^{-1}$$
$$pH = pK_a^\ominus - \lg \{c(酸)/c(盐)\}$$
$$= -\lg (1.75 \times 10^{-5}) - \lg (0.11/0.09) = 4.66$$

（3）加入 0.010mol·L^{-1} NaOH 后，此时体系中

$$c(酸) \approx 0.09 mol·L^{-1}$$
$$c(盐) \approx 0.11 mol·L^{-1}$$
$$pH = pK_a^\ominus - \lg \{c(酸)/c(盐)\}$$
$$= -\lg (1.75 \times 10^{-5}) - \lg (0.09/0.11) = 4.84$$

计算表明，加入了少量酸、碱后，pH 均无大变化。

（4）加入 1.0LH$_2$O 后：

$$c(酸) = 0.10/2 = 0.05 (mol·L^{-1}), \quad c(盐) = 0.10/2 = 0.05 (mol·L^{-1})$$
$$pH = pK_a^\ominus - \lg \{c(酸)/c(盐)\}$$
$$= -\lg (1.75 \times 10^{-5}) - \lg (0.10/0.10) = 4.75$$

计算表明，加水稀释后，$c(酸)$ 和 $c(盐)$ 的浓度以相同的倍数缩小，由于 $c(酸)/c(盐)$ 值不变，故溶液的 pH 不变。

五、盐类的水解

盐类多是强电解质，在溶液完全电离。盐溶于水中得到溶液会呈现中性、酸性或碱性，但其本身组成中并不一定含有 H^+ 或 OH^-，在溶液中只能离解出组成它的阳离子和阴离子。用 pH 试纸测定 0.1mol·L^{-1} NH$_4$Cl、NaAc 和 NaCl 水溶液的 pH 值，结果表明：NH$_4$Cl

水溶液显酸性；NaAc 水溶液显碱性；NaCl 水溶液显中性。为什么有些盐的溶液会呈现酸性或碱性呢？造成盐类水溶液具有酸碱性的原因是盐类的阴离子或阳离子和水离解出来的 H^+ 或 OH^- 结合生成了弱酸或弱碱，使水的离解平衡发生移动，导致溶液中 H^+ 或 OH^- 浓度不相等，而表现出酸碱性，这种作用叫做盐类的水解。

1. 盐的水解

由于生成盐的酸和碱的强弱不同，盐类水解的情况也不同。下面分别讨论几种不同类型盐的水解。

（1）弱酸强碱盐　NaAc、KCN 等属于这一类盐。以 NaAc 为例说明这类盐的水解。NaAc 是强电解质，在水溶液全部离解成 Na^+ 和 Ac^-；水是弱电解质，只能离解出极少量的 H^+ 和 OH^-。溶液中的 Na^+ 不与 OH^- 结合，而 H^+ 和 Ac^- 能结合生成弱电解质 HAc 分子。由于 H^+ 浓度的减少，破坏了水的离解平衡，使水的离解平衡向右移动：

$$NaAc \Longrightarrow Na^+ + Ac^-$$
$$+$$
$$H_2O \Longrightarrow OH^- + H^+$$
$$\Updownarrow$$
$$HAc$$

随着 HAc 的不断生成，溶液中 H^+ 浓度不断减小，而 OH^- 浓度不断增大，直到溶液中 HAc 和 H_2O 同时建立起新的离解平衡时，溶液中 $c(OH^-) > c(H^+)$，即 pH>7，因此溶液呈碱性。

Ac^- 的水解方程式为：

$$Ac^- + H_2O \Longrightarrow HAc + OH^-$$

弱酸强碱盐的水解，实质上是阴离子（酸根离子）发生的水解。水解平衡的标准常数称为水解常数 $K_h^\ominus$，其表达式：

$$K_h^\ominus = \frac{c'(HAc)c'(OH^-)}{c'(Ac^-)}$$

上述水解反应，实际上是下列两个反应的加和：

① $H_2O \Longrightarrow OH^- + H^+$　　$K_1^\ominus = c'(H^+)c'(OH^-) = K_w^\ominus$

② $Ac^- + H^+ \Longrightarrow HAc$　　$K_2^\ominus = \dfrac{c'(HAc)}{[c'(Ac^-)c'(H^+)]} = \dfrac{1}{K_a^\ominus}$

由①＋②得水解方程式：

$$Ac^- + H_2O \Longrightarrow HAc + OH^-$$

代入水解常数表达式

$$K_h^\ominus = \frac{c'(HAc)c'(OH^-)}{c'(Ac^-)} = \frac{c'(HAc)K_w^\ominus}{c'(Ac^-)c'(H^+)} = \frac{K_w^\ominus}{K_a^\ominus}$$

由此可见，组成盐的酸越弱（$K_a^\ominus$ 越小），它与强碱生成的盐的水解程度也越大。盐的水解程度也可以用水解度 h 来表示：

$$h = \frac{已水解盐的浓度}{盐的起始浓度} \times 100\%$$

水解度 h、水解常数 $K_h^\ominus$ 和盐浓度 c 之间有一定关系。仍以 NaAc 为例：

$$Ac^- + H_2O \Longrightarrow HAc + OH^-$$

起始浓度 $\qquad c \qquad\qquad\qquad 0 \qquad\quad 0$

平衡浓度 $\qquad c(1-h) \qquad\qquad ch \qquad ch$

$$K_{h}^{\ominus}=\frac{c'(\mathrm{HAc})c'(\mathrm{OH^{-}})}{c'(\mathrm{Ac^{-}})}=\frac{c'hc'h}{c'(1-h)}$$

若 $K_{h}^{\ominus}$ 较小，$1-h\approx1$，则

$$K_{h}^{\ominus}=c'h^{2}$$
$$h=\sqrt{K_{h}^{\ominus}/c'}=\sqrt{K_{w}^{\ominus}/(K_{a}^{\ominus}c')}$$

由此可知，水解度除了与组成盐的酸的强弱（$K_{a}^{\ominus}$）有关外，还与盐的浓度有关。同一种盐，浓度越小，其水解程度越大。

（2）强酸弱碱盐　例如氯化铵的水解

$$\mathrm{NH_4Cl}\Longrightarrow\mathrm{NH_4^+}+\quad\mathrm{Cl^-}$$
$$+$$
$$\mathrm{H_2O}\Longrightarrow\mathrm{OH^-}+\mathrm{H^+}$$
$$\Updownarrow$$
$$\mathrm{NH_3\cdot H_2O}$$

氯化铵是强电解质，在水中全部离解成 $\mathrm{NH_4^+}$ 和 $\mathrm{Cl^-}$。水能离解出少量的 $\mathrm{H^+}$ 和 $\mathrm{OH^-}$。溶液中 $\mathrm{H^+}$ 和 $\mathrm{Cl^-}$ 不能结合生成 HCl 分子，而 $\mathrm{NH_4^+}$ 和 $\mathrm{OH^-}$ 结合生成弱电解质氨水，使水的离解平衡向右移动。直到溶液中水和氨水同时建立起新的离解平衡时，溶液中 $c'(\mathrm{H^+})>c'(\mathrm{OH^-})$，即 pH<7，溶液呈酸性。

$\mathrm{NH_4^+}$ 的水解方程式为：

$$\mathrm{NH_4^+}+\mathrm{H_2O}\Longrightarrow\mathrm{NH_3\cdot H_2O}+\mathrm{H^+}$$

由此可知，强酸弱碱的盐的水解实质上是其阳离子的水解。

同理，弱酸强碱盐进行同样处理，也可推导出强酸弱碱盐的水解常数及水解度：

$$K_{h}^{\ominus}=K_{w}^{\ominus}/K_{b}^{\ominus}$$
$$h=\sqrt{K_{w}^{\ominus}/(K_{b}^{\ominus}c')}$$

从上式可以看出，组成强酸弱碱盐的碱越弱，即 $K_{b}^{\ominus}$ 越小，该盐的水解常数 $K_{h}^{\ominus}$、水解度 h 越大，水解程度就越大。同一种盐，浓度越小，水解度越大。

（3）弱酸弱碱盐　例如乙酸铵的水解：

$$\mathrm{NH_4Ac}\Longrightarrow\mathrm{NH_4^+}+\mathrm{Ac^-}$$
$$+\qquad\ +$$
$$\mathrm{H_2O}\Longrightarrow\mathrm{OH^-}+\mathrm{H^+}$$
$$\Updownarrow\qquad\Updownarrow$$
$$\mathrm{NH_3\cdot H_2O}\quad\mathrm{HAc}$$

$\mathrm{NH_4Ac}$ 完全离解产生的 $\mathrm{NH_4^+}$ 和 $\mathrm{Ac^-}$，分别与水离解出来的 $\mathrm{OH^-}$ 和 $\mathrm{H^+}$ 结合成弱电解质 $\mathrm{NH_3\cdot H_2O}$ 和 HAc 分子，由于 $\mathrm{OH^-}$ 和 $\mathrm{H^+}$ 都在减小，使水的离解平衡更加向右移动，可见弱酸弱碱形成的盐更容易水解。

$\mathrm{NH_4Ac}$ 的水解方程式为：

$$\mathrm{NH_4^+}+\mathrm{Ac^-}+\mathrm{H_2O}\Longrightarrow\mathrm{NH_3\cdot H_2O}+\mathrm{HAc}$$

与弱酸强碱盐作同样处理，可以得到弱酸弱碱盐的水解常数：

$$K_h^\ominus = K_w^\ominus / (K_a^\ominus K_b^\ominus)$$

弱酸弱碱盐水解后溶液究竟显示酸性、碱性还是中性，决定于生成弱酸、弱碱的相对强弱。如果弱酸与弱碱的离解常数 $K_a^\ominus$ 与 $K_b^\ominus$ 近于相等，则溶液显中性，如 NH_4Ac；如果 $K_a^\ominus > K_b^\ominus$，溶液呈酸性，如 $HCOONH_4$；如果 $K_a^\ominus < K_b^\ominus$，溶液呈碱性，如 NH_4CN。

（4）强酸强碱盐　例如氯化钠的水解：

$$NaCl \Longrightarrow Na^+ + Cl^-$$
$$H_2O \Longrightarrow OH^- + H^+$$

强酸强碱盐离解生成的阳离子（Na^+）和阴离子（Cl^-）不能与水离解出的 OH^- 和 H^+ 结合成弱电解质，水的离解平衡未被破坏，故溶液呈中性，即强酸强碱盐在溶液中不发生水解。这类盐包括大部分碱金属和部分碱土金属与盐酸、硝酸、硫酸、高氯酸等生成盐，它们的水溶液基本上都显中性。

（5）多元弱酸盐和多元弱碱盐　同多元弱酸和多元弱碱的分步离解一样，多元弱酸盐和多元弱碱盐也是分步水解的。例如二元弱酸盐 Na_2CO_3 的水解：

第一步水解　　　　　　　$CO_3^{2-} + H_2O \Longrightarrow HCO_3^- + OH^-$

$$K_{h_1}^\ominus = K_w^\ominus / K_{a_2}^\ominus$$

第二步水解　　　　　　　$HCO_3^- + H_2O \Longrightarrow H_2CO_3 + OH^-$

$$K_{h_2}^\ominus = K_w^\ominus / K_{a_1}^\ominus$$

$K_{a_1}^\ominus$ 和 $K_{a_2}^\ominus$ 分别为二元弱酸 H_2CO_3 的分步离解常数。由于 $K_{a_2}^\ominus \ll K_{a_1}^\ominus$，所以 $K_{h_1}^\ominus \gg K_{h_2}^\ominus$。可见多元弱酸盐的水解也是以第一步水解为主，在计算溶液酸碱性时，可按一元弱酸盐处理。

除了碱金属和碱土金属元素外，几乎所有金属阳离子组成的多元弱碱盐都会发生不同程度的水解，其水解也是分步进行的。例如 Fe^{3+} 水解可表示为：

$$Fe^{3+} + H_2O \Longrightarrow Fe(OH)^{2+} + H^+$$
$$Fe(OH)^{2+} + H_2O \Longrightarrow Fe(OH)_2^+ + H^+$$
$$Fe(OH)_2^+ + H_2O \Longrightarrow Fe(OH)_3 + H^+$$

并非所有多价金属离子的盐都需水解到最后一步才析出沉淀，有时，一级或二级水解即析出沉淀。其次，在水解反应的同时，还有聚合和脱水作用发生，因此水解产物也较复杂，并非都是氢氧化物。所以多元弱碱盐的水解要比多元弱酸盐的水解复杂得多。

由于金属离子水解使溶液酸度增大，故加酸提高酸度可阻止水解，加碱降低酸度可促进水解和沉淀生成。

2. 盐类水解的计算

【例 14】 计算 $0.10 mol \cdot L^{-1} NH_4Cl$ 溶液的 pH。

解：NH_4Cl 为强酸弱碱盐，水解方程式为：

$$NH_4^+ + H_2O \Longrightarrow NH_3 \cdot H_2O + H^+$$

起始浓度 $c_0 / mol \cdot L^{-1}$ 　　0.10　　　　　　　　0　　　　0

平衡浓度 $c / mol \cdot L^{-1}$ 　　0.10 $-x$ 　　　　　　　x 　　　x

$$K_h^\ominus = K_w^\ominus / K_b^\ominus (NH_3) = (1.0 \times 10^{-14}) / (1.8 \times 10^{-5}) = 5.6 \times 10^{-10}$$

$$K_h^\ominus = \frac{c'(NH_3 \cdot H_2O)c'(H^+)}{c'(NH_4^+)} = \frac{x^2}{0.010-x}$$

由于 $K_h^\ominus$ 很小, 可作近似计算 $0.10-x \approx 0.10$

$$x = \sqrt{K_h^\ominus \times 0.10} = \sqrt{5.6 \times 10^{-10} \times 0.10} = 7.5 \times 10^{-6}$$

$$c'(H^+) = 7.5 \times 10^{-6} \text{mol} \cdot L^{-1}$$

$$pH = -\lg c'(H^+) = -\lg(7.5 \times 10^{-6}) = 5.12 。$$

【例 15】 计算 $0.10 \text{mol} \cdot L^{-1}$ NaAc 溶液的 pH 和水解度。

解: NaAc 为强碱弱酸盐, 水解方程式为:

$$Ac^- + H_2O \Longleftrightarrow HAc + OH^-$$

起始浓度 $c_0/\text{mol} \cdot L^{-1}$ 0.10   0   0

平衡浓度 $c/\text{mol} \cdot L^{-1}$ $0.10-x$ x x

$$K_h^\ominus = K_w^\ominus / K_a^\ominus(HAc) = (1.0 \times 10^{-14}) / (1.75 \times 10^{-5}) = 5.7 \times 10^{-10}$$

$$= [c'(HAc)c'(OH^-)] / c'(Ac^-) = x^2/(0.10-x)$$

因 $K_h^\ominus$ 很小, 可作近似计算 $0.10-x \approx 0.10$

所以 $$x = \sqrt{5.7 \times 10^{-10} \times 0.10} = 7.5 \times 10^{-6}$$

$$c'(OH^-) = 7.5 \times 10^{-6} \text{mol} \cdot L^{-1}$$

$$pH_1 = 14 - pOH = 14 + \lg(7.5 \times 10^{-6}) = 8.88$$

$$h_1 = [(7.5 \times 10^{-6})/0.10] \times 100\% = 7.5 \times 10^{-3}\%$$

根据例 14、例 15 可以推导出盐类水解的另两个通式:

一元弱酸强碱盐 $c'(OH^-) = \sqrt{K_h^\ominus c'(盐)} = \sqrt{K_w^\ominus / [K_a^\ominus c'(盐)]}$

一元强酸弱碱盐 $c'(H^+) = \sqrt{K_h^\ominus c'(盐)} = \sqrt{K_w^\ominus / [K_b^\ominus c'(盐)]}$

弱酸弱碱盐的水解计算较复杂, 本书不作讨论。

3. 影响水解平衡的因素

盐类水解是中和反应的逆反应。它的实质是盐的弱酸根离子和氢离子结合生成了难离解的弱酸, 或盐的阳离子和氢氧根离子结合生成了难离解的弱碱, 因而使溶液显示酸性或碱性。

$$酸 + 碱 \underset{水解}{\overset{中和}{\Longleftrightarrow}} 盐 + 水 + 热$$

影响盐类水解平衡的因素首先决定于盐本身的性质, 其次与盐的浓度、温度和溶液的酸碱度有关。

(1) 盐本身性质对水解平衡的影响 盐的本性指的是盐的离子与水离解的 H^+ 和 OH^- 结合时所生成的弱酸或弱碱的离解常数越小, 水解程度越大。若生成产物为沉淀, 则其溶解度越小, 水解程度越大。

(2) 盐浓度对水解平衡的影响 从水解度的通式 $h = \sqrt{K_w^\ominus / [K^\ominus c'(盐)]}$ 可以看出, 对于同一种盐, 温度一定时水的离子积 $K_w^\ominus$ 和离解常数 $K^\ominus$ 均是常数, 所以盐的浓度越小, 水解度也越大。换句话说, 将溶液进行稀释, 会促进盐的水解。

(3) 温度对水解平衡的影响 因为盐的水解是酸碱中和反应的逆反应, 酸碱中和是放热反应, 而盐的水解则是吸热反应。根据平衡移动原理, 升高温度平衡向吸热方向, 即向水解度增大的方向移动, 所以升高温度会促进盐的水解。

许多金属的盐类如 $SnCl_2$、$SbCl_3$、$Bi(NO_3)_3$、$TiCl_4$ 等，水解后会产生大量的沉淀，在生产上常采升高温度使水解完全来制备有关的化合物。例如，TiO_2 的制备反应如下：

$$TiCl_4 + H_2O（过量） \rightleftharpoons TiOCl_2 + 2HCl$$

无色液体　　　　　　　黄绿色

$$TiOCl_2 + H_2O（过量） \rightleftharpoons TiO_2 \cdot xH_2O + 2HCl$$

操作时加入大量的水（增加反应物），同时进行蒸发（减少生成物），促使水解平衡向右移动，得到水合二氧化钛，再经焙烧即得无水 TiO_2。

（4）酸碱度对水解平衡的影响　盐类水解能使溶液的酸碱度改变，根据平衡移动的原理，调节溶液的酸碱度能促进或抑制盐的水解。在化工生产或化学实验中，有时为了配制溶液或制备纯的产品，需要抑制盐的水解。例如 KCN 是剧毒物质，它在水中有明显的水解现象：

$$CN^- + H_2O \rightleftharpoons HCN + OH^-$$

生成的挥发性的氢氰酸也有剧毒，所以在配置 KCN 溶液时，为防止氢氰酸的生成，常常先在水中加入适量的碱抑制水解。实验室配制 $SnCl_2$ 或 $SbCl_3$ 溶液时，实际上是用一定浓度的 HCl 来配制的，否则，因水解析出难溶的水解产物后，即使再加酸，也很难得到清澈的溶液。

$$SnCl_2 + H_2O \rightleftharpoons Sn(OH)Cl + HCl$$
$$SbCl_3 + H_2O \rightleftharpoons SbOCl + 2HCl$$

又如 Fe^{3+}、Al^{3+}、Bi^{3+}、Zn^{2+}、Cu^{2+} 等易水解的盐类，在制备过程中，也需加入一定浓度的相应酸，保持溶液有足够的酸度，以免水解产物混入，而使产品不纯。

六、酸碱质子理论

人们对酸碱的认识，已有几百年的历史，经历了由浅入深，由低级到高级，由现象到本质的过程。期间，为了解决实际问题，人们提出了许多理论。我们比较熟悉且常用的有：19世纪后期瑞典的阿伦尼乌斯提出的酸碱电离理论。这一理论从定量的角度描写酸碱的性质和它们在化学反应中的作用。解释了酸碱的强弱。对水溶液来说，可以得到满意的结果，所以直到现在仍被普遍应用。

阿伦尼乌斯酸碱理论也遇到一些难题，如不能说明 Ac^- 也是碱，因它们在水溶液中并不电离出氢氧根离子；不能说明氨气与氯化氢的反应是酸碱反应，两种物质都未电离。解决这些难题的是丹麦的布朗斯特和英国的劳瑞，他们于 1923 年同时提出了酸碱质子理论。扩大了酸碱的范围，将酸碱概念从"水体系"推广到了"质子体系"。

1. 酸碱的概念

酸碱质子理论认为：凡能给出质子（H^+）的物质都是酸；凡能接受质子的物质都是碱。例如 HCl、NH_4^+、HSO_4^-、$H_2PO_4^-$ 都是酸，因为它们能给出质子；Cl^-、NH_3、HSO_4^-、SO_4^{2-}、NaOH 等都是碱，因为他们能接受质子。酸碱质子理论中，酸和碱不仅可以是分子，还可以是正、负离子。

根据酸碱质子理论，酸和碱不是孤立的，酸给出质子后生成碱，碱接受质子后就变成酸。

$$HCl \xrightarrow{给出H^+} Cl^- + H^+$$
酸　　　　　碱

$$Ac^- \xrightarrow{接受H^+} HAc$$
碱　　　　　酸

　　有酸一定有碱，有碱一定有酸，酸和碱是同时存在的，我们把这样一对同时存在的酸和碱称为共轭酸碱。如 HCl 的电离，右边的碱是左边酸的共轭碱；左边酸又是右边的碱的共轭酸。

　　在酸碱质子理论中，把既能给出质子又能接受质子的物质叫两性物质。如 H_2O、NH_3（非水溶性）、$H_2PO_4^-$。两性物质是酸还是碱，决定于具体的反应。如水给出质子时是酸；水接受质子生成 H_3O^+ 时是碱。

　　由酸碱质子理论可以看出：①酸和碱可以是分子，也可以是阳离子或阴离子；②有的离子在某个共轭酸碱对中是碱，但在另一个共轭酸碱对却是酸，如 H_2O 等；③酸碱质子理论中没有盐的概念，酸碱电离理论中的盐，在酸碱质子理论中都是质子酸或质子碱；④一种物质是酸还是碱，是由它在酸碱反应中的作用而定。由此可见，酸和碱的概念具有相对性。

2. 酸碱反应

　　酸碱质子理论认为：酸碱反应实质是两个共轭酸碱对相互传递质子的反应。其表达式为：

$$酸_1 + 碱_2 \rightleftharpoons 碱_1 + 酸_2$$

$$酸_1 \rightleftharpoons H^+ + 碱_1$$

$$酸_2 \rightleftharpoons H^+ + 碱_2$$

　　两个共轭酸碱对传递质子发生的化学反应，其中酸$_1$ 把 H^+ 传递给碱$_2$，酸$_1$ 变成了碱$_1$；碱$_2$ 接受酸$_1$ 传递的 H^+，碱$_2$ 变成了酸$_2$。

　　如：$HCl + NH_3 \rightleftharpoons NH_4^+ + Cl^-$
　　　　酸$_1$　碱$_2$　　酸$_2$　碱$_1$

　　HCl 和 NH_3 的反应，HCl 是酸，放出质子给 NH_3，然后变为它的共轭碱 Cl^-；NH_3 是碱，接受质子后转变成它的共轭酸 NH_4^+。酸碱反应的方向总是从强酸强碱向弱酸弱碱方向进行。即强碱夺取强酸放出的质子，转化成较弱的共轭酸和共轭碱。

　　酸碱质子理论扩大了酸和碱的范围。电离作用、中和作用、水解作用、同离子效应在酸碱电离理论中分别是不同的反应类型，而在酸碱质子理论中全部包括在酸碱反应的范围内，它们都是质子传递的酸碱中和作用。

　　如：HAc 的电离作用：

$$HAc + H_2O \rightleftharpoons H_3O^+ + Ac^-$$
酸$_1$　碱$_2$　　酸$_2$　碱$_1$

HAc 和 NH_3 的中和作用：

$$HAc + NH_3 \rightleftharpoons NH_4^+ + Ac^-$$
酸$_1$　碱$_2$　　酸$_2$　碱$_1$

NaAc 的水解作用：

$$H_2O + Ac^- \rightleftharpoons HAc + OH^-$$
酸$_1$　碱$_2$　　酸$_2$　碱$_1$

HAc 中加 NaAc（同离子效应）：

$$H_3O^+ + Ac^- \Longrightarrow HAc + H_2O$$

酸$_1$　　　碱$_2$　　　酸$_2$　　碱$_1$

由此可知，在水溶液中进行的各类离子反应全部都是质子传递的酸碱反应。

3. 溶液的酸碱性（酸碱的强度）

酸碱质子理论认为：酸的强度决定于它给出质子的能力和溶剂分子接受质子的能力；碱的强度决定于它夺取质子的能力和溶剂分子给出质子的能力，即酸碱的强度与酸碱的性质和溶剂的性质有关。

对于 $HA + B^- \Longrightarrow HB + A^-$

由化学平衡知识可知：在一定温度下，$K^\ominus$其值一定，$K^\ominus$值愈大，表示质子从 HA 中转移给 B 的能力愈强。

如比较 $HClO_4$，H_2SO_4，HCl 和 HNO_3 的酸性强弱，若在 H_2O 中进行，由于 H_2O 接受质子的能力很强，四者均完全电离，故比较不出酸性强弱；若放到 HAc 中，由于 HAc 接受质子的能力比 H_2O 弱得多，所以尽管四者给出质子的能力没有变，但是在 HAc 中却是部分电离，于是根据 K_a 的大小，可以比较其酸性的强弱

$$HClO_4 + HAc \Longrightarrow ClO_4^- + H_2Ac^+ \qquad pK_a = 5.8$$
$$H_2SO_4 + HAc \Longrightarrow HSO_4^- + H_2Ac^+ \qquad pK_a = 8.2$$
$$HCl + HAc \Longrightarrow Cl^- + H_2Ac^+ \qquad pK_a = 8.8$$
$$HNO_3 + HAc \Longrightarrow NO_3^- + H_2Ac^+ \qquad pK_a = 9.4$$

所以四者从强到弱依次是：$HClO_4 > H_2SO_4 > HCl > HNO_3$。

如比较 HCl，HAc 和 H_2S 的强弱，在水溶液中，酸碱的强度决定于酸将质子给予水分子或碱从水分子中夺取质子的能力，通常用酸碱在水中的离解常数的大小来衡量。酸碱的离解常数愈大酸碱性愈强。

如：

$$HCl + H_2O \Longrightarrow H_3O^+ + Cl^- \qquad K_a = 10^3$$
$$HAc + H_2O \Longrightarrow H_3O^+ + Ac^- \qquad K_a = 1.8 \times 10^{-5}$$
$$H_2S + H_2O \Longrightarrow H_3O^+ + HS^- \qquad K_a = 5.7 \times 10^{-8}$$

三种酸的强弱顺序是：$HCl > HAc > H_2S$。

酸和碱在水中离解时，同时产生与其相应的共轭碱或共轭酸。某种酸本身的酸性愈强（即电离平衡常数 K_a 值愈大），其共轭碱的碱性愈弱（即电离平衡常数 K_b 值愈小）。同理，某种碱本身的碱性愈强（即 K_b 值愈大），其共轭酸的酸性愈弱（即 K_a 值愈小）。

三种共轭碱的强弱顺序：$Cl^- < Ac^- < HS^-$。

酸与碱是共轭的，其离解常数 K_a 与 K_b 之间必然有一定的关系：$K_a K_b = K_w$。知道了某酸的 K_a 值，就可求得 K_b 值。电离平衡常数表示酸碱传递质子能力的强弱。酸越强，它的共轭碱越弱，酸越弱，它的共轭碱越强。在同一溶液中，酸碱的相对强弱决定于各酸碱的本性；但同一酸碱在不同溶液中的相对强弱则由溶剂的性质决定。

▶▶ 思考题

(1) 强电解质和弱电解质中存在的微粒有何不同？

(2) 存在 pH 值为 0 的溶液吗？

(3) 水的离子积常数在任何情况下都是 10^{-14} 吗？

(4) 只要是弱酸和弱酸的盐组成的混合溶液都具有缓冲作用吗？

(5) 什么是稀释定律？

(6) 氯化钠溶液呈现中性，乙酸铵溶液也呈现中性，两者呈现中性的原因是否相同？为什么？

(7) 酸碱质子理论是如何定义酸碱的？

知识点三　酸碱性样品的测定

酸碱滴定法是以酸碱中和（质子传递）反应为基础的滴定分析法。利用酸或碱的标准溶液，通过直接滴定或间接滴定法测定酸或酸性物质、碱或碱性物质的含量。除水溶液外，还可以利用非水溶液体系中质子的转移反应进行非水酸碱滴定分析。所以滴定分析法在食品、环境、生物技术、生物制药等专业上得到了广泛的应用。

为正确判断滴定终点，必须学习指示剂的变色原理、酸碱指示剂的变色范围、酸碱滴定过程中溶液的 pH 值的变化及有关知识，从而选择适宜的指示剂，以便获得准确的分析结果。

一、酸碱指示剂

1. 酸碱指示剂的变色原理及变色范围

能够利用本身颜色的改变来指示溶液 pH 值变化的指示剂，称为酸碱指示剂。酸碱指示剂多是弱的有机酸或有机碱，其共轭酸碱对具有不同的结构，且颜色不同。现以 HIn 表示指示剂酸式型态，以 In⁻ 代表指示剂碱式型态，则有如下的转化：

$$HIn \Longrightarrow H^+ + In^-$$

酸式型态（酸式色）　碱式型态（碱式色）

增大溶液的 $[H^+]$，则平衡向左移动，指示剂主要以酸式型态存在，溶液呈酸式色，减少溶液的 $[H^+]$，指示剂主要以碱式型态存在，溶液呈碱式色。例如甲基橙在水溶液中有如下离解平衡和颜色变化：

$$(CH_3)_2N\!-\!\!\!\diagdown\!\!\!\!-\!N\!=\!N\!-\!\!\!\diagdown\!\!\!\!-\!SO_3^- \xrightleftharpoons[OH^-]{H^+} (CH_3)_2\overset{+}{N}\!-\!\!\!\diagdown\!\!\!\!-\!N\!=\!\overset{H}{N}\!-\!\!\!\diagdown\!\!\!\!-\!SO_3^-$$

碱式型态（黄色）　　　　　　　　酸式型态（红色）

可以看出，增大溶液的 $c(H^+)$，则平衡向右移动，甲基橙主要以酸式型存在，溶液呈红色；减少溶液的 $c(H^+)$，甲基橙主要以碱式型态存在，溶液呈黄色。

指示剂颜色的改变是由于 pH 值的变化引起指示剂分子结构的改变，因而显示出不同的颜色，但是并不是溶液的 pH 值稍有变化或任意改变，都能引起指示剂颜色的变化，指示剂的变色是在一定 pH 值范围内进行的。

在式 $HIn \Longrightarrow H^+ + In^-$ 中，如果以 K_{HIn} 表示指示剂的离解常数，则有：

$$K_{HIn}^{\ominus} = \frac{c'(H^+)c'(In^-)}{c'(HIn)}$$

那么

$$\frac{K_{HIn}^{\ominus}}{c'(H^+)} = \frac{c'(In^-)}{c'(HIn)}$$

当 $[H^+] = K_{HIn}^{\ominus}$，$\dfrac{c'(In^-)}{c'(HIn)} = 1$，两者浓度相等，溶液表现出酸式色和碱式色的中间

色，此时 $pH = pK^{\ominus}_{HIn} K_{HIn}$，称为指示剂的理论变色点。

一般说来，如果 $\dfrac{c'(In^-)}{c'(HIn)} \geqslant 10$，观察到的是碱式（$In^-$）颜色，当 $\dfrac{c'(In^-)}{c'(HIn)} = 10$ 时，可在 In^- 的颜色中稍稍看到 HIn 的颜色，此时 $pH = pK_{HIn} + 1$；当 $\dfrac{c'(In^-)}{c'(HIn)} \leqslant \dfrac{1}{10}$ 时，观察到的是酸式（HIn）颜色，当 $\dfrac{c'(In^-)}{c'(HIn)} = \dfrac{1}{10}$ 时，可在 HIn 的颜色中稍稍看到 In^- 的颜色，此时 $pH = K^{\ominus}_{HIn} - 1$。

由上述讨论可知，指示剂的理论变色范围为 $pH = K^{\ominus}_{HIn} pK_{HIn} \pm 1$，指示剂的理论变色范围应为 2 个 pH 值单位。但实际观察到的大多数指示剂的变色范围不是 2 个 pH 值单位，上下略有变化，且指示剂的理论变色点不是变色范围的中间点，这是由于人眼对不同颜色的敏感程度不同，再加上两种颜色互相掩盖。常见酸碱指示剂列表于 5-11 中。

表 5-11　常用的酸碱指示剂

指示剂	变色 pH 值范围	颜色变化	pK_{HIn}	浓度	10mL 试液用量/滴
百里酚蓝	1.2~2.8	红~黄	1.65	0.1%的 20%酒精溶液	1~2
甲基橙	3.1~4.4	红~黄	3.4	0.1%或 0.05%水溶液	1
溴酚蓝	3.0~4.6	黄~紫	4.1	0.1%的 20%酒精溶液或其钠盐水溶液	1
甲基红	4.4~6.2	红~黄	5.0	0.1%的 60%酒精溶液或其钠盐水溶液	1
中性红	6.8~8.0	红~黄橙	7.4	0.1%的 60%酒精溶液	1
酚酞	8.0~10.0	无~红	9.1	1%的 90%酒精溶液	1~3
溴百里酚蓝	6.2~7.6	黄~蓝	7.3	0.1%的 20%酒精溶液或其钠盐水溶液	1
百里酚酞	9.4~10.6	无~蓝	10.0	0.1%的 90%酒精溶液	1~2

2. 影响指示剂变色的因素

温度升高，变色范围变窄；在不同的溶剂中，离解常数 K_{HIn} 不相同，在不同溶液中变色范围就不同；盐类的存在能影响指示剂的 K_{HIn}，使指示剂的变色范围发生移动，盐类还能吸收不同波长的光，从而影响指示剂变色的深度及变色的敏锐性；指示剂本身是弱酸或弱碱，如果用量多或浓度大，会参与酸碱反应而引起误差，因此，以能看清指示剂颜色变化为准，指示剂用量少一点为好；溶液的颜色一般由浅变深易于观察，如酚酞由无色变为红色时，颜色变化敏锐，滴定误差小，反之，则引起较大的误差。

3. 混合指示剂

在某些酸碱滴定中，使用单一指示剂难以判断终点，此时可采用混合指示剂。混合指示剂利用颜色的互补原理使终点颜色变化敏锐，变色范围窄。混合指示剂可分为两类：一类是在某种指示剂中加入一种惰性染料，如由甲基橙和靛蓝组成的混合指示剂，靛蓝颜色不随 pH 改变而变化，只作甲基橙的颜色背景，此类指示剂能使颜色变化敏锐，但变色范围不变；另一类是由两种或两种以上的指示剂混合而成，如溴甲酚绿和甲基红组成的混合指示剂，此类指示剂能使颜色变化敏锐，变色范围窄。常用混合指示剂列表于 5-12 中。

表 5-12　常用混合酸碱指示剂

指示剂溶液的组成	变色时 pH 值	颜色变化（酸色～碱色）	备注
一份 0.1%甲基橙水溶液 一份 0.25%靛蓝二磺酸钠水溶液	4.1	紫～黄绿	
一份 0.1%甲基黄酒精溶液 一份 0.1%次甲基蓝酒精溶液	3.25	蓝紫～绿	pH＝3.4 绿色 pH＝3.2 蓝紫色
两份 0.1%百里酚酞酒精溶液 一份 0.1%茜素黄酒精溶液	10.2	黄～紫	
三份 0.1%溴甲酚绿酒精溶液 一份 0.2%甲基红酒精溶液	5.1	酒红～绿	
一份 0.1%中性红酒精溶液 一份 0.1%次甲基蓝酒精溶液	7.0	蓝紫～绿	pH＝7.0 紫蓝
一份 0.1%百里酚蓝酒精溶液 三份 0.1%酚酞酒精溶液	9.0	黄～紫	从黄到绿再到紫
一份 0.1%溴甲酚绿钠盐水溶液 一份 0.1%氯酚红钠盐水溶液	6.1	黄绿～蓝紫	pH＝5.4 蓝紫色、pH＝5.8 蓝色、 pH＝6.0 蓝带紫、pH＝6.2 蓝紫
一份 0.1%甲基红钠盐水溶液 三份 0.1%百里酚蓝钠盐水溶液	8.3	黄～紫	pH＝8.2 玫瑰色、 pH＝8.4 清晰的紫色

二、滴定曲线、突跃范围与指示剂的选择

我们知道，选择了合适的指示剂，就能减小酸碱滴定过程中的滴定误差，而指示剂的变色与溶液的 pH 有关，因此有必要研究滴定过程中溶液 pH 的变化，特别是化学计量点附近溶液 pH 的改变，从而选择一个刚好能在化学计量点附近变色的指示剂。以酸碱加入的体积（或被滴定的百分数）为横坐标、溶液的 pH 值为纵坐标，描绘滴定过程中溶液 pH 值的变化情况的曲线，称为酸碱滴定的曲线。

1. 一元强酸强碱的相互滴定

以 $0.1000\,mol \cdot L^{-1}$ NaOH 溶液滴定 20.00 mL $0.1000\,mol \cdot L^{-1}$ 的 HCl 溶液为例，绘制滴曲线。其反应为：

$$NaOH + HCl \Longrightarrow NaCl + H_2O$$

滴定过程分为四个阶段：

① 滴定前，溶液的 pH 值由 HCl 酸度决定：

$$c(H^+) = c_{HCl} = 0.1000\,mol \cdot L^{-1}, \quad pH = 1.00$$

② 滴定开始至化学计量点前 0.1%处，溶液的 pH 值由剩余的 HCl 酸度决定：

$$c(H^+) = c_{HCl(剩余)} = \frac{c_{HCl}V_{HCl(剩余)}}{V_{总}}$$

由于 $c_{HCl} = c_{NaOH}$，所以：

$$c(H^+) = \frac{c(V_{HCl} - V_{NaOH})}{V_{HCl} + V_{NaOH}}$$

当加入 NaOH 溶液 19.98 mL（−0.1%相对误差）时：

$$[H^+] = (20.00 \times 0.1000 - 19.98 \times 0.1000)/(20.00 + 19.98) = 5.0 \times 10^{-5}\,mol \cdot L^{-1}$$

pH＝4.30

滴定开始至化学计量点前 0.1％处其他各点的 pH 值用同样的方法计算。

③ 化学计量点时，溶液的 pH 值由生成的中和产物 NaCl 和 H_2O 决定，此时溶液呈中性，溶液中：

$$c(H^+) = c(OH^-) = 10^{-7} \ mol \cdot L^{-1} \quad pH = 7.00$$

④ 化学计量点后，溶液的 pH 值由过量的 NaOH 决定：

$$c(OH^-) = \frac{c_{NaOH}V_{NaOH} - c_{HCl}V_{HCl}}{V_{NaOH} + V_{NaOH}}$$

由于 $c_{HCl} = c_{NaOH}$，所以：

$$c(OH^-) = \frac{c(V_{NaOH} - V_{HCl})}{V_{NaOH} + V_{NaOH}}$$

计算 20.02 mL NaOH 溶液（＋0.1％相对误差）的 pH 值：

$c(OH^-) = (20.02 \times 0.1000 - 20.00 \times 0.1000) / (20.02 + 20.00) = 5.0 \times 10^{-5} \ mol \cdot L^{-1}$

pOH＝4.30，则 pH＝9.70。

以同样的方法再计算其他各点的 pH 值。将数据列表于 5-13 中。

表 5-13 0.1000mol·L^{-1} 的 NaOH 滴定 20.00mL、0.1000mol·L^{-1} 的 HCl 溶液的 pH 变化

加入 NaOH 的体积/mL	HCl 被滴定百分数/％	$c(H^+)$	pH	备注
10.00		1.00×10^{-1}	1.00	
18.00	90.00	5.26×10^{-3}	2.28	
19.80	99.00	5.02×10^{-4}	3.30	
19.98	99.90	5.00×10^{-5}	4.30	相对误差为－0.1％
20.00	100.00	1.00×10^{-7}	7.00	化学计量点
20.02	100.1	2.00×10^{-10}	9.70	相对误差为＋0.1％
20.20	101.0	2.01×10^{-11}	10.70	
22.00	110.0	2.10×10^{-12}	11.68	
40.00	200.0	3.00×10^{-13}	12.52	

以 HCl 溶液被滴定的百分数为横坐标，以其对应的 pH 值为纵坐标，绘制滴定曲线，见图 5-5（实线）。可以看出：在滴定过程中的不同阶段，加入单位体积的滴定剂，溶液 pH 值变化的快慢是不相同的。滴定开始时，曲线比较平坦，随着 NaOH 不断滴入，pH 值逐渐增大，当 NaOH 的加入量从 19.98mL（相对误差为－0.1％）增加到 20.02mL（相对误差为＋0.1％），仅 0.04mL（约一滴溶液）时，溶液的 pH 由 4.30 急剧升高到 9.70，改变了5.4 个单位。人们把化学计量点前后相对误差为±0.1％的溶液 pH 值变化范围，称酸碱滴定的突跃范围。在滴定分析中，滴定突跃范围是选择指示剂的依据：凡变色范围全部或部分落在突跃范围之内的指示剂，均可作为该滴定的指示剂。对 0.1000mol·L^{-1}NaOH 滴定 0.1000mol·L^{-1} 的 HCl 溶液来说，酚酞（pH＝8.0～10.0），甲基橙（pH＝3.1～4.4），甲基红（pH＝4.4～6.2），均可作为该滴定的指示剂。如果使用 0.1000mol·L^{-1} 的 HCl 滴定等浓度的 NaOH，见图 5-5（虚线），滴定曲线与前者方向相反。

滴定突跃范围的大小与滴定剂和被滴定溶液的浓度有关，见图 5-6，酸碱溶液浓度愈大，突跃范围也愈大，可供选择的指示剂愈多。但浓度太大，在化学计量点附近多加半滴酸

（碱）产生的误差较大，并且标准溶液及样品实际的消耗量也较大，会造成不必要的浪费；反之，酸碱浓度愈稀，突跃范围愈小，太小则难以找到合适的指示剂，通常把标准溶液的浓度控制在 $0.01 \sim 1.00 \text{mol} \cdot \text{L}^{-1}$。

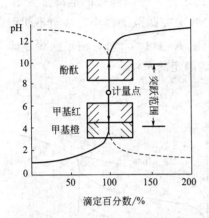

图 5-5　NaOH 与 HCl 滴定曲线

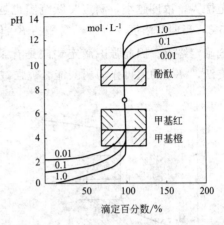

图 5-6　浓度对强酸强碱滴定突跃范围的影响

2. 强碱（酸）滴定一元弱酸（碱）

强碱（酸）滴定一元弱酸（碱）也可把滴定过程分为滴定前、化学计量点前、化学计量点时和化学计量点后四个阶段进行讨论。以 $0.1000 \text{mol} \cdot \text{L}^{-1}$ NaOH 溶液滴定 20.00mL 的 $0.1000 \text{mol} \cdot \text{L}^{-1}$ 的 HAc（$K_a = 1.8 \times 10^{-5}$）溶液为例，将滴定过程中各点的 pH 值列于表 5-14 中，滴定曲线见图 5-7。

表 5-14　NaOH 溶液滴定 HAc 溶液 pH 值的变化

加 NaOH 体积/mL	HAc 被滴定的百分数/%	溶液组成	pH	备注
0.00		HAc	2.88	
18.00	90.00	HAc+Ac$^-$	5.71	
19.98	99.90		7.76	相对误差为 −0.1%
20.00	100.0	Ac$^-$	8.73	化学计量点
20.02	100.1	OH$^-$+Ac$^-$	9.70	相对误差为 +0.1%
20.20	101.0		10.70	
22.00	110.0		11.68	
40.00	200.0		12.52	

比较图 5-5 和图 5-7，可以看出强碱滴定一元弱酸有以下特点：

① 滴定前，pH 值比强酸高，这是由于 HAc 电离出的 H$^+$ 比同浓度的 HCl 少。

② 滴定开始至化学计量点前 0.1% 处，曲线变化较复杂。其间溶液组成为 HAc 和 Ac$^-$，属于缓冲体系。但曲线两端的缓冲比值很大（>10:1），或很小（<1:10），所以缓冲能力小，随着 NaOH 的加入，pH 值变化明显；而曲线中段，缓冲比接近于 1:1，缓冲能力大，曲线变化幅度不大。

③ 化学计量点时，因滴定产物 NaAc 的水解，溶液呈碱性，理论终点的 pH 值不为 7.00，而是 8.72，被滴定的酸越弱，化学计量点的 pH 值越大。

④ 化学计量点附近，溶液 pH 值发生突跃，滴定突跃范围为 pH7.76～9.70，仅改变了

不到 2 个 pH 值单位，突跃范围减小，且突跃范围处于碱性范围内，只能选择酚酞、百里酚酞等在弱碱性范围内变色的指示剂，甲基红已不能使用。

与强酸强碱相互间的滴定类似，用强碱滴定弱酸也与溶液的浓度有关。浓度越大，滴定突跃范围大，浓度越小，滴定突跃范围也越小。除此之外，还与弱酸的电离常数 K_a 有关，见图 5-8，当弱酸浓度一定时，弱酸的 K_a 值越小，滴定突跃范围越小，甚至不能用合适的指示剂确定终点。因此强碱滴定弱酸是有条件的，当 $cK_a \geqslant 10^{-8}$ 时，滴定曲线才能有较明显的突跃，cK_a 的值可作为弱酸能否被强碱溶液准确滴定的条件。

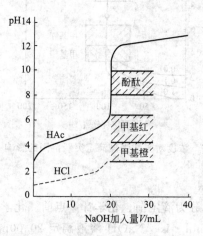

图 5-7　NaOH 与 HAc 滴定曲线

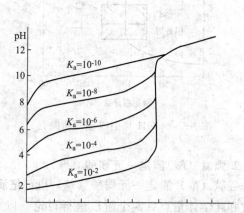

图 5-8　NaOH 与不同 K_a 一元弱酸滴定曲线

强酸滴定一元弱碱的情况与强碱滴定一元弱酸的情况相似。在滴定过程中溶液 pH 值的变化方向及滴定曲线的形状与强碱滴定弱酸的正好相反。强酸滴定弱碱的突跃范围也较小，化学计量点落在弱酸性区域，应选用在弱酸性范围内变色的指示剂，通常也以 $cK_b \geqslant 10^{-8}$ 作为判断弱酸能直接被准确滴定的依据。

3. 混合酸碱的滴定

由于多元弱酸（碱）存在分步离解，其滴定较为复杂。在多元酸碱中能实现分级滴定的极少；有些多元酸碱可以滴总量。在混合酸碱中能进行分别滴定的也不多，其中最有实际意义而又能达到一定准确程度的是混合碱的测定。

烧碱 NaOH 在生产和储藏时，能吸收空气中的 CO_2，而产生 Na_2CO_3；食用纯碱 Na_2CO_3 常作为添加剂或酸碱调节剂应用于食品工业，在制造和存放中常有副产品 $NaHCO_3$。NaOH 和 Na_2CO_3、Na_2CO_3 和 $NaHCO_3$ 均称为混合碱。下面介绍双指示剂法测定混合碱 Na_2CO_3 和 $NaHCO_3$ 的含量。所谓双指示剂法是指在滴定中用两种指示剂来确定两个不同终点的方法。

用酚酞作指示剂，HCl 只能将 Na_2CO_3 滴定为 $NaHCO_3$，用去 HCl 标准溶液为 V_1（mL）。

$$Na_2CO_3 + HCl = NaCl + NaHCO_3$$

再加入甲基红作指示剂，继续用 HCl 溶液滴定至终点，溶液中所有 $NaHCO_3$ 都被滴定，用去 HCl 标准溶液 V_2（mL）。

$$NaHCO_3 + HCl = NaCl + H_2O + CO_2 \uparrow$$

过程如下：

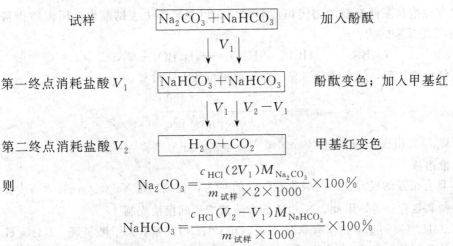

则

$$Na_2CO_3 = \frac{c_{HCl}(2V_1)M_{Na_2CO_3}}{m_{试样} \times 2 \times 1000} \times 100\%$$

$$NaHCO_3 = \frac{c_{HCl}(V_2-V_1)M_{NaHCO_3}}{m_{试样} \times 1000} \times 100\%$$

双指示剂法不仅用于混合碱的定量分析，还可以用于未知试样（碱）的定性分析，设第一种指示剂、第二种指示剂变色时，标准溶液所用的体积分别为 V_1 和 V_2，见表 5-15。

表 5-15　试样组成与体积变化

V_1 和 V_2 的变化	试样的组成（以离子表示）
$V_1 \neq 0,\ V_2 = 0$	OH^-
$V_1 = 0,\ V_2 \neq 0$	HCO_3^-
$V_1 = V_2 \neq 0$	CO_3^{2-}
$V_1 > V_2 > 0$	$OH^- + CO_3^{2-}$
$V_2 > V_1 > 0$	$HCO_3^- + CO_3^{2-}$

如果对实例有兴趣，请参阅有关书籍，这里不做介绍。

三、酸碱标准溶液的配制和标定

酸碱滴定法中常用的标准溶液有 HCl、H_2SO_4、NaOH、KOH，盐酸是最常用的酸标准溶液；由于 NaOH 的价格比 KOH 便宜，NaOH 是常用的碱标准溶液。HNO_3 具有氧化性，一般不用。标准溶液的浓度一般配制成 $0.01 \sim 0.1 mol \cdot L^{-1}$，实际工作中应根据需要配制合适浓度的标准溶液。

1. 酸标准溶液

浓盐酸具有挥发性，因此不能用直接法配制标准溶液，而是先配成大致所需的浓度，再用基准物质进行标定。标定时常用的基准物质为无水碳酸钠和硼砂。

① 无水碳酸钠　碳酸钠易得纯品，但由于 Na_2CO_3 具有吸湿性，还能吸收空气中的 CO_2，因此使用之前应在 $270 \sim 300℃$ 下加热 1h，然后密封于瓶内，保存在干燥器中备用。用时称量要快，以免吸收水分而引入误差。用 Na_2CO_3 标定 HCl 时，其滴定反应为：

$$Na_2CO_3 + 2HCl == 2NaCl + H_2CO_3$$

选用甲基橙作指示剂，终点变色不太敏锐。结果可按下式进行计算：

$$c_{HCl} = \frac{2m_{Na_2CO_3} \times 1000}{M_{Na_2CO_3}V_{HCl}}$$

式中，V_{HCl} 为用去 HCl 的体积，mL；$M_{Na_2CO_3} = 105.99g \cdot mol^{-1}$。

② 硼砂（$Na_2B_4O_7 \cdot 10H_2O$）　硼砂的摩尔质量大，可以减小称量误差，但因含有结

晶水，应保存在饱和蔗糖溶液的密闭恒湿容器中，以免风化失去结晶水。用硼砂作基准物质，标定 HCl 的反应式为：

$$Na_2B_4O_7 + 2HCl + 5H_2O = 4H_3BO_3 + 2NaCl$$

选甲基红作指示剂，终点变色明显。标定结果可按下式计算：

$$c_{HCl} = \frac{2m_{Na_2B_4O_7 \cdot 10H_2O} \times 1000}{M_{Na_2B_4O_7 \cdot 10H_2O} V_{HCl}}$$

式中，V_{HCl} 为用去 HCl 的体积，mL；$M_{Na_2B_4O_7 \cdot 10H_2O} = 381.42g \cdot mol^{-1}$。

2. 碱标准溶液

NaOH 具有很强的吸湿性，易吸收空气中的 CO_2，生成少量 Na_2CO_3，且含有少量的硅酸盐、硫酸盐和氯化物等，因此，NaOH 标准溶液应用间接法配制。

标定 NaOH 溶液的基准物质有草酸 $H_2C_2O_4 \cdot 2H_2O$、邻苯二甲酸氢钾（$KHC_8H_4O_4$）等，最常用的是 $KHC_8H_4O_4$。化学反应式为：

$$\bigcirc\!\!\!\!\!\!\!< {}^{COOH}_{COOK} + NaOH = \bigcirc\!\!\!\!\!\!\!< {}^{COONa}_{COOK} + H_2O$$

化学计量点时，溶液的 pH 值约为 9.1，可选用酚酞指示剂。

邻苯二甲酸氢钾易得纯品，溶于水，摩尔质量大（$M_{KHC_8H_4O_4} = 204.222g \cdot mol^{-1}$），不潮解，加热到 135℃时不分解，是一种很好的标定碱溶液的基准物质。

▶▶ 思考题

（1）分析用氢氧化钠滴定弱酸性样品，选择酚酞和甲基红所得实验误差。

（2）过量添加和减少添加指示剂对实验结果有怎样的影响？

（3）怎样根据滴定突越选择合适的指示剂？

（4）若一种酸的 $K_a = 10^{-12}$，能否用直接滴定法进行测定？

（5）常用来标定酸的基准物质有哪些？常用来标定碱的基准物质有哪些？

任务五 盐酸标准溶液的配制和标定（一）

[任务目的]

（1）掌握盐酸标准溶液的配制方法。

（2）学会用基准物质标定盐酸溶液。

（3）学会滴定终点的确定。

（4）会根据样品性质选择合适的指示剂。

（5）掌握差减称量法称取基准物质的方法。

[仪器和药品]

仪器：分析天平，称量瓶，酸式滴定管，锥形瓶，量筒，烧杯。

药品：$0.1mol \cdot L^{-1}$ NaOH 溶液，甲基红指示剂（0.1%乙醇溶液）等。

[测定原理]

滴定分析法中，由于盐酸不符合基准物质的条件，只能用间接配制法，先配制近似浓度的盐酸，再用基准物质来标定其浓度。标定盐酸常用的基准物质有无水碳酸钠 Na_2CO_3 和硼砂 $Na_2B_4O_7 \cdot 10H_2O$。采用硼砂较易提纯，不宜吸湿，性质比较稳定，而且摩尔质量很大，可以减少称量误差。硼砂与盐酸的反应和计算式如下：

$$Na_2B_4O_7 \cdot 10H_2O + 2HCl = 2NaCl + 4H_3BO_3 + 5H_2O$$

$$c_{HCl} = \frac{m_{Na_2B_4O_7 \cdot 10H_2O}}{V_{HCl} \times 381} \times 2000$$

式中，质量单位为 g，体积单位为 mL，浓度单位为 mol·L^{-1}。

在化学计量点时，由于生成的硼酸是弱酸，溶液的 pH 值约为 5，可用甲基红作指示剂。

[任务实施过程]

（1）配制 250mL0.1mol·L^{-1}的盐酸溶液 量取浓盐酸 2.3mL，注入 500mL 烧杯中，加水至 250mL 刻度线，用玻璃棒搅拌均匀。

（2）标定盐酸 用称量瓶准确称取纯净硼砂三份，每份重 0.3～0.4g（称至小数点后四位），置于锥形瓶中，加 20mL 蒸馏水使之溶解（可稍加热以加快溶解，但溶解后需冷却至室温），滴入甲基红指示剂 2～3 滴，用 0.1mol·L^{-1}HCl 溶液滴定至溶液由黄色变橙色为止。记录数据，计算盐酸溶液的浓度。

滴定次数	第一次	第二次	第三次
硼砂＋称量瓶质量/g			
倾倒后硼砂＋称量瓶质量/g			
硼砂质量/g			
HCl 终读数/mL			
HCl 初读数/mL			
V(HCl)/mL			
c(HCl)/mol·L^{-1}			
c(HCl)平均值/mol·L^{-1}			
相对平均偏差			

[任务评价]

见附录任务完成情况考核评分表。

[任务思考]

（1）第一份滴定完成后，如滴定管中还剩下一部分滴定剂，是否可以不再添加滴定溶液而继续往下滴第二份？为什么？

（2）溶解硼砂时，所加水的体积是否需要准确？为什么？

任务六 盐酸标准溶液的配制和标定（二）

[任务目的]

（1）巩固一般溶液的配制。

（2）巩固移液管的使用。

（3）学会用比较法标定标准溶液。

[仪器和药品]

仪器：分析天平，称量瓶，酸式滴定管，锥形瓶，量筒，烧杯。

药品：盐酸，蒸馏水，0.1mol·L^{-1}NaOH 溶液，酚酞指示剂。

[测定原理]

$$NaOH + HCl \Longrightarrow NaCl + H_2O$$

实验室中也可以用标准溶液来标定酸或者碱的浓度。已知盐酸为酸性，选择碱性氢氧化钠标准溶液来标定其浓度，这种方法称为与标准溶液比较。盐酸与氢氧化钠滴定的终点为中性，选用酚酞作为滴定的指示剂。按下式计算盐酸的浓度：

$$c_{HCl} = \frac{c_{NaOH} V_{NaOH}}{V_{HCl}}$$

[任务实施过程]

（1）配制 250mL 0.1mol·L^{-1} 的盐酸溶液　量取浓盐酸 2.3mL，注入 500mL 烧杯中，加水至 250mL 刻度线，用玻璃棒搅拌均匀。

（2）标定盐酸溶液　用移液管移取 25.00mL 盐酸溶液三份，滴入酚酞指示剂 2～3 滴，用 0.1mol·L^{-1} NaOH 溶液滴定至溶液由无色变为粉红色，半分钟之内颜色不退去，即为滴定终点。记录数据，计算盐酸溶液的浓度。

滴定次数	第一次	第二次	第三次
NaOH 终读数/mL			
NaOH 初读数/mL			
V(HCl)/mL			
c(HCl)/mol·L^{-1}			
c(HCl)平均值/mol·L^{-1}			
相对平均偏差			

[任务评价]

见附录任务完成情况考核评分表。

[任务思考]

用比较法标定的盐酸溶液浓度与用基准物质标定得到的标准溶液浓度哪个更准确？为什么？

任务七　松花蛋料液碱性测定

[任务目的]

（1）巩固盐酸标准溶液的配制方法。

（2）学会测定松花蛋料液的碱性。

[仪器和药品]

仪器：刻度吸管，酸式滴定管，锥形瓶，烧杯，电子天平。

药品：盐酸，硼砂，蒸馏水，松花蛋料液，酚酞指示剂。

[测定原理]

松花蛋料液呈碱性，故选用盐酸标准溶液测定其碱度。在实际生产中，松花蛋料液呈现咖啡色，影响滴定终点的观察，可采用活性炭进行脱色。

$$NaOH + HCl \Longrightarrow NaCl + H_2O$$

滴定终点为中性，选用酚酞作为指示剂。按下式计算料液的碱度：

$$c_{\text{碱}} = \frac{c_{\text{HCl}} V_{\text{HCl}}}{V_{\text{碱}}}$$

[任务实施过程]

（1）$1 \text{mol} \cdot \text{L}^{-1}$ 盐酸标准溶液的配制。

（2）测定松花蛋料液碱性　移取松花蛋料液 4.00mL 三份于三个锥形瓶中，滴加酚酞指示剂三滴。用盐酸溶液滴定到红色退去，30s 颜色不变即为终点。记录消耗的盐酸的体积。

滴定次数	第一次	第二次	第三次
HCl 终读数/mL			
HCl 初读数/mL			
$V(\text{NaOH})$/ mL			
$c(\text{NaOH})$/mol $\cdot$ L^{-1}			
$c(\text{NaOH})$ 平均值/mol $\cdot$ L^{-1}			
相对平均偏差			

[任务评价]

见附录任务完成情况考核评分表。

[任务思考]

（1）在本测定中所有 HCl 浓度（$1 \text{mol} \cdot \text{L}^{-1}$）比较大，这样标定时所需要基准物质的质量相应增加。若使用 $0.1 \text{mol} \cdot \text{L}^{-1}$ 的 NaOH 来测定，应该怎么做呢？

（2）在取样时为什么要加入 300mL 蒸馏水呢？

任务八　混合碱含量测定

[任务目的]

（1）了解强碱弱酸盐滴定过程中 pH 的变化及碱滴定法在酸碱度测定中的应用。

（2）掌握用双指示剂法测定混合碱中 Na_2CO_3、$NaHCO_3$ 含量的方法。

[仪器和药品]

仪器：分析天平，称量瓶，酸式滴定管，锥形瓶。

药品：蒸馏水，混合碱试样，甲基红，酚酞。

[测定原理]

混合碱中 Na_2CO_3、$NaHCO_3$ 的测定，一般可以用双指示剂。实验中，先加酚酞指示剂，以 HCl 标准溶液滴定至无色，此时溶液中 Na_2CO_3 仅被滴定成 $NaHCO_3$，即 Na_2CO_3 只被滴定了一半。然后再加甲基红作指示剂，继续用 HCl 溶液滴定至终点，溶液中所有 $NaHCO_3$ 都被中和。方程式如下：

$$Na_2CO_3 + HCl == NaCl + NaHCO_3$$

$$NaHCO_3 + HCl == NaCl + H_2O + CO_2$$

假定用酚酞、甲基红作指示剂时，用去的酸的体积分别为 V_1（mL）、V_2（mL），则 Na_2CO_3、$NaHCO_3$ 及 Na_2O 的含量可由下列式子计算：

则
$$Na_2CO_3 \quad \frac{c_{\text{HCl}} \times 2V_1 M_{Na_2CO_3}}{m_{\text{试样}} \times 2 \times 1000} \times 100\%$$

$$NaHCO_3 = \frac{c_{HCl}(V_2 - V_1)M_{NaHCO_3}}{m_{试样} \times 1000} \times 100\%$$

式中，$m_{试样}$为混合碱试样质量，g。

[任务实施过程]

（1）配制 $0.1mol \cdot L^{-1}$ 盐酸标准溶液，完成标定。

（2）测定混合碱中 Na_2CO_3、$NaHCO_3$ 含量 准确称取 $0.15 \sim 0.2g$ 混合碱试样三份，分别置于 250mL 锥形瓶中，各加入 50mL 蒸馏水，2 滴酚酞指示剂后溶液呈红色，用 $0.1mol \cdot L^{-1}$ HCl 标准溶液滴定到无色，记下用去 HCl 体积 V_1（mL）。第一终点后再加 2 滴甲基红指示剂，继续用 HCl 滴定，到溶液由黄色转变为橙色为止。记下第二次用去的 HCl 体积 V_2（mL）。计算 Na_2CO_3、$NaHCO_3$ 的含量。

编号 记录项目	1	2	3
试样质量(倒出前的质量－倒出后的质量)/g			
HCl 净用量 V_1(第一终点的读数－初读数)/mL			
HCl 净用量 V_2(第二终点的读数－初读数)/mL			
$w(Na_2CO_3)$			
平均值			
$w(NaHCO_3)$			
平均值			
Na_2CO_3、$NaHCO_3$ 相对平均偏差			

[任务评价]

见附录任务完成情况考核评分表。

[任务思考]

（1）混合碱测定加入两种指示剂的作用是什么？

（2）滴定到第一个终点时，需要倒掉锥形瓶里的溶液吗？

任务九 氢氧化钠标准溶液的配制和标定（一）

[任务目的]

（1）掌握差减称量法和滴定操作技术。

（2）学习用邻苯二甲酸氢钾标定氢氧化钠的方法。

（3）巩固滴定终点的判断。

（4）巩固数据记录及处理方法。

[仪器和药品]

仪器：分析天平，称量瓶，碱式滴定管，锥形瓶，250 mL 容量瓶，25 mL 移液管。

药品：$0.1mol \cdot L^{-1}$ NaOH 溶液，邻苯二甲酸氢钾（分析纯），酚酞指示剂（0.1%的 60%乙醇溶液）等。

[测定原理]

氢氧化钠易吸收空气中的 H_2O 和 CO_2，只能用间接法配制，浓度的确定可以用基准物质来标定，常用的有草酸和邻苯二甲酸氢钾等。本实验采用邻苯二甲酸氢钾，先称取较多量的基准物邻苯二甲酸氢钾，准确配成 250 mL 溶液，再移取 25mL 溶液，用待标定的氢氧化钠溶液滴定。它与氢氧化钠的反应式和计算式分别为：

$$KHC_8H_4O_4 + NaOH \Longrightarrow KNaC_8H_4O_4 + H_2O$$

$$c_{KHC_8H_4O_2} = \frac{m_{KHC_8H_4O_4} \times 1000}{M_{KHC_8H_4O_4} \times 250}$$

$$c_{NaOH}V_{NaOH} = c_{KHC_8H_4O_4} \times 25$$

到达化学计量点时，溶液呈弱碱性，可用酚酞作指示剂。

[任务实施过程]

（1）配制 250mL0.1mol·L^{-1} 的氢氧化钠溶液　称取 NaOH1g，在烧杯中加少量蒸馏水，将 NaOH 倒入烧杯中，加水至 250mL 刻度线，用玻璃棒搅拌均匀。

（2）标定氢氧化钠溶液　用差减法准确称取邻苯二甲酸氢钾 3～3.5g，称至小数点后四位，置于小烧杯中，用无二氧化碳的蒸馏水溶解（将蒸馏水加热至沸，再冷却）、定容成 250mL 溶液，用准备好的 25mL 移液管准确移取此溶液三份，分别置于 250mL 锥形瓶中，再滴入 2 滴酚酞指示剂，用待标定的氢氧化钠溶液滴定至溶液呈浅红色，在 30s 内不褪色为止。

滴定次数	第一次	第二次	第三次
邻苯二甲酸氢钾＋称量瓶质量/g			
倾倒后邻苯二甲酸氢钾＋称量瓶质量/g			
邻苯二甲酸氢钾质量/g			
NaOH 终读数/mL			
NaOH 初读数/mL			
V(NaOH)/mL			
c(NaOH)/mol·L^{-1}			
c(NaOH) 平均值/mol·L^{-1}			
相对平均偏差			

[任务评价]

见附录任务完成情况考核评分表。

[任务思考]

滴定邻苯二甲酸氢钾时，为什么需要无二氧化碳的蒸馏水？

任务十　氢氧化钠标准溶液的配制和标定（二）

[任务目的]

（1）巩固氢氧化钠溶液的配制。

（2）掌握用比较法标定标准溶液。

（3）巩固滴定终点的判断。

（4）巩固数据记录及处理方法。

[仪器和药品]

仪器：分析天平，称量瓶，碱式滴定管，锥形瓶，量筒，烧杯。

药品：氢氧化钠，蒸馏水，0.1mol·L^{-1}NaOH 溶液，酚酞指示剂。

[测定原理]

$$NaOH + HCl \Longrightarrow NaCl + H_2O$$

实验室中也可以用标准溶液来标定酸或者碱的浓度。已知盐酸为酸性，选择碱性氢氧化钠标准溶液来标定其浓度，这种方法称为与标准溶液比较。盐酸与氢氧化钠滴定终点溶液的性质为中性，选用酚酞作为滴定的指示剂。按下式计算盐酸的浓度：

$$c_{HCl} = \frac{c_{NaOH} V_{NaOH}}{V_{NaOH}}$$

[任务实施过程]

（1）配制 250mL0.1mol·L^{-1} 的氢氧化钠溶液　称取 NaOH1g，在烧杯中加少量蒸馏水，将 NaOH 倒入烧杯中，加水至 250mL 刻度线，用玻璃棒搅拌均匀。

（2）标定氢氧化钠溶液　用移液管移取 25.00mL 盐酸溶液三份，滴入酚酞指示剂 2～3滴，用 0.1mol·L^{-1}NaOH 溶液滴定至溶液由粉红色变无色，半分钟之内颜色不退去，即为滴定终点。记录数据，计算盐酸溶液的浓度。

滴定次数	第一次	第二次	第三次
NaOH 终读数/mL			
NaOH 初读数/mL			
V(HCl)/mL			
c(NaOH)/mol·L^{-1}			
c(NaOH)平均值 /mol·L^{-1}			
相对平均偏差			

[任务评价]

见附录任务完成情况考核评分表。

[任务思考]

用基准物质标定法和与标准溶液比较法得到的标准溶液浓度哪个误差更小？为什么？

任务十一　果醋总酸度测定

[任务目的]

（1）巩固标准溶液的标定。

（2）学会果醋样品的测定。

[仪器和药品]

仪器：烧杯，锥形瓶，碱式滴定管，25ml 移液管。

药品：酚酞，果醋样品。

[测定原理]

已知果醋呈现酸性，选用氢氧化钠作为标准溶液测定其含量。设果醋中的总酸用 RCOOH 表示：

$$NaOH + RCOOH \Longrightarrow RCOONa + H_2O$$

滴定终点时生成有机酸的钠盐，水解呈现碱性，选用酚酞作为指示剂，滴定至粉红色出现，半分钟之内不褪色。按下式计算果醋的酸度：

$$c_{酸} = \frac{c_{NaOH} V_{NaOH}}{V_{酸}}$$

注意数据处理时所得酸度的数值要乘以 10。

[任务实施过程]

移取 25mL 果醋样品，转入 250mL 容量瓶中，加蒸馏水至刻度线，定容。用移液管取滤液 50mL 于锥形瓶中，加入酚酞指示剂 3 滴，用标准氢氧化钠溶液滴定至呈粉红色，30s 内不褪为滴定终点，平行测定三次。

滴定次数	第一次	第二次	第三次
NaOH 终读数/mL			
NaOH 初读数/mL			
$V_{酸}$/mL			
$c(NaOH)$/mol·L^{-1}			
$c(NaOH)$ 平均值 /mol·L^{-1}			
相对平均偏差			

[任务评价]

见附录任务完成情况考核评分表。

[任务思考]

(1) 什么叫总酸度？本实验中为什么用酚酞作指示剂？

(2) 在果醋测定中常将果醋原液稀释后进行测定，这样做有什么好处？

任务十二　苯甲酸含量测定

[任务目的]

(1) 了解酸碱滴定法中强碱测定有机弱酸的原理。

(2) 根据任务七设计本次任务的思路。

[仪器和药品]

仪器：分析天平，称量瓶，碱式滴定管，锥形瓶，250 mL 容量瓶，25 mL 移液管。

药品：酚酞指示剂、苯甲酸试样。

[测定原理]

有机酸大多是固体弱酸，如果它易溶于水，且符合弱酸的滴定条件，则可在水溶液中用标准碱溶液滴定，测量其含量。由于反应产物为弱酸的共轭碱，滴定突跃在弱碱性范围内，故常选用酚酞作指示剂。

[任务实施过程]

准确称取 0.24g 苯甲酸试样，置于 250mL 容量瓶中，加入 50mL 蒸馏水，加热溶解，再加酚酞指示剂 2～3 滴，用 NaOH 标准溶液滴至溶液呈粉红色，半分钟不褪色，即为终点，记下体积读数。平行做 3～4 次。按下式计算有机酸 HnA 的含量。

$$HnA = \frac{\frac{(cV)_{NaOH}}{n \times 1000} M_{HnA}}{W} \times 100\%$$

式中，c 为 NaOH 溶液的浓度，$mol \cdot L^{-1}$；V 为滴定消耗的 NaOH 溶液的体积，mL；M_{HnA} 为 HnA 的摩尔质量，$g \cdot mol^{-1}$；W 为试样的质量，g。

本任务与上一个任务类似，要求自行设计表格，计算测定结果的平均值和相对平均偏差。

[任务评价]

见附录任务完成情况考核评分表。

任务十三　酸牛奶总酸度测定

[任务目的]

（1）巩固碱标准溶液的配制。

（2）学会实际样测定的方法和确定滴定终点的方法。

[仪器和药品]

仪器：碱式滴定管，$0.1mol \cdot L^{-1}$ 的 NaOH 溶液，酚酞 $2g \cdot L^{-1}$ 乙醇溶液，锥形瓶，洗瓶，小烧杯，量筒。

药品：酸奶溶液，蒸馏水，邻苯二甲酸氢钾（KHP）基准试剂或分析纯。

[测定原理]

酸奶的酸度主要反映微生物活动的情况，所以测定乳酸中的酸度，可判断酸奶是否新鲜，用 $0.1mol \cdot L^{-1}$NaOH 标准溶液滴定时，酸奶中的乳酸和 $0.1mol \cdot L^{-1}$NaOH 反应，生成乳酸钠和水。反应式如下：

$$CH_3CH(OH)COOH + NaOH \longrightarrow CH_3CH(OH)COONa + H_2O$$

当滴入乳酸中的 NaOH 溶液被乳酸中和后，多余的 NaOH 就使先加入乳酸中的酚酞变红色，因此，根据滴定时消耗的 NaOH 标准溶液就可以得到滴定酸度。由于酸奶中有碱性磷酸三钙，不加水的酸奶酸度高，而加水后磷酸三钙溶解度增加，从而降低了牛奶中的酸度，其溶解形式如下：

$$Ca_3(PO_4)_2 + 2H_2O \longrightarrow 2CaHPO_4 + Ca(OH)_2$$

[任务实施过程]

（1）配制并标定氢氧化钠溶液。

（2）测定酸牛乳酸度　用以上标定的 NaOH 溶液润洗滴定管 2～3 次之后装好标准溶液，待用。取 10mL 牛乳于洁净的锥形瓶中，加入 20mL 水，滴入 0.5mL 酚酞，摇匀。用以上标定的 NaOH 标液缓慢滴定，直到溶液呈微红色，且 30 秒内不褪色即为滴定终点。（滴定过程中向锥形瓶中吹入氮气）。此实验平行三次，计算酸奶的酸度。

[数据记录]

项目　　　　　数据　　　序号	1	2	3
V 酸奶体积/mL	10.00	10.00	10.00
NaOH 终读数/mL			
NaOH 初读数/mL			
NaOH 体积/mL			
乳酸酸度			
平均乳酸酸度			
相对平均偏差/%			

[任务评价]

见附录任务完成情况考核评分表。

[任务思考]

（1）本实验为什么选用酚酞作指示剂？

（2）本实验测得过程中要向锥形瓶中吹入氮气，作用是什么？

任务十四　用酸度计测定样品的 pH

[任务目的]

（1）了解酸度计的分类和测定原理

（2）会使用雷磁-25 型酸度计，pHS-3 型酸度计测定样品酸度。

[仪器和药品]

仪器：雷磁-25 型酸度计，电磁搅拌器，pHS-3 型酸度计，复合电极（或指示电极，参比电极）。

药品：标准缓冲溶液，100mL 烧杯，磁子，洗瓶，吸水纸等。

[测定原理]

酸度计测定 pH 值的基本原理是在待测溶液中插入两个电极，一个为指示电极（常用玻璃电极），其电极电势随溶液的 pH 值的改变而改变，另一个为参比电极（常用饱和甘汞电极），其电极电势在一定条件下为一定值，这两电极构成一个电池。由于一定条件下参比电极的电极电势具有固定值，所以该电池的电动势决定于指示电极电势的大小，即决定于待测溶液 pH 值的大小。当溶液的 pH 值固定时，电池的电动势就为一定值，而且通过酸度计内的电子仪器放大后，可以准确地测量出来。为了使用方便，酸度计是直接以 pH 值作为标度的。

测量前，先用 pH 标准溶液来校正仪器上的标度（这一步骤由定位调节器来校正，因此也称定位），使标度上所指示的值，恰为标准溶液的 pH 值；然后换上待测溶液，便可直接测得其 pH 值（这步叫做测量）。为了提高测量的准确度，校正仪器标度所选用的标准溶液的 pH 值，应与待测溶液的 pH 值相近。仪器上还装有温度补偿旋钮，使用时应将旋钮调节到与待测溶液的温度相同的标度，以消除温度对 pH 测量值的影响。

雷磁-25 型酸度计面板上主要的调节器如图 5-9 所示。

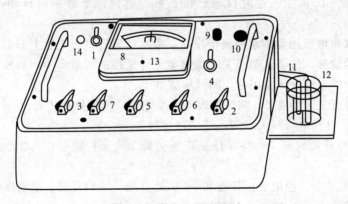

图 5-9　雷磁-25 型酸度计

1—电源开关；2—零点调节器；3—定位调节器；4—读数开关；5—pH-mV 开关；
6—量程选择开关；7—温度补偿器；8—电流计；9—参比电极接线柱；10—玻璃
电极插孔；11—甘汞电极；12—玻璃电极；13—电表机械调节；14—指示灯

pHS-3 型酸度计是一种四位十进制数字显示的酸度计，用于测定溶液的酸度（pH 值）和其他直流电压（单位为 mV）。仪器附有电磁搅拌器，用于测量时搅拌溶液，搅拌速度由调速器调节，搅拌器还装有电极支架，用以安装各种电极。pHS-3 型酸度计是把 pH 电极（玻璃电极）和甘汞电极因被测溶液的酸度而产生的直流电势转换为 pH 值数字显示，用它可以直接读出溶液的 pH 值，仪器最小分度为 0.01。

[任务实施过程]

1. 雷磁-25 型酸度计

（1）电极安装　先把电极夹固定在电极杆上，然后将玻璃电板和甘汞电极夹在电极夹上，指示电极插入指示电极插孔 10 内，并将小螺丝旋紧。参比电极夹在接线柱 9 上。玻璃电极安装时，下端玻璃球泡必须比甘汞电极的陶瓷芯端稍高，以免碰破玻璃球。甘汞电板在使用时应把上面的橡皮塞以及下端的橡皮塞拔去，以保持足够的液位压差，避免被测溶液进入电极内，不用时再塞住套好。

（2）未接上电源前应检查电流计指针是否指在零点（即 pH＝7），如不在零点，可用电表上的机械调节 13 调节。

（3）接上 220V 交流电源，打开电源开关 1（指示灯亮），预热 20min 左右，使仪器稳定。

（4）用已知 pH 值的缓冲溶液进行校正

① 置 pH-mV 开关 5 于 pH 位置（如欲测毫伏就放在 mV 挡）。

② 在一小烧杯中注入适量的标准溶液，把两电极插入溶液中并使玻璃电极的球部和甘汞电极的毛细管全部浸入溶液，轻轻摇动烧杯，使电极与溶液接触均匀。

③ 将温度补偿器 7 旋到该溶液的温度刻度上。

④ 把量程选择开关 6 拨到与待测溶液 pH 值范围相应的一挡（7～0 或 7～14）。不用时应将开关转至 0，使电流计短路，以保护电流计。

⑤ 调节零点调节器 2 使指针指在 pH＝7 处。

⑥ 按下读数开关 4，调节定位调节器 3 使指针指在标准缓冲溶液 pH 值处，放开读数开关，指针即回到 pH＝7 处，若有变动。则再调节零点调节器。

重复⑤，⑥操作几次，直到放开读数开关指针指在 pH＝7 处，而按读数开关，指针指在标准缓冲溶液的 pH 值上。这时仪器已校正好，定位调节器不可再动，否则必须重新校正。

（5）测定　取出电极用蒸馏水冲洗干净，以吸水纸轻轻拭去电极上的水后，再插入待测溶液中，轻轻摇动烧杯，按下读数开关，此时电流计所指的读数即为该溶液的 pH 值。

（6）当 pH 计作为电位计使用时，测量步骤如下：

①"量程选择开关"指在 0，调整电表上的小螺丝，使指针在 7 处。

② 接通电源，打开电源开关，指示灯亮，预热 5min。

③ 把量程选择开关旋至 0～7，pH-mV 开关旋至＋mV 或－mV，读数开关在放开的位置。

④ 调节零点调节器，使电表指针指在 0mV 处，按下读数开关，电表指针即指出被测原电池的电动势，数值为 pH×100（mV）。

2. pHS-3 型酸度计

（1）仪器使用前的准备同雷磁-25 型酸度计。

（2）仪器的预热　放开测量开关，按下 pH 按钮（或 mV 按钮），接通电源，仪器预热 30min。

（3）仪器的标定　测量之前，仪器要先标定（定位），一般在连续使用的情况下每天标定一次即可。标定方法如下。

① 放开测量开关，按下 mV 按钮。

② 调节零点电位器，使仪器读数在 0 点。

③ 按下 pH 按钮。

④ 将干净电极插在一已知 pH 值的缓冲溶液中，调节温度调节器，使所指示的温度标度与溶液的温度相同，开动搅拌器将溶液搅拌均匀。

⑤ 按下测量开关，调节定位调节器使仪器读数为该缓冲溶液的 pH 值，至此标定完成。定位调节器在标定后不应再变动。

（4）pH 值测量　仪器标定后，就可用来测量被测溶液的 pH 值。操作如下：

① 放开测量开关。

② 把干净电极插在被测溶液内，开动搅拌器将溶液搅拌均匀。

③ 按下测量开关，读出该溶液的 pH 值。

[任务评价]

见附录任务完成情况考核评分表。

[任务思考]

（1）测量溶液的 pH 值时，为什么必须用标准 pH 缓冲液校正仪器？

（2）测量 pH 值前，为什么要将 pH 玻璃电极在蒸馏水或 pH＝7.00 的标准缓冲液中浸泡 24h 以上？

（3）饱和甘汞电极使用前应注意什么？

知识点四　氧化还原性物质的测定

一、氧化还原反应

氧化还原反应是一类广泛存在的重要反应。氧化还原反应的实质是发生了电子的转移。在氧化还原反应中，得到电子的物质是氧化剂，失去电子的物质是还原剂。还原剂失去电子被氧化，氧化剂得到电子被还原。

在氧化还原反应中，由于发生了电子的转移，导致某些元素带电状态发生变化。为了描述元素原子带电状态的不同，人们提出了氧化值的概念，氧化值也叫做氧化数。

（1）氧化值（IUPAC 定义）　氧化数是某元素的一个原子的荷电数，该荷电数是假定把每一化学键的电子指定给电负性更大的原子而求得。

（2）确定氧化值的规则

① 在单质中，元素的氧化值为零。

② 单原子离子中，元素氧化值等于离子所带电荷数，Cu^{2+}、Na^+、Cl^-、S^{2-}。以共价键结合的多原子分子或离子（没有电子得失，只有电子对的偏移），电子对靠近的原子（电负性大）带负电荷，电子对偏离的原子（电负性小）带正电荷，即原子所带电荷实际上是人为指定的形式电荷，原子所带形式电荷数就是氧化值。如 SO_2 中 S 的氧化值为 +4，O 的氧化值为 -2。

③ 大多数化合物中，H 的氧化值为 +1（金属氢化物 KH、CaH_2 中 H 的氧化值为 -1）。

④ 通常，化合物中 O 的氧化值为 -2，但 Na_2O_2、H_2O_2、BaO_2 中 O 的氧化值为 -1，OF_2、O_2F_2 中 O 的氧化值则分别为 $+2$、$+1$。

⑤ 所有氟化物中 F 的氧化值为 -1。

⑥ 碱金属的氧化值为 $+1$、碱土金属的氧化值为 $+2$（化合物中）。

⑦ 中性分子中，各元素氧化值的代数和为 0，多原子离子中，各元素氧化值的代数和等于离子所带电荷数。

在很多的化合物中，元素原子的氧化数和化合价的数值是相同的，但在一些共价化合物中，两者又不完全一致。如在 CH_4，CH_3Cl，和 CCl_4 中，C 的氧化值依次为 -4，-2，$+4$，而 C 的化合价却总为 $+4$。

化合价总是整数，而氧化值却可以是整数、分数。如在 Fe_3O_4 和 $Na_2S_4O_6$ 中，Fe 的氧化值为 $+\dfrac{8}{3}$，S 的氧化值为 $+\dfrac{5}{2}$。因此，这两个概念既有一定的区别又有一定的联系。

（3）元素氧化值的改变与反应中得失电子的关系

① 氧化剂：得到电子后本身被还原，氧化值降低。

② 还原剂：失去电子后本身被氧化，该元素的氧化值升高。如：

$$Zn + Cu^{2+} \Longrightarrow Zn^{2+} + Cu$$

上述反应可看作是两个"半反应"组成：

$$Zn^{2+} - 2e^- \Longrightarrow Zn$$
$$Cu^{2+} + 2e^- \Longrightarrow Cu$$

在每一个半反应中，同一元素的两个不同氧化值的物种组成了电对，其中，氧化值较大的称为氧化型，氧化值较小的称为还原型。通常用电对表示为氧化型/还原型。

氧化剂（1）＋还原剂（1）$\Longrightarrow$ 氧化剂（2）＋还原剂（2）

上述 Zn^{2+} 和 Cu^{2+} 的反应中，两个半反应对应的电对可表示为 Zn^{2+}/Zn、Cu^{2+}/Cu。

二、氧化还原反应的配平

氧化还原反应的配平方法有很多，本节主要介绍氧化值法、离子电子法。

1. 配平原则

（1）电荷守恒　得失电子数相等。

（2）质量守恒　反应前后各元素原子总数相等。

2. 配平方法

（1）氧化值法　基本步骤为："标、等、定、平、查"。

①"标"　标出反应中发生氧化和还原反应的元素的氧化值。

$$\overset{0}{Cu} + H\overset{+5}{N}O_3 \longrightarrow \overset{+2}{Cu}(NO_3)_2 + \overset{+2}{N}O + H_2O$$

氧化值降低 3（上方）
氧化值升高 2（下方）

②"等"　使氧化值升降总数相等。

$$\overset{0}{Cu} + H\overset{+5}{N}O_3 \longrightarrow \overset{+2}{Cu}(NO_3)_2 + \overset{+2}{N}O + H_2O$$

氧化值降低 3×2（上方）
氧化值升高 2×3（下方）

③"定"　确定氧化产物、还原产物化学式前的系数。

$$3Cu + 2HNO_3 \longrightarrow 3Cu(NO_3)_2 + 2NO + H_2O$$

④ "平" 用观察法配平其他各物质化学式前的系数。

$$3Cu + 8HNO_3 \longrightarrow 3Cu(NO_3)_2 + 2NO + 4H_2O$$

⑤ "查" 检查反应式左右两边氧原子总数是否相等、进行复核（离子反应还应检查电荷数是否相等），最后把箭头改为等号。

$$3Cu + 8HNO_3 === 3Cu(NO_3)_2 + 2NO\uparrow + 4H_2O$$

（2）离子电子半反应法（离子电子法）配平步骤：

【例16】 $KMnO_4 + K_2SO_3 \xrightarrow{\text{在酸性溶液中}} MnSO_4 + K_2SO_4$

① 写出反应的离子式： $MnO_4^- + SO_3^{2-} \longrightarrow Mn^{2+} + SO_4^{2-}$

② 写出两个半反应： $MnO_4^- \longrightarrow Mn^{2+}$

$$SO_3^{2-} \longrightarrow SO_4^{2-}$$

③ 分别配平两个半反应方程式：

$$MnO_4^- + 8H^+ + 5e^- === Mn^{2+} + 4H_2O$$

$$SO_3^{2-} + H_2O === SO_4^{2-} + 2e^- + 2H^+$$

④ 求得失电子数的最小公倍数，合并两个半反应：

$\times 2$ $2MnO_4^- + 16H^+ + 10e^- === 2Mn^{2+} + 8H_2O$

$+) \times 5$ $5SO_3^{2-} + 5H_2O === 5SO_4^{2-} + 10H^+ + 10e^-$

_____

$$2MnO_4^- + 5SO_3^{2-} + 6H^+ === 2Mn^{2+} + 5SO_4^{2-} + 3H_2O$$

即可写出其分子方程式：

$$2KMnO_4 + 5K_2SO_3 + 3H_2SO_4 === 2MnSO_4 + 6K_2SO_4 + 3H_2O$$

⑤ 观察法检查原子个数是否相等，写出完全的化学反应方程式。

$$2KMnO_4 + 5K_2SO_3 + 3H_2SO_4 === 2MnSO_4 + 6K_2SO_4 + 3H_2O$$

【例17】 $Cl_2 + NaOH \longrightarrow NaCl + NaClO_3$

$$Cl_2 + 12OH^- === 2ClO_3^- + 6H_2O + 10e^-$$

$+) \times 5$ $Cl_2 + 2e^- === 2Cl^-$

_____

$$6Cl_2 + 12OH^- === 2ClO_3^- + 10Cl^- + 6H_2O$$

$$3Cl_2 + 6OH^- === ClO_3^- + 5Cl^- + 3H_2O$$

$$3Cl_2 + 6NaOH === NaClO_3 + 5NaCl + 3H_2O$$

氧化值法是一种适用范围较广的配平氧化还原反应方程式的方法。离子电子法适用于溶液中离子方程式的配平，它避免了化合价的计算。在水溶液中进行的较复杂的氧化还原反应，一般可用离子电子法配平。在实际应用中，这两种配平方法可以相互补充。

三、原电池与电极电势

1. 原电池

把锌片插入硫酸铜溶液中，会发生如下反应：

$$Zn + Cu^{2+} === Zn^{2+} + Cu$$

显然，这是一个氧化还原反应。在反应过程中，伴随着热量的放出，化学能转化为热能。如果把该反应放在下列装置中进行，会发现装置中检流计的指针发生偏转，说明导线中有电流通过。这种把化学能转化为电能的装置称为原电池（图 5-10）。

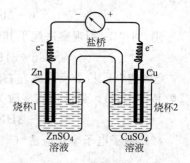

上述原电池是由两根金属棒（做电极），电解质溶液、装有饱和氯化钾的 U 形管（盐桥）、导线、检流计组成的。在装置中，锌极失去电子变成 Zn^{2+} 进入溶液，留在锌极上的电子通过导线流到铜极，烧杯 2 溶液中的 Cu^{2+} 从铜极得到电子析出金属铜。

图 5-10 原电池示意图

原电池装置是由两个半电池组成的：烧杯 1 中的金属 Zn 和 $ZnSO_4$ 溶液组成一个半电池，烧杯 2 中的金属 Cu 和 $CuSO_4$ 溶液组成另一个半电池，盐桥连接了两个半电池。用符号表示为：

$$(-)\ Zn\ |\ ZnSO_4\ (c_1)\ ||\ CuSO_4\ (c_2)\ |\ Cu\ (+)$$

习惯上，原电池的负极写在左边，正极写在右边；双数线表示盐桥，单数线表示两相之间的界面，c 表示电解质溶液的浓度，c_1、c_2 可以相同也可不同。

如前所述，一个氧化还原反应可以用两个半反应表示，则铜锌原电池的两个半反应可表示为：

$$(-)\ Zn^{2+}=\!=\!=Zn + 2e^-$$
$$(+)\ Cu^{2+} + 2e^-=\!=\!=Cu$$

电池反应为：

$$Zn + Cu^{2+}=\!=\!=Zn^{2+} + Cu$$

上述半反应用电对表示为：Zn^{2+}/Zn、Cu^{2+}/Cu（氧化态在上，还原态在下）。注意，电对不一定由金属和金属离子组成，还可以由同一金属不同氧化态的离子组成，如 Fe^{3+}/Fe^{2+}、MnO_4^-/Mn^{2+}，或由非金属与相应的离子组成，如 H^+/H_2、Cl_2/Cl^-、O_2/OH^-。

若溶液中含有两种离子参与的电极反应，可用逗号把他们隔开。有气体参加的反应，需注明气体的压力。若外加惰性电极也需注明。例如，由电对 H^+/H_2 和电对 Fe^{2+}/Fe^{3+} 组成的原电池（以金属铂做电极），电池符号为：

$$(-)\ Pt\ |\ H_2\ (p)\ |\ H^+\ (c_1)\ ||\ Fe^{3+}\ (c_2),\ Fe^{2+}\ (c_3)\ |\ Pt\ (+)$$

2. 电极电势

在原电池装置中，检流计指针的偏转告诉我们，导线中有电流通过，这说明两电极之间存在着电势差（也称为电位差）。用电位差计所测得的正极与负极之间的电势差就是原电池的电动势，用符号 E 表示。

原电池电动势的大小，主要由组成电池的物质的本性决定，外界条件的改变，如电解质溶液的浓度、温度也影响电极电势。在标准状态下（298.15K，电池反应中的固态或液态都是纯物质，气态物质的分压为 100kPa，溶液中离子的浓度为 $1mol \cdot L^{-1}$）测得的电动势称为标准电动势，用 $E^\ominus$ 表示。

原电池电动势等于两个电极的电势值之差。但是，到目前为止，电极电势的绝对值无法测定。为了测定原电池的电动势，通常选择一个标准，其他电极与之比较得出各种电极的电势值。这个标准称为参比电极，一般采用标准氢电极。标准氢电极如图 5-11 所示：

将铂片镀上一层疏松的铂黑，并插在 $c(H^+) = 1mol \cdot L^{-1}$ 的 H_2SO_4 溶液中，在指定温度下不断地通入压力为 100kPa 的纯氢气，使它吸附氢气达到饱和。这样，吸附在铂片上的氢气和溶液中的氢离子之间建立了一个平衡：

图 5-11 标准氢电极

$$2H^+ + 2e^- \Longrightarrow H_2$$

国际上规定：298.15K 时，氢电极的电极电势为 0，即 $E^\ominus$（H^+/H_2）$=0$。

有了标准氢电极，就可以很方便地测定其他电极的电极电势。例如，要测定锌的电极电势，只要把金属锌插入 $1mol \cdot L^{-1}$ 的 $ZnSO_4$ 溶液中组成标准锌电极，然后，将它与标准氢电极连接起来组成原电池，在 298.15K 时用电位计测定该原电池的电动势 $E^\ominus$。通过电位计指针偏转的方向可以确定氢电极做正极，锌电极做负极，电池的电动势的数值为 0.763V。锌电极的标准电极电势可由下式求得：

$$E^\ominus = E^\ominus（+）- E^\ominus（-）$$
$$0.763V = 0 - E^\ominus（Zn^{2+}/Zn）$$
$$E^\ominus（Zn^{2+}/Zn）= -0.763V$$

测定其他电极的标准电极电势与此方法相同。例如，同样的方法测得铜的标准电极电势为 0.337V。

一些物质在 298K 时酸性溶液中的标准电极电势见表 5-16。详细的标准电极电势见附录。

表 5-16 一些电对的标准电极电势（298.15K，酸性溶液）

氧化型 $+ne^- \Longrightarrow$ 还原型	$E^\ominus/V$
$Li^+ + e^- \Longrightarrow Li$	-3.0405
$Na^+ + e^- \Longrightarrow Na$	-2.714
$Mg^{2+} + 2e^- \Longrightarrow Mg$	-2.372
$Zn^{2+} + 2e^- \Longrightarrow Zn$	-0.7618
$Fe^{2+} + 2e^- \Longrightarrow Fe$	-0.44
$Sn^{2+} + 2e^- \Longrightarrow Sn$	-0.136
$Pb^{2+} + 2e^- \Longrightarrow Pb$	-0.126
$2H^+ + 2e^- \Longrightarrow H_2$	0.0000
$Cu^+ + e^- \Longrightarrow Cu$	0.52
$I_2 + 2e^- \Longrightarrow 2I^-$	0.535
$Ag^+ + e^- \Longrightarrow Ag$	0.799
$Br_2(aq) + 2e^- \Longrightarrow 2Br^-$	1.065
$Cl_2(g) + 2e^- \Longrightarrow 2Cl^-$	1.36
$MnO_4^- + 8H^+ + 5e^- \Longrightarrow Mn^{2+} + 4H_2O$	1.51

注：1. 该表按 $E^\ominus$ 的代数值从小到大排列。$E^\ominus$ 越小，表明电对的还原型（低氧化值）物种还原性越强；$E^\ominus$ 越大，电对的氧化型（高氧化值）物种的氧化性越强。所以，表中左边的氧化型物种的氧化能力从上到下逐渐增强；右边的还原型物种的还原能力从下到上逐渐增强。

2. $E^\ominus$ 反映物质得失电子倾向的大小，与物质的数量无关。例如：

$Fe^{2+} + 2e^- \Longrightarrow Fe$	$E^\ominus \Longrightarrow -0.447V$
$2Fe^{2+} + 4e^- \Longrightarrow 2Fe$	$E^\ominus \Longrightarrow -0.447V$

3. 该表是根据介质来测定的，在使用时要注意区分酸表（酸性介质）和碱表（碱性介质）。与介质无关的反应如 Cl_2（g）$+2e^- \Longrightarrow 2Cl^-$ 也列在酸表中。

4. 该表的数据是电极处于平衡状态时表现出来的特征值，与反应速率无关。

3. 能斯特方程

（1）能斯特方程 如前所述，电极电势的大小与电极本性有关，也受外界条件如温度和电解质溶液浓度的影响。电极电势与浓度温度的关系可用能斯特方程式表示。

对于电极反应：

$$氧化型 + ne^- \Longrightarrow 还原型$$

能斯特方程式为：

$$E = E^\ominus - \frac{RT}{nF} \ln \frac{c'(还原态)^a}{c'(氧化态)^b}$$

式中，E 为电对在任意温度、浓度时的电极电势；$E^\ominus$ 为电对的标准电极电势；R 为气体常数；F 为法拉第常数；T 为热力学温度；n 为电极反应得失电子数；c'（氧化态）和 c'（还原态）分别指电极反应式中氧化态和还原态物种的标准浓度（c/c^0）。若代入 $T = 298.15K$，$R = 8.314 J \cdot K^{-1} \cdot mol^{-1}$，$F = 96486 C \cdot mol^{-1}$ 并将自然对数改成常用对数，则得到下列表达式：

$$E = E^\ominus - \frac{0.0592}{n} \lg \frac{c'(还原态)^a}{c'(氧化态)^b}$$

（2）能斯特方程的应用

【例18】 写出下列电极反应的电极电势表达式：

(1) $I_2 + 2e^- \Longrightarrow 2I^-$

(2) $Cr_2O_7^{2-} + 14H^+ + 6e^- \Longrightarrow 2Cr^{3+} + 7H_2O$

(3) $MnO_4^- + 8H^+ + 5e^- \Longrightarrow Mn^{2+} + 4H_2O$

解：(1) $E = E^\ominus (I_2/I^-) - \dfrac{0.0592}{n} \lg \dfrac{c'(还原态)^a}{c'(氧化态)^b}$

$= 0.535 - \dfrac{0.0592}{2} \lg \dfrac{c'(I^-)^2}{c'(I_2)}$

(2) $E = E^\ominus (Cr_2O_7^{2-}/Cr^{3+}) - \dfrac{0.0592}{n} \lg \dfrac{c'(还原态)^a}{c'(氧化态)^b}$

$= 1.33 - \dfrac{0.0592}{6} \lg \dfrac{\{c'(Cr^{3+})\}^2}{c'(Cr_2O_7^{2-})\{c'(H^+)\}^{14}}$

(3) $E = E^\ominus (MnO_4^-/Mn^{2+}) - \dfrac{0.0592}{n} \lg \dfrac{c'(还原态)^a}{c'(氧化态)^b}$

$= 1.51 - \dfrac{0.0592}{5} \lg \dfrac{c'(Mn^{2+})}{c'(MnO_4^-)\{c'(H^+)\}^8}$

【例19】 计算电对 $Cr_2O_7^{2-}/Cr^{3+}$ 在 $c'(H^+) = 1 mol \cdot L^{-1}$ 和 $c'(H^+) = 1 \times 10^{-3} mol \cdot L^{-1}$ 时的电极电势（设 $Cr_2O_7^{2-}$、Cr^{3+} 的浓度均为 $1 mol \cdot L^{-1}$）。

解： $E = E^\ominus (Cr_2O_7^{2-}/Cr^{3+}) - \dfrac{0.0592}{n} \lg \dfrac{c'(还原态)^a}{c'(氧化态)^b}$

$= 1.33 - \dfrac{0.0592}{6} \lg \dfrac{\{c'(Cr^{3+})\}^2}{c'(Cr_2O_7^{2-})\{c'(H^+)\}^{14}}$

当 $c'(H^+) = 1 mol \cdot L^{-1}$ 时，$E = 1.33 - \dfrac{0.0592}{6} \lg \dfrac{1^2}{1 \times 1^{14}}$

$= 1.33 \ (V)$

当 $c'(H^+) = 1 \times 10^{-3} mol \cdot L^{-1}$ 时，$E = 1.33 - \dfrac{0.0592}{6} \lg \dfrac{1^2}{1 \times (1 \times 10^{-3})^{14}} = 0.9156 \ (V)$

从上例可以看出：离子浓度的改变对电极电势的影响很大，特别是有 H^+ 参加的反应时，H^+ 浓度对电极电势的影响往往很大；同时，我们注意到，H^+ 浓度从 $1mol \cdot L^{-1}$ 降低到 $10^{-3} mol \cdot L^{-1}$ 时，电极电势的值 $1.33V$ 降低到 $0.9156V$，也就是说当酸度降低时重铬酸钾的氧化能力减弱。

四、电极电势的应用

电极电势的数值是电化学中很重要的数据，可以用来计算原电池的电动势，还可以比较氧化剂和还原剂的相对强弱、判断氧化还原反应进行的方向和程度等。

1. 计算原电池的电动势

【例20】 计算下列原电池的电动势：

$$(-) \ Zn \mid ZnSO_4 \ (c_1) \parallel CuSO_4 \ (c_2) \mid Cu \ (+)$$

解：

$$(-) \ Zn^{2+} + 2e^- =\!=\!= Zn \qquad E^\ominus \ (Zn^{2+}/Zn) = 0.763V$$

$$(+) \ Cu^{2+} + 2e^- =\!=\!= Cu \qquad E^\ominus \ (Cu^{2+}/Cu) = 0.337V$$

$$\Delta E^\ominus = E^\ominus \ (+) - E^\ominus \ (-)$$

$$= 0.763 - 0.337$$

$$= 1.10 \ (V) \ > 0$$

原电池的电动势为 $1.10V$。

2. 判断氧化剂和还原剂的相对强弱

电极电势的大小反映了氧化还原电对中的氧化态物质和还原态物质在水溶液中氧化还原能力的相对强弱。氧化还原电对的电极电势代数值越小，则该电对中的还原态物质越易失去电子，是强的还原剂，其对应的氧化态物质就越难得到电子，是弱的氧化剂；电极电势的代数值越大，则该电对中氧化态物质是强的氧化剂，其对应的还原态物质就是弱的还原剂。

3. 判断氧化还原反应进行的方向和程度

通过上例可知，已知电对的标准电极电势的数值可以判断氧化剂和还原剂的相对强弱，从而能够判断氧化还原反应进行的方向；电极电势的数值还能够判断氧化还原反应进行的程度。

(1) 判断氧化还原反应的方向　通常情况下，氧化还原反应总是按下列方式进行：

$$强氧化型 1 + 强还原型 2 =\!=\!= 弱还原型 1 + 弱氧化型 2$$

在标准状态下，标准电极电势较大电对的氧化型物种能氧化标准电极电势数值较小电对的还原型物种。因此，在标准电极电势表中，氧化还原反应发生的方向，是右上方的还原型与左下方的氧化型作用，可以通俗地总结为"对角线方向相互反应"。

我们还可以用标准电极电势定量地判断氧化还原方向，其具体步骤可总结如下：

① 分别查出氧化剂电对的标准电极电势和还原剂电对的标准电极电势。

② 确定反应中的氧化剂和还原剂。

③ 以反应物中还原剂的电对作负极，反应物中氧化剂的电对作正极，求出电池标准状态的电动势：

$$\Delta E^\ominus = E^\ominus \ (+) - E^\ominus \ (-)$$

若 $\Delta E^\ominus > 0$，则反应自发正向（向右）进行，若 $\Delta E^\ominus < 0$，则反应逆向（向左）进行。

【例21】 判断 $2Fe^{3+} + Cu =\!=\!= 2Fe^{2+} + Cu^{2+}$ 反应是否向右进行？

电对 Fe^{3+}/Fe^{2+} 的标准电极电势为 $0.771V$，电对 Cu^{2+}/Cu 的标准电极电势为 $0.337 \ V$；

可知 Fe^{3+} 做反应的氧化剂，Cu 做反应的还原剂；Fe^{3+}/Fe^{2+} 做原电池的正极，Cu^{2+}/Cu 做原电池的负极。

则电池电动势：

$$\Delta E^{\ominus} = E^{\ominus}(+) - E^{\ominus}(-)$$
$$= 0.771 - 0.337$$
$$= 0.434 \ (V) > 0$$

所以反应自发向右进行。

（2）氧化还原反应进行的程度　根据化学平衡的知识可以推知氧化还原反应的平衡常数和对应电对的电极电势之间有如下关系：

$$\lg k^{\ominus} = \frac{nE^{\ominus}(+) - E^{\ominus}(-)}{0.0592} = \frac{n\Delta E^{\ominus}}{0.0592}$$

式中，$E^{\ominus}(+)$ 和 $E^{\ominus}(-)$ 分别代表原电池的正极和负极的标准电极电势；n 为氧化还原反应中转移的电子数；$\lg k^{\ominus}$ 是氧化还原反应平衡常数的对数。

由上式可知：正、负极标准电势差值越大，平衡常数也就越大，反应进行得越彻底。因此，可以直接用 $E^{\ominus}$ 的大小来估计反应进行的程度。一般来说，平衡常数 $k = 10^5$，反应向右进行的程度就算相当完全了。

4. 元素的电势图及其应用

一种元素有多种氧化态时，可以将各种氧化态物质按照氧化态从高到低的顺序排列，在两种氧化态物质之间用横线连接起来，横线上标明所构成的电对的标准电极电势，这就是元素电势图。如：

$$Fe^{3+} \underset{}{\overset{0.771}{\rule{2cm}{0.4pt}}} Fe^{2+} \overset{-0.44}{\rule{2cm}{0.4pt}} Fe$$
$$\underset{-0.0363}{\rule{4cm}{0.4pt}}$$

（1）根据几个相邻电对的已知 $E^{\ominus}$，求算其他电对的标准电极电势 $E^{\ominus}$。

有下列电势图

$$A \underset{Z_1}{\overset{E_1^{\ominus}}{\rule{1.5cm}{0.4pt}}} B \underset{Z_2}{\overset{E_2^{\ominus}}{\rule{1.5cm}{0.4pt}}} C \underset{Z_3}{\overset{E_3^{\ominus}}{\rule{1.5cm}{0.4pt}}} D$$
$$\underset{Z}{\overset{E^{\ominus}}{\rule{4.5cm}{0.4pt}}}$$

从理论上可导出下列公式

$$ZE^{\ominus} = Z_1 E_1^{\ominus} + Z_2 E_2^{\ominus} + Z_3 E_3^{\ominus}$$
$$E^{\ominus} = \frac{Z_1 E_1^{\ominus} + Z_2 E_2^{\ominus} + Z_3 E_3^{\ominus}}{Z}$$

式中，Z 为对应电对氧化型与还原型氧化数差的绝对值（电子转移数）。

【例题 22】 已知锰元素在酸性环境中的电势图（$E_A^{\ominus}/V$）：

$$MnO_4^- \overset{0.56}{\rule{2cm}{0.4pt}} MnO_4^{2-} \overset{2.26}{\rule{2cm}{0.4pt}} MnO_2$$

求 $E^{\ominus}(MnO_4^-/MnO_2)$。

解： 由上述元素的电势图可知：

$$E^{\ominus}(MnO_4^-/MnO_4^{2-}) = 0.56V \qquad E^{\ominus}(MnO_4^{2-}/MnO_2) = 2.26V$$
$$1 \times E^{\ominus}(MnO_4^-/MnO_2) = 1 \times E^{\ominus}(MnO_4^-/MnO_4^{2-}) + 2 \times E^{\ominus}(MnO_4^{2-}/MnO_2)$$

$$E^{\ominus}(\mathrm{MnO_4^-/MnO_2}) = \frac{1\times0.56+2\times2.26}{1+2}$$
$$=1.69\ (\mathrm{V})$$

（2）判断能否发生歧化反应　对于一元素的电势图

$$\mathrm{M^{2+}} \xrightarrow{E^{\ominus}_{左}} \mathrm{M^+} \xrightarrow{E^{\ominus}_{右}} \mathrm{M}$$

若 $E^{\ominus}_{右} > E^{\ominus}_{左}$，则发生反应 $2\mathrm{M^+} \longrightarrow \mathrm{M^{2+}} + \mathrm{M}$。

若 $E^{\ominus}_{左} > E^{\ominus}_{右}$，则发生上反应的逆反应。

例如，已知铜元素的电势图，判断 $\mathrm{Cu^+}$ 能否发生歧化反应。

$$\mathrm{Cu^{2+}} \xrightarrow{0.159} \mathrm{Cu^+} \xrightarrow{0.520} \mathrm{Cu}$$

$E_{右}=0.520\mathrm{V}$，$E_{左}=0.519\mathrm{V}$

$E_{右} > E_{左}$

由此可知，$\mathrm{Cu^+}$ 可发生歧化反应：

$2\mathrm{Cu^+} \rightleftharpoons \mathrm{Cu^{2+}} + \mathrm{Cu}$

（3）解释元素的氧化还原特性。

$$E^{\ominus}_{\mathrm{A}}/\mathrm{V} \quad \mathrm{H_5IO_6} \xrightarrow{+1.70} \mathrm{IO_3^-} \xrightarrow{+1.14} \mathrm{HIO} \xrightarrow{+1.45} \mathrm{I_2} \xrightarrow{+0.54} \mathrm{I^-}$$
$$\underset{+0.99}{\underline{}}$$

$$E^{\ominus}_{\mathrm{B}}/\mathrm{V} \quad \mathrm{H_3IO_6^{2-}} \xrightarrow{+0.70} \mathrm{IO_3^-} \xrightarrow{+0.14} \mathrm{IO^-} \xrightarrow{+0.45} \mathrm{I_2} \xrightarrow{+0.54} \mathrm{I^-}$$

由上图可知，在酸性介质中 $\mathrm{H_5IO_6}$、$\mathrm{IO_3^-}$、HIO、$\mathrm{I_2}$ 都是较强的氧化剂，因为它们作为电对的氧化态时，$E^{\ominus}$ 值都较大；在碱性介质中，它们的 $E^{\ominus}$ 值都比较小，表明在碱性介质中的氧化能力较弱。在酸性介质中，电对氧化态 $\mathrm{H_5IO_6}$ 的 $E^{\ominus}$ 最大，是最强的氧化剂；电对还原态 $\mathrm{I^-}$ 的 $E^{\ominus}$ 值最小，是最强的还原剂。

五、氧化还原性物质的测定

氧化还原滴定法是以氧化还原反应即溶液中氧化剂与还原剂之间电子转移为基础的滴定分析法，能用于测定具有氧化性和还原性的物质，对某些不具有氧化性和还原性的物质，也可以进行间接测定（如间接法测定 $\mathrm{Ca^{2+}}$），因此，氧化还原滴定法同酸碱滴定法一样，应用非常广泛。氧化还原滴定法根据滴定剂不同，分为高锰酸钾法、重铬酸钾法、碘量法、溴酸钾法、铈量法等。

1. 氧化还原滴定对化学反应的要求

氧化还原反应是电子转移的反应，某些反应往往是分步进行的，需要一定的时间才能完成；氧化还原反应除主反应外，常伴有不同的副反应。因此使用氧化还原滴定时，要特别注意使滴定速率与反应速率相适应，严格控制反应条件，使它符合滴定分析的基本要求：

（1）反应能够定量完成，一般认为，标准溶液和待测物质相对应的条件电极电位差大于 0.40V，反应即能定量进行。

（2）有适当的方法或指示剂指示反应终点。

（3）具有足够快的反应速率，否则应采用加热、加催化剂的方法，加快反应进行。

2. 氧化还原滴定法的指示剂

（1）自身指示剂　在进行氧化还原滴定分析过程中，有些标准溶液本身具有很深的颜色，反应后变为无色或很浅的颜色，那么，在滴定过程中，该试剂稍有过量就易被觉察，因此，滴定时不需要另加指示剂。

（2）氧化还原指示剂

① 自身指示剂　氧化还原指示剂是一些复杂的有机化合物，它们本身参与氧化还原反应后结构发生变化，因此发生颜色的变化，而指示终点。如果以 InOx 和 InRed 分别表示指示剂的氧化态和还原态，滴定中，指示剂的电极反应为：

$$InOx + ne^- \rightleftharpoons InRed$$

氧化态颜色　　还原态颜色

在氧化性溶液中，指示剂显示其氧化态的颜色，在还原性溶液中，指示剂显示其还原态颜色。通过计算滴定反应中电极电位突跃范围，可以在不同的氧化滴定分析中选择合适的氧化还原指示剂，使其在化学计量点时发生颜色的变化，准确指示终点。选择指示剂时应注意：

a. 氧化还原指示剂变色范围应全部或部分落在滴定突跃范围之内。

b. 在氧化还原滴定中，标准溶液和被测物质常是有色的，反应前后颜色发生变化，滴定时观察到的是溶液中离子的颜色和指示剂所显的颜色的混合色，因此，选择指示剂时应注意化学计量点前后混合色变化是否明显。如在用重铬酸钾法测定 Fe^{2+} 时，常用二苯胺磺酸钠作指示剂，滴定反应在酸性条件下进行，并应加入 H_3PO_4 以减小终点误差，滴定过程中溶液颜色的变化列入表 5-17 中，由表可见，滴定终点时，溶液由亮绿色变紫色，颜色变化明显。

表 5-17　溶液颜色变化

项目	滴定前	化学计量点前	化学计量点后
离子的颜色	Fe^{2+}（几乎无色）	Fe^{2+}、Fe^{3+}、Cr^{3+}（绿色逐渐加深）	Fe^{3+}、Cr^{3+}（亮绿色）
指示剂的颜色	无色	还原态（无色）	氧化态（紫色）
溶液的颜色	浅绿色	绿色加深	紫色

常见氧化还原指示剂颜色变化情况见表 5-18。

表 5-18　常见氧化还原剂颜色变化

指示剂	颜色		指示剂溶液的配制
	氧化态	还原态	
甲基蓝	蓝绿	无色	0.05%的水溶液
二苯胺	紫	无色	0.1% H_2SO_4 的浓溶液
二苯胺磺酸钠	紫红	无色	0.05%的水溶液
羊毛罂红 A	橙红	黄绿	0.1%的水溶液
邻苯氨基苯甲酸	紫红	无色	0.1% Na_2CO_3 的溶液
邻二氮菲亚铁	浅蓝	红	$0.025 mol \cdot L^{-1}$ 的水溶液
硝基邻二氮菲亚铁	浅蓝	紫红	$0.025 mol \cdot L^{-1}$ 的水溶液

② 特殊指示剂　又称专用指示剂，它是在滴定反应中能与标准溶液或被测物质反应而生成特殊颜色的物质。例如，可溶性淀粉，与碘溶液反应生成深蓝色复合物，当 I_2 被还原为 I^- 时，深蓝色立即消失，碘稍微过量（溶液的浓度为 $5 \times 10^{-6} mol \cdot L^{-1}$）时，即能看到颜色，反应极灵敏，因此，碘量法常用淀粉做指示剂。

3. 常用氧化还原滴定法

（1）高锰酸钾（$KMnO_4$）法

① 概述 高锰酸钾法是用高锰酸钾作为标准溶液的滴定分析法。高锰酸钾的氧化能力与酸度有关。在强酸性溶液中：

$$MnO_4^- + 8H^+ + 5e^- = Mn^{2+} + 4H_2O$$

由于 $KMnO_4$ 在强酸性溶液中有很强的氧化能力，因此一般在强酸溶液中使用，通常用 $1mol \cdot L^{-1} H_2SO_4$ 溶液来酸化 $KMnO_4$ 溶液，而不能用具有还原性的 HCl 和具有氧化性的 HNO_3。滴定时不需另加指示剂，因为 $KMnO_4$ 的还原产物为 Mn^{2+} 几乎为无色，终点时稍过量的 $KMnO_4$ 就会使被测溶液有明显的颜色变化。

在弱酸、中性或弱碱性溶液中：

$$MnO_4^- + 2H_2O + 3e^- = MnO_2\downarrow + 4OH^-$$

生成黑色的 MnO_2 与水结合变为褐色的水合二氧化锰 $MnO_2 \cdot H_2O$，溶液颜色变深，不利于终点观察，定量分析中一般不用这个反应。

在强碱性溶液中：

$$MnO_4^- + e^- = MnO_4^{2-}$$

$KMnO_4$ 在碱性条件下比在酸性条件下与有机物反应得更快，生成绿色的锰酸钾，所以用 $KMnO_4$ 法测定有机物一般都在碱性溶液中进行。

② $KMnO_4$ 法的优缺点

a. 优点 无需另加指示剂。氧化能力强，可以直接或间接测定许多物质：如直接滴定法可测定 Fe^{2+}、H_2O_2、$C_2O_4^{2-}$、NO_2^-、Sb^{2+} 等还原性物质；返滴定法可测定 MnO_4^-、MnO_2、Pb^{2+}、CrO_4^{2-}、$Cr_2O_7^{2-}$、ClO_3^-、BrO_3^-、IO_3^- 等，其操作是酸性条件下，加过量的 $Na_2C_2O_4$ 标准溶液，再用 $KMnO_4$ 标准溶液返滴定剩余的 $Na_2C_2O_4$ 标准溶液；间接滴定法可测定非变价的 Ca^{2+} 等。

b. 缺点 选择性差，标准溶液不稳定：由于 $KMnO_4$ 氧化能力强，能与水中微生物、空气中的尘埃等发生氧化还反应生成 $MnO(OH)_2$（氢氢化氧锰）沉淀，并且还能自行分解，很不稳定。反应速度慢：常温下，MnO_4^- 还原为 Mn^{2+} 的速度极慢，常需要加热才能进行滴定。

③ $KMnO_4$ 标准溶液的配制和标定 $KMnO_4$ 试剂常含有少量 MnO_2 和其他杂质，蒸馏水中也常含有微量的还原性物质，它们可与 $KMnO_4$ 反应析出 $MnO(OH)_2$，这些生成物以及光、热、酸、碱等外界条件的变化会促进 $KMnO_4$ 的分解，因此 $KMnO_4$ 标准溶液不能直接配制。

为了配制较稳定的 $KMnO_4$ 溶液，应称略多于理论计算量的 $KMnO_4$ 固体，溶解于一定体积的蒸馏水中，将配好的 $KMnO_4$ 溶液加热，微沸约 1h，然后放置 2～3d，目的是使溶液中可能存在的还原性物质完全被氧化，用微孔玻璃漏斗（或玻璃棉）过滤，除去析出的沉淀物，将过滤后的 $KMnO_4$ 溶液储存在棕色试剂瓶中，放置于阴暗处保存（也可以将配制好的 $KMnO_4$ 溶液，放置 7～8d，不用过滤）。如需用浓度较低的 $KMnO_4$ 溶液，可将 $KMnO_4$ 溶液临时稀释并立即标定使用，但不宜长期储存。

标定 $KMnO_4$ 溶液的基准物质很多，如 $Na_2C_2O_4$、$H_2C_2O_4 \cdot 2H_2O$、As_2O_3 和纯铁丝等，其中最常用的是 $Na_2C_2O_4$，它容易被提纯，性质稳定，不含结晶水，在 105～110℃烘干约 2h 后冷却，即可使用。在 H_2SO_4 溶液中，$KMnO_4$ 与 $Na_2C_2O_4$ 的反应如下：

$$2KMnO_4 + 5Na_2C_2O_4 + 8H_2SO_4 = 2MnSO_4 + K_2SO_4 + 5Na_2SO_4 + 10CO_2\uparrow + 8H_2O$$

$$c_{KMnO_4} = \frac{2m_{Na_2C_2O_4} \times 1000}{5M_{Na_2C_2O_4}V_{KMnO_4}}$$

为使反应快速定量地进行，应注意以下滴定条件：

a. 温度　室温下此反应速率缓慢，常常需将溶液加热至 $75\sim85℃$（锥形瓶口有热气冒出）时进行滴定。溶液温度最低不应低于 $60℃$，但温度也不宜过高，若高于 $90℃$，会使 $H_2C_2O_4$ 部分分解导致标定结果偏高。

$$H_2C_2O_4 \Longrightarrow CO_2\uparrow + H_2O + CO\uparrow$$

b. 酸度　$KMnO_4$ 在强酸性介质中才有较强的氧化性，如溶液酸度过低，$KMnO_4$ 溶液易分解，酸度过高，会促进 $H_2C_2O_4$ 分解，两者均可导致较大的误差，一般在 $1mol\cdot L^{-1}$ 的 H_2SO_4 介质中进行。

c. 速度　即使在 $75\sim85℃$ 的温度下滴定，反应速率仍然很慢，所以滴定的速度不宜太快，否则，加入的 $KMnO_4$ 溶液来不及与 $H_2C_2O_4$ 反应，就在热的酸性溶液中发生分解，使标定结果偏低。

$$4MnO_4^- + 12H^+ \Longrightarrow 4Mn^{2+} + 5O_2\uparrow + 6H_2O$$

Mn^{2+} 能催化反应，随着生成的 Mn^{2+} 增多，反应速率逐渐加快，滴定速度也可逐渐加快。

d. 滴定终点　用 $KMnO_4$ 溶液滴定至终点时，溶液的粉红色不能持久，这是由于空气中的还原性气体和灰尘能使 $KMnO_4$ 还原，故溶液中出现的粉红色逐渐消失，所以滴定时溶液在 $30\ s$ 内不褪色，即为滴定的终点。

④ 高锰酸钾法的应用　钙含量的测定是高锰酸钾在食品分析中重要应用之一。人体和动物都需要大量的钙，很多食品中都含有钙。钙是不具有氧化还原性的物质，但也可用高锰酸钾法间接测定：样品经灰化处理，然后制成含 Ca^{2+} 试液，在适当的酸度条件下，再将含 Ca^{2+} 试液与 $C_2O_4^{2-}$ 反应生成草酸钙沉淀，沉淀经过滤、洗涤后，溶于热的稀 H_2SO_4 中，释放出的 Ca^{2+} 与 $C_2O_4^{2-}$，然后用 $KMnO_4$ 标准溶液滴定。有关反应为：

$$Ca^{2+} + C_2O_4^{2-} \Longrightarrow CaC_2O_4\downarrow$$

$$CaC_2O_4 + 2H^+ \Longrightarrow Ca^{2+} + H_2C_2O_4$$

$$2MnO_4^- + 5C_2O_4^{2-} + 16H^+ \Longrightarrow 2Mn^{2+} + 10CO_2\uparrow + 8H_2O$$

为了获得纯净和粗粒的晶形沉淀，应在酸性 Ca^{2+} 试液中加入过量的草酸铵沉淀剂，然后慢慢滴加氨水控制试液在 $pH=3.5\sim4.5$（甲基橙指示剂显黄色），使草酸钙沉淀完全，并须放置陈化一段时间。沉淀应先用冷的稀草酸铵洗涤，最后用尽量少的冷水洗至无 $C_2O_4^{2-}$ 为止，然后用稀 H_2SO_4 将沉淀洗下来，加热到 $75\sim85℃$ 用 $KMnO_4$ 滴定。

(2) 重铬酸钾法　$K_2Cr_2O_7$ 在酸性条件下是一种强氧化剂，其半反应为：

$$Cr_2O_7^{2-} + 14H^+ + 6e^- \Longrightarrow 2Cr^{3+} + 7H_2O$$

① $K_2Cr_2O_7$ 法具有以下优点：

a. $K_2Cr_2O_7$ 容易提纯，纯度可达 99.99%，性质稳定，干燥后，可直接配制成标准溶液。

b. $K_2Cr_2O_7$ 溶液相当稳定，只要存放在密闭的容器中，可以长期保存而不变质。

c. 与 $KMnO_4$ 相比，$K_2Cr_2O_7$ 氧化性较弱，选择性较高，在 HCl 浓度不太高时，$K_2Cr_2O_7$ 不氧化 Cl^-，因此，除 H_2SO_4 外还可以用盐酸酸化。其他还原性物质的干扰也较 $KMnO_4$ 少。

d. $K_2Cr_2O_7$ 滴定法反应速率快，通常在常温下进行滴定。

② $K_2Cr_2O_7$ 法缺点主要为：

a. $K_2Cr_2O_7$ 氧化能力较 $KMnO_4$ 弱，使用范围窄，主要用于测定铁的含量。

b. $K_2Cr_2O_7$ 呈橙黄色，反应后的产物 Cr^{3+} 为绿色，对橙黄色有掩盖作用，滴定终点前后颜色变化不易观察，在滴定过程中必须另加氧化还原指示剂，常用的氧化还原指示剂有二苯胺磺酸钠、邻二氮菲等。

c. $K_2Cr_2O_7$ 和 Cr^{3+} 都是污染物，使用时须进行废液处理，否则污染环境。

③ $K_2Cr_2O_7$ 标准溶液的配制　$K_2Cr_2O_7$ 为基准物质，可以用直接配制法进行配制，先用分析天平准确称取在 140～150℃烘干、冷却后所需质量的 $K_2Cr_2O_7$ 晶体，加入少量蒸馏水溶解，定量转移到容量瓶中，定容，再移入试剂瓶中备用。

④ 重铬酸钾法的应用　$K_2Cr_2O_7$ 主要用于测定铁的含量，另外通过 $Cr_2O_7^{2-}$ 和 Fe^{2+} 反应，还可以测定一些氧化性或还原性的物质，这里主要介绍含铁试样中 Fe 的测定。

如果是含三价铁的固体试样，应先用 HCl 溶解试样，$SnCl_2$ 将 Fe^{3+} 还原为 Fe^{2+}，过量的 $SnCl_2$ 用 $HgCl_2$ 除去，以二苯磺酸钠为指示剂，在 H_2SO_4-H_3PO_4 混合酸介质中，用 $K_2Cr_2O_7$ 标准溶液滴定至溶液由浅绿色（Cr^{3+}）变为紫红色。滴定反应及铁含量计算式分别为：

$$Cr_2O_7^{2-} + 6Fe^{2+} + 14H^+ \Longrightarrow 2Cr^{3+} + 6Fe^{3+} + 7H_2O$$

$$w_{(Fe)} = \frac{6c_{K_2Cr_2O_7} V_{K_2Cr_2O_7} M_{Fe}}{m_s} \times 100\%$$

加入 H_3PO_4 的作用：一是为了生成配合物 $Fe(HPO_4)_2^-$，降低 Fe^{3+}/Fe^{2+} 电对的电极电位，使滴定突跃增大，这样，二苯胺磺酸钠变色点的电位落在滴定的电势突跃范围之内，从而减小误差；二是生成无色的 $Fe(HPO_4)_2^-$ 消除了 Fe^{3+} 的黄色，有利于观察滴定终点的颜色变化。

（3）碘量法　碘量法是以 I_2 的氧化性和 I^- 的还原性为基础的滴定分析法。I_2 是较弱的氧化剂，只能与一些较强的还原剂发生反应；而 I^- 是一种中等强度的还原剂，能与许多氧化剂发生反应。因此，可将碘量法分为直接法和间接法两种滴定方式。

① 直接碘量法　直接碘量法又称碘滴定法，用 I_2 标准溶液作滴定剂，在酸性或中性溶液中，直接滴定较强的还原性物质如 S^{2-}、SO_3^{2-}、$S_2O_3^{2-}$、Sn^{2+}、As_2O_3、维生素 C 等。反应实质为：

$$I_2 + 2e^- \Longrightarrow 2I^-$$

直接碘量法用淀粉作指示剂，化学计量点之前，被测溶液为无色，化学计量点时，稍过量的淀粉即可使溶液呈现深蓝色，指示达到终点。

由于 I_2 所能氧化的物质不多，所以直接碘量法在应用上受到限制。

② 间接碘量法　间接碘量法又称滴定碘法，利用 I^- 的还原作用，测定具有氧化性的物质。测定中，首先使被测物质与过量的 KI 发生反应，定量地析出 I_2，然后用 $Na_2S_2O_3$ 标准溶液滴定析出的 I_2，从而间接地测定氧化性物质。间接碘量法的基本反应为：

$$I_2 + 2S_2O_3^{2-} \Longrightarrow 2I^- + S_4O_6^{2-}$$

间接碘量法可以测定大量具有氧化性的物质，如 MnO_4^-、$Cr_2O_7^{2-}$、CrO_4^{2-}、IO_3^-、AsO_4^{3-}、ClO^-、ClO_3^-、BrO_3^-、IO_3^-、NO_2^-、H_2O_2 等。

间接碘量法也用新配制的淀粉作指示剂，但应注意要在大部分 I_2 已被 $Na_2S_2O_3$ 还原时再加入淀粉（溶液颜色由深褐色转变为浅黄色），否则由于淀粉对 I_2 有吸附作用而导致终点拖后，并且不易观察。

使用碘量法时，应注意如下几点。

a.溶液 pH 值　碘量法不能在强碱性、强酸溶液中进行，只能在中性或弱酸性溶液中进行。

在强碱性条件下，I_2 会发生歧化反应：

$$3I_2 + 6OH^- \Longrightarrow IO_3^- + 5I^- + 3H_2O$$

对于间接碘量法，除上述反应外，还有如下反应：

$$S_2O_3^{2-} + 4I_2 + 10OH^- \Longrightarrow 2SO_4^{2-} + 8I^- + 5H_2O$$

在强酸性条件下，容易被空气中的氧气氧化。

$$4I^- + 4H^+ + O_2 \uparrow \Longrightarrow 2I_2 + 2H_2O$$

对间接碘量法，$Na_2S_2O_3$ 还会分解，反应如下：

$$S_2O_3^{2-} + 2H^+ \Longrightarrow SO_2 \uparrow + S + H_2O$$

b.加入过量的 KI　为了防止 I_2 的挥发和 I^- 氧化，必须加入过量 KI（一般比理论用量大 2～3 倍），使之与 I_2 形成溶解度较大的 I_3^- 配离子（一般仍简写为 I_2），以增大碘的溶解度，降低 I_2 的挥发性。

c.室温　反应时溶液的温度不宜过高，滴定一般在室温下进行。温度升高可使淀粉指示剂的灵敏度降低，增大 I_2 的挥发性和 $Na_2S_2O_3$ 的分解速度。

d.避免阳光直接照射　光线能催化 I^- 被空气氧化，加速 $Na_2S_2O_3$ 的分解，应避免阳光直射。

e.滴定前需放置，滴定时勿剧烈摇动　为防止 I_2 挥发及 I^- 被空气氧化，当氧化性物质与 KI 作用时，应放置在暗处大约 5min，使之反应完全，然后立即用 $Na_2S_2O_3$ 进行滴定。滴定时最好用带有磨口玻璃塞的碘量瓶，且勿剧烈摇动。

③ I_2 标准溶液和 $Na_2S_2O_3$ 标准溶液的配制与标定

a.I_2 溶液的配制和标定　由于 I_2 挥发性强，称量不准确，所以一般是用市售的碘与 KI 共置于研钵中加少量水研磨，待溶解后再稀释到一定体积，配制成近似浓度的溶液，然后再进行标定。I_2 溶液应避免与橡皮接触，并防止日光照射、受热等。

I_2 标准溶液的准确浓度，可以用基准物质 As_2O_3（俗称砒霜）来标定，但 As_2O_3 有剧毒，所以使用时一定要小心，一般用 $Na_2S_2O_3$ 标准溶液比较滴定而求得。用下式计算：

$$c_{I_2} = \frac{c_{Na_2S_2O_3} V_{Na_2S_2O_3}}{2V_{I_2}}$$

b.$Na_2S_2O_3$ 溶液的配制和标定　固体 $Na_2S_2O_3 \cdot 5H_2O$ 容易风化，并含有少量 S、S^{2-}、SO_3^{2-}、CO_3^{2-} 和 Cl^- 等杂质，不能直接配制标准溶液，而且配好的 $Na_2S_2O_3$ 溶液也不稳定，容易与水中的 CO_2、空气中的氧气作用，以及被微生物分解而使浓度发生变化。因此，配制 $Na_2S_2O_3$ 溶液一般采用如下步骤：称取需要量的 $Na_2S_2O_3 \cdot 5H_2O$，溶于新煮沸且冷却的蒸馏水中，这样可除去 CO_2 和灭菌，加入少量 Na_2CO_3 使溶液呈微碱性，可抑制微生物的生长，防止 $Na_2S_2O_3$ 的分解。配制的 $Na_2S_2O_3$ 溶液应储存于棕色瓶中，放置在暗处，约一周后再进行标定，长时间保存的 $Na_2S_2O_3$ 标准溶液，应定期加以标定，若发现溶液变浑浊或有硫析出，要过滤后再标定其浓度，或弃去重配。

$Na_2S_2O_3$ 溶液的准确浓度,可用 $K_2Cr_2O_7$、KIO_3、$KBrO_3$ 等基准物质进行标定。$K_2Cr_2O_7$、KIO_3、$KBrO_3$ 与 $Na_2S_2O_3$ 之间的反应无定量关系,应采用间接滴定法标定,如称取一定量的 $K_2Cr_2O_7$ 在酸性溶液中与过量的 KI 作用,析出相当量的 I_2,然后以淀粉为指示剂,用 $Na_2S_2O_3$ 溶液滴定析出的 I_2。其反应方程式与计算式分别为:

$$Cr_2O_7^{2-} + 6I^- + 14H^+ =\!=\!= 2Cr^{3+} + 3I_2 + 7H_2O$$

$$2S_2O_3^{2-} + I_2 =\!=\!= 2I^- + S_4O_6^{2-}$$

$$c_{Na_2S_2O_3} = \frac{6m_{K_2Cr_2O_7}}{M_{K_2Cr_2O_7}V_{Na_2S_2O_3} \times 10^{-3}}$$

根据 $K_2Cr_2O_7$ 的质量及 $Na_2S_2O_3$ 溶液滴定时的用量,可计算出 $Na_2S_2O_3$ 溶液的准确浓度。

用 $K_2Cr_2O_7$ 作为基准物质标定 $Na_2S_2O_3$ 溶液时应注意以下几点。

ⅰ $K_2Cr_2O_7$ 与 KI 反应时,溶液的酸度一般以 $0.2\sim0.4mol \cdot L^{-1}$ 为宜。如果酸度太大,I^- 易被空气中的 O_2 氧化,则 $Cr_2O_7^{2-}$ 与 I^- 反应较慢。

ⅱ 由于 $K_2Cr_2O_7$ 与 KI 反应速率慢,应将溶液放置暗处 $3\sim5min$,待反应完全后,再用 $Na_2S_2O_3$ 溶液滴定。

ⅲ 用 $Na_2S_2O_3$ 溶液滴定前,应先用蒸馏水稀释。一是降低酸度可减少空气中 O_2 对 I^- 的氧化,二是使 Cr^{3+} 的绿色减弱,便于滴定终点的观察。但若滴定至溶液从蓝色转变为无色后,又很快出现蓝色,这表明 $K_2Cr_2O_7$ 与 KI 的反应还不完全,应重新标定。如滴定到终点后,经过几分钟,溶液才变蓝色,这是由于空气中的 O_2 氧化 I^- 所引起的,不影响标定结果。

④ 碘量法的应用

a.维生素 C 的测定　维生素 C 是生物体不可缺少的维生素之一,它具有抗坏血病的功能,所以又称抗坏血酸。抗坏血酸分子中的烯醇基团具有较强的还原性,能被定量氧化成二酮基。

b.用直接碘量法可直接滴定抗血酸　从反应看,在碱性溶液中有利于反应向右进行,但碱性条件会使抗坏血酸被空气中氧所氧化,造成 I_2 的歧化反应,所以抗坏血酸一般在 HAc 介质中、避免光照等条件下滴定。

▶▶ 思考题

(1) 离子电子配平法有什么好处?

(2) 原电池由哪些部分组成?

(3) 标准电极电位高低与物质氧化性和还原性有怎样的关系?

(4) 由能斯特方程可看出电极电位与哪些因素有关系?

(5) 电极电位有哪些应用?

(6) 什么是元素的电势图?有何用处?

(7) 氧化还原滴定与其他滴定有何不同?

(8) 氧化还原滴定有哪些类型的指示剂?

(9) 高锰酸钾标准溶液为何要提前一周配制然后标定?

任务十五　高锰酸钾标准溶液的配制与标定

[任务目的]

（1）了解并掌握高锰酸钾溶液的配制方法和保存条件。

（2）掌握用草酸钠作基准物标定高锰酸钾溶液浓度的原理、方法及滴定条件。

（3）了解一些常用的氧化还原滴定法。

（4）巩固氧化还原滴定法的理论。

[仪器和药品]

药品：高锰酸钾（AR），草酸钠（基准试剂），$3mol \cdot L^{-1}$ 硫酸溶液，$1mol \cdot L^{-1} MnSO_4$。

仪器：酸式滴定管，500mL 棕色试剂瓶，50mL 量筒，10mL 量筒，25mL 移液管，1mL 吸量管，250mL 锥形瓶，250mL 容量瓶，电子天平，水浴锅，电炉，玻璃砂芯漏斗。

[测定原理]

市售的 $KMnO_4$ 常含有少量杂质，如 Cl^-、SO_4^{2-} 和 NO_3^- 等。另外由于 $KMnO_4$ 的氧化性很强，稳定性不高，在生产、储存及配制成溶液的过程中易与其他还原性物质作用，例如配制时与水中的还原性杂质作用等。因此 $KMnO_4$ 不能直接配制成标准溶液，必须进行标定。

先粗略地配制成所须浓度的溶液，在暗处放置 7～10 天，使水中的还原性杂质与 $KMnO_4$ 充分作用，待溶液浓度趋于稳定后，将还原产物 MnO_2 过滤除去储存于棕色瓶中，再标定和使用。已标定过的 $KMnO_4$ 溶液在使用一段时间后必须重新标定。

标定 $KMnO_4$ 溶液用的基准试剂有 $H_2C_2O_4 \cdot 2H_2O$、$Na_2C_2O_4$、As_2O_3 和纯铁丝等。实验室常用 $H_2C_2O_4 \cdot 2H_2O$ 和 $Na_2C_2O_4$，$Na_2C_2O_4$ 不含结晶水，容易提纯。

在热的酸性溶液中，$KMnO_4$ 和 $H_2C_2O_4$ 的反应如下：

$$2MnO_4^- + 5H_2C_2O_4 + 6H^+ === 2Mn^{2+} + 10CO_2\uparrow + 8H_2O$$

注意事项：反应开始较慢，待溶液中产生 Mn^{2+} 后，由于 Mn^{2+} 的催化作用，反应越来越快。滴定温度不应低于 60℃，如果温度太低，开始的反应速率太慢，但也不能过高，温度高于 90℃，草酸会分解：

$$H_2C_2O_4 \longrightarrow CO_2\uparrow + H_2O + CO\uparrow$$

高锰酸钾浓度按下式求算：

$$c_{KMnO_4} = \frac{2W_{Na_2C_2O_4}}{5V_{KMnO_4} \times \dfrac{M_{Na_2C_2O_4}}{1000}}$$

[任务实施过程]

（1）配制 500mL 0.02mol·L^{-1} KMnO₄ 溶液，注意要加热并保持微沸 30min（提前一星期配制）。在托盘天平上称取高锰酸钾约 1.7g 于烧杯中，加入适量蒸馏水煮沸加热溶解后倒入洁净的 500mL 棕色试剂瓶中，用水稀释至 500mL，摇匀，塞好，静止 7～10d 后将上层清液用玻璃砂芯漏斗过滤，残余溶液和沉淀倒掉，把试剂瓶洗净，将滤液倒回试剂瓶，摇匀，待标定。如果将称取的高锰酸钾溶于大烧杯中，加 500mL 水，盖上表面皿，加热至沸，保持微沸状态 1h，则不必长期放置，冷却后用玻璃砂芯漏斗过滤除去二氧化锰的杂质后，将溶液储于 500mL 棕色试剂瓶可直接用于标定。

（2）以 $Na_2C_2O_4$ 为基准物标定 $0.02mol \cdot L^{-1}$ $KMnO_4$ 溶液　精确称取 $0.15 \sim 0.20g$ 预先干燥过的 $Na_2C_2O_4$ 三份，分别置于 250mL 锥形瓶中，各加入 40mL 蒸馏水和 10mL $3mol \cdot L^{-1}$ H_2SO_4 使其溶解，水浴慢慢加热直到锥形瓶口有蒸气冒出（$75 \sim 85℃$）。趁热用待标定的 $KMnO_4$ 溶液进行滴定。开始滴定时，速度要慢，在第一滴 $KMnO_4$ 溶液滴入后，不断摇动溶液，当紫红色褪去后再滴入第二滴。待溶液中有 Mn^{2+} 产生后，反应速率加快，滴定速度也就可适当加快，但也决不可使 $KMnO_4$ 溶液连续流下（为了使反应加快，可以先在高锰酸钾溶液中加一两滴 $1mol \cdot L^{-1}$ $MnSO_4$）。临近终点时，应减慢滴定速度同时充分摇匀。最后滴加半滴 $KMnO_4$ 溶液，在摇匀后半分钟内仍保持微红色不褪，表明已达到终点。记下最终读数并计算 $KMnO_4$ 溶液的浓度及相对平均偏差。

实验序号记录项目	1	2	3
$m_{Na_2C_2O_4}$/g			
V_{KMnO_4}/mL			
c_{KMnO_4}/mol·L^{-1}			
c_{KMnO_4}/mol·L^{-1}			
RD（相对偏差）			

[任务评价]

见附录任务完成情况考核评分表。

[任务思考]

（1）配制 $KMnO_4$ 标准溶液为什么要煮沸，并放置一周后过滤？能否用滤纸过滤？

（2）滴定 $KMnO_4$ 标准溶液时，为什么第一滴 $KMnO_4$ 溶液加入后红色褪去很慢，以后褪色较快？

任务十六　双氧水含量的测定

[任务目的]

（1）掌握高锰酸钾法实验条件的控制。

（2）学习测定双氧水的含量。

[仪器和药品]

仪器：酸式滴定管，锥形瓶，吸量管。

药品：双氧水，高锰酸钾标准溶液。

[测定原理]

在酸性高锰酸钾存在的条件下，双氧水作为还原剂可以被氧化，发生如下反应：

$$2MnO_4^- + 5H_2O_2 + 6H^+ \Longrightarrow 2Mn^{2+} + 5O_2 \uparrow + 8H_2O$$

$$H_2O_2 = \frac{(cV)_{KMnO_4} \times 5M_{H_2O_2}}{2V_{样品} \times 1000} \times 100\%$$

[任务实施过程]

（1）3％ H_2O_2 溶液的配制　量取 30％ H_2O_2 样品溶液 1.00mL（注意不可用嘴吸），定量地转移至 100mL 容量瓶中，加水稀释至刻度，摇匀。

（2）H_2O_2 含量测定　准确吸取 10.00mL 待测样品，置于 250mL 锥形瓶中，加 $1mol \cdot L^{-1}$ 的 H_2SO_4 溶液 20mL，用 $0.02mol \cdot L^{-1}$ $KMnO_4$ 标准溶液滴定至显微红色，30s 不褪色，即达终点，记录数据。

	$V(H_2O_2)$/mL	10.00	10.00	10.00
$KMnO_4$ 体积	终读数/mL			
	初读数/mL			
	$V(KMnO_4)$/mL			
H_2O_2 含量/g·L^{-1}				
相对平均偏差				

[任务评价]

见附录任务完成情况考核评分表。

[任务思考]

（1）在 $KMnO_4$ 法中，如果 H_2SO_4 用量不足，对结果有何影响？

（2）用 $KMnO_4$ 滴定双氧水时，溶液是否可以加热？

（3）用 $KMnO_4$ 滴定法测定双氧水中 H_2O_2 的含量，为什么要在酸性条件下进行？能否用 HNO_3 或 HCl 代替 H_2SO_4 调节溶液的酸度？

任务十七　钙片含钙量的测定

[任务目的]

（1）掌握钙片含钙量的测定方法。

（2）掌握样品预处理的方法。

[仪器和药品]

仪器：酸式滴定管，容量瓶，锥形瓶，烧杯，玻璃棒，漏斗，移液管，电炉，酒精灯。

药品：$0.02mol \cdot L^{-1}$ $KMnO_4$ 溶液，$5g \cdot L^{-1}$ $(NH_4)_2C_2O_4$，10％氨水，HCl，$1mol \cdot L^{-1}$ H_2SO_4、$2g \cdot L^{-1}$ 甲基橙，$0.1mol \cdot L^{-1}$ 硝酸银。

[测定原理]

利用某些金属离子（如碱土金属、Pb^{2+}、Cd^{2+} 等）与草酸根能形成难溶的草酸盐沉淀的特性，将草酸盐沉淀滤出，洗净，用稀硫酸溶解后，可以用高锰酸钾法间接测定它们的含量。在本实验中，用草酸铵把 Ca^{2+} 以 CaC_2O_4 的形式沉淀下来，将沉淀过滤、洗涤后溶于热的稀硫酸中；再用 $KMnO_4$ 标准溶液滴定溶液中的 $C_2O_4^{2-}$。根据 $KMnO_4$ 溶液的浓度和滴定所消耗的体积，计算钙的含量。

反应如下：
$$Ca^{2+} + C_2O_4^{2-} = CaC_2O_4 \downarrow$$
$$CaC_2O_4 + H_2SO_4 = CaSO_4 + H_2C_2O_4$$

[任务实施过程]

（1）样品预处理　先将干净的纸片放入研钵中，再将钙片放入研钵中研磨。准确称取 0.2～0.4g 研碎了的钙片三份，分别置于 250mL 烧杯中，加入适量蒸馏水，由烧杯口加入 1∶1 盐酸 15mL，加热溶解，并煮沸除去 CO_2。于溶液中加入 2～3 滴甲基橙，以氨水中和溶液由红转变为黄色，趁热逐滴加约 50mL（NH_4)$_2C_2O_4$，在低温电热板（或水浴）上陈化 30min，冷却后过滤（先将上层清液倾入漏斗中），将烧杯中的沉淀洗涤数次后转入漏斗中，继续洗涤沉淀至无 Cl^-（在 HNO_3 介质中用 $AgNO_3$ 检查），将带有沉淀的滤纸铺在原烧杯的内壁上，用 50mL 1mol·L^{-1} H_2SO_4 把沉淀从滤纸上洗入烧杯中，再用洗瓶洗 2 次加入蒸馏水使总体积约 100mL，加热至 70～80℃，

（2）测定　用高锰酸钾标准溶液滴定至红色后，用玻璃棒将滤纸搅入溶液中，若溶液褪色，则继续滴定，直至出现的淡红色 30s 内不消失即为终点。由所消耗的高锰酸钾的体积及其浓度计算钙的含量。

[任务评价]

见附录任务完成情况考核评分表。

[任务思考]

（1）用（NH_4)$_2C_2O_4$ 沉淀 Ca^{2+} 时，pH 值应控制为多少，为什么选择这个 pH 值？

（2）在滴定红色出现后，尚需将滤纸移入溶液，为什么不把滤纸在开始滴定时就浸入溶液中滴定？

（3）在洗涤 CaC_2O_4 沉淀时，为什么要将 Cl^- 全部洗出？

任务十八　污水化学耗氧量的测定

[任务目的]

（1）学会用高锰酸钾法测定 COD。

（2）掌握高锰酸钾法使用条件的控制。

[仪器和药品]

仪器：分析天平，滴定管，移液管，锥形瓶。

药品：草酸钠溶液（0.1000mol·L^{-1}），硫酸溶液（1∶3）高锰酸钾溶液（0.1000mol·L^{-1}），高锰酸钾标准溶液（0.0100mol·L^{-1}）。

[测定原理]

水中化学耗氧量的大小是检验水质污染的重要指标之一。水中除含有 NO_2^-、S^{2-}、Fe^{2+} 等无机还原性物质外，还含有少量有机物质。水中耗氧量分为化学耗氧量（COD）和生物耗氧量（BOD）。COD 是指在特定条件下，采用一定的强氧化剂处理水样时所需氧的量，用 O_2（mg·L^{-1}）表示。

测定 COD 有酸性高锰酸钾法和重铬酸钾法。酸性高锰酸钾法适用于测定河水、地面水等污染较轻的水质。工业污水及生活污水等污染较重的水质宜采用重铬酸钾法。通常情况下多采用酸性高锰酸钾法测定 COD。

水样在酸性条件下，加入 $KMnO_4$ 溶液，加热后，剩余的 $KMnO_4$ 以 $H_2C_2O_4$ 溶液回滴，根据实际消耗的 $KMnO_4$ 的量计算 COD。

$$COD=[(10+V_1)K-10]\times0.8$$

若为稀释水样，则：

$$COD=\{[(10+V_1)K-10]-[(10+V_0)K-10]R\}\times0.01\times8\times1000/V_{水样}$$

式中，R 为稀释水样时，纯水在 100mL 体积中所占的比例值；$V_{水样}$ 为水样的体积。

[任务实施过程]

取 100mL 充分混匀的水样（若水样中有机物含量较高，可取适量水样以纯水稀释至 100mL），置于经上述预处理的锥形瓶中。加入 5mL（1∶3）H_2SO_4，用滴定管加入 10.00mL 高锰酸钾标准溶液。

将锥形瓶在沸腾的水浴锅中准确放置 30min 后取出，趁热加入 10.00mL 草酸钠标准溶液（0.0100mol·L^{-1}），充分振摇，使红色褪尽。

用 $KMnO_4$ 标准溶液滴定锥形瓶中的溶液，至溶液呈微红色即为终点，记录用量 V_1(mL)。校正系数 K 值：向滴定至终点的水样中，趁热（70～80℃）加入 10mL $Na_2C_2O_4$ 标准溶液（0.0100mol·L^{-1}），立即用 $KMnO_4$ 标准溶液滴定至微红色，记录用量 V_2(mL)。设定 $K=10/V_2$，如水样用纯水稀释，则另取 100mL 纯水，同上步骤滴定，记录 $KMnO_4$ 标准溶液消耗量 V_0(mL)。

[任务评价]

见附录任务完成情况考核评分表。

[任务思考]

(1) 测定水中化学耗氧量有哪些方法？

(2) 用草酸钠标定高锰酸钾时，应注意哪些反应条件？

任务十九　重铬酸钾法测定铁的含量

[任务目的]

(1) 了解重铬酸钾法的应用。

(2) 练习直接法配制标准溶液及滴定操作技术。

[仪器和药品]

仪器：分析天平，烧杯，容量瓶，表面皿，锥形瓶，滴定管。

药品：浓 HCl（密度 1.19g·cm^{-3}）；5％ $SnCl_2$ 溶液（称取 5g $SnCl_2·2H_2O$ 溶于 100mL 1∶1HCl 中，此溶液临用前一天配制，也有人建议，将金属 Sn 溶于浓 HCl 中，使用时，再加入等体积水稀释，或者在配好了的 $SnCl_2$ 溶液中，加入 5～6mL 甘油，可以减缓空气中氧对 Sn^{2+} 的氧化），5％$HgCl_2$ 溶液（$HgCl_2$ 5g 溶于 95mL 水中），硫酸-磷酸混合酸溶液（将 150mL 浓 H_2SO_4 缓缓加入 700mL 水中，冷却后再加入 150mL 浓 H_3PO_4），二苯胺磺酸钠指示剂（0.2％水溶液），$K_2Cr_2O_7$ 标准溶液 0.02mol·L^{-1}（准确称取在 140～150℃下烘干 2h 的 $K_2Cr_2O_7$ 晶体 1.4g 于烧杯中，加适量的水溶解后定量转入 250mL 容量瓶中，用水稀释至刻度，摇匀，计算其准确浓度），$K_2Cr_2O_7$ 标准溶液。

[测定原理]

常量铁的测定通常采用重铬酸钾法，其方法是将铁试样在热、浓的 HCl 介质中，用 $SnCl_2$ 还原，过量的 $SnCl_2$ 用 $HgCl_2$ 氧化除去。然后在硫酸—磷酸的混酸介质中，以二苯胺磺酸钠为指示剂，用重铬酸钾标准溶液滴定至溶液呈现紫色，即达到终点。反应及铁含量计算式：

$$2FeCl_4^- + SnCl_4^{2-} + 2Cl^- =\!=\!= 2FeCl_4^{2-} + SnCl_6^{2-}$$

$$SnCl_4^{2-} + 2HgCl_2 \Longrightarrow SnCl_6^{2-} + Hg_2Cl_2 \downarrow \quad (白)$$

$$Cr_2O_7^{2-} + 6Fe^{2+} + 14H^+ \Longrightarrow 2Cr^{3+} + 6Fe^{3+} + 7H_2O$$

$$w_{Fe} = \frac{6c_{K_2Cr_2O_7} V_{K_2Cr_2O_7} M_{Fe}}{m_s} \times 100\%$$

滴定过程中，黄色 Fe^{3+} 越来越多，不利于终点的观察，此时可加入 H_3PO_4，它与 Fe^{3+} 生成无色而稳定的配合物 $Fe(HPO_4)_2^-$ 而消除影响，同时，由于 $Fe(HPO_4)_2^-$ 的生成，降低 Fe^{3+}/Fe^{2+} 电对的电极电位，使滴定突跃增大，这样二苯胺磺酸钠变色点的电位落在滴定的电势突跃范围之内，从而减小误差。

$Cu(II)$、$Mo(VI)$、$As(V)$ 和 $Sb(V)$ 等离子存在时，都可被 $SnCl_2$ 还原，同时又会被重铬酸钾氧化，干扰铁的测定。

[任务实施过程]

(1) Fe^{3+} 的还原　准确称取 0.3g 铁试样于小烧杯中，用少量水润湿，加入浓 HCl 10mL 盖上表面皿，加热近沸，趁热用滴管小心滴加 $SnCl_2$，边加边摇动，直到溶液浅黄色褪去（或呈微黄色）后，多加 1~2 滴。

(2) 过量 $SnCl_2$ 的除去　上述溶液加入 20mL 水，冷却后，立刻一次加入 10mL5% $HgCl_2$ 溶液，静置 2~3min，使其反应完全，此时有白色丝状沉淀生成，若为黑灰色沉淀或不生成沉淀，皆须重做。

(3) 滴定　将试液加蒸馏水稀释至 150mL，加入 15mL 硫酸-磷酸混合酸，再滴入 5~6 滴二苯胺磺酸钠指示剂，立即用 $0.02mol \cdot L^{-1} K_2Cr_2O_7$ 标准溶液滴定至溶液呈稳定紫色，即达滴定终点，记下体积读数。平行测定三次。

数据记录：自行设计表格，并计算试样中铁含量的平均值及相对平均偏差。

注意以下几点。

(1) 还原 Fe^{3+} 时，$SnCl_2$ 用量不宜过多，否则 Hg_2Cl_2 沉淀过多，会带来不利影响。

(2) 加 $HgCl_2$ 除去过量的 $SnCl_2$ 时，溶液要冷却，以避免 Hg^{2+} 氧化 Fe^{2+}；$HgCl_2$ 应该一次加入，否则造成局部 Sn^{2+} 浓度过大（尤其 $SnCl_2$ 用量过多时），使生成的 Hg_2Cl_2 进一步被 Sn^{2+} 还原，析出 Hg，致使沉淀呈黑灰色，导致实验失败。

(3) 指示剂如果配制过久，呈深绿色时，不能继续使用。由于二苯胺磺酸钠属于氧化还原指示剂，在滴定过程中，参与反应，消耗一定量的 $K_2Cr_2O_7$，所以不能多加。

(4) 在酸性溶液中，Fe^{2+} 易氧化，故加入硫酸－磷酸混合酸后，应立即滴定。

[任务评价]

见附录任务完成情况考核评分表。

[任务思考]

(1) 试述本实验顺利进行的条件。

(2) 加入 H_3PO_4 起何作用？

任务二十　维生素C含量的测定

[任务目的]

(1) 理解碘量法的测定特点。

(2) 掌握直接碘量法测定维生素C含量的原理和方法。

[仪器和药品]

仪器：酸式滴定管，锥形瓶，容量瓶，移液管，烧杯，量杯，分析天平。

药品：0.02mol·L^{-1}（1/2I$_2$），标准溶液，0.5％淀粉溶液，2mol·L^{-1} HAc 溶液。

[测定原理]

维生素 C 又叫抗坏血酸，分子式为 C$_6$H$_8$O$_6$。由于分子中的烯二醇基具有还原性，能被 I$_2$ 定量氧化成二酮基。

维生素 C 的半反应式为：

$$C_6H_8O_6 =\!=\!= C_6H_6O_6 + 2H^+ + 2e^- \qquad E^\ominus \approx 0.18V$$

根据等物质的量规则，有 $n(1/2I_2) = n(1/2C_6H_8O_6)$。

由于维生素 C 的还原性很强，在空气中极易被氧化，尤其在碱性介质中，测定时加入 HAc 使溶液呈弱酸性，减小维生素 C 的副反应。

维生素 C 在医药（常见剂型有片剂和注射剂）和化学上应用非常广泛。在分析化学中常用在光度法和配位滴定法中作还原剂，如使 Fe^{3+} 还原为 Fe^{2+}，Cu^{2+} 还原为 Cu$^+$ 等。按下式计算维生素 C 的含量：

$$维生素 C 含量 = \frac{c_{\frac{1}{2}I_2} \times \dfrac{V_{I_2}}{1000} M_{\frac{1}{2}C_6H_8O_6}}{W_{样} \times \dfrac{25.00}{250.00}} \times 100\%$$

[任务实施过程]

在分析天平上准确称取研细的维生素 C（药片）0.4g 左右，置于烧杯中，加入新煮沸冷却的蒸馏水 50mL 和 25mL HAc 溶液进行溶解，然后定量转入 250mL 容量瓶中，用水稀至刻度，摇匀，备用。

用移液管吸取上述试液 25.00mL，加入 0.5％淀粉指示剂 2mL，立即用 I$_2$ 标准溶液滴定至呈现稳定的蓝色，即达到滴定终点。平行测定 2～3 次，计算维生素 C 的质量分数。相对偏差≤±0.5％，自行设计表格记录实验数据。

[任务评价]

见附录任务完成情况考核评分表。

[任务思考]

（1）测定维生素 C 试样为何要在 HAc 介质中进行？

（2）溶解试样时，为什么要加入新煮沸的冷蒸馏水？

任务二十一　加碘盐中碘含量的测定

[任务目的]

（1）掌握硫代硫酸钠标准溶液的配制和标定方法。

（2）学会碘含量的测定方法及终点判断方法。

[仪器和药品]

仪器：碱式滴定管，台秤，电子天平，称量瓶，容量瓶，移液管。

药品：硫代硫酸钠，重铬酸钾，碘化钾，淀粉，稀硫酸，食盐，盐酸。

[测定原理]

在酸性条件下，加碘盐中的碘可以发生如下反应：

$$KIO_3 + 5KI + 3H_2SO_4 \Longrightarrow 3K_2SO_4 + 3I_2 + 3H_2O$$

$$I_2 + 2S_2O_3^{2-} \Longrightarrow 2I^- + S_4O_6^{2-}$$

在酸性条件下，可以采用间接法测定其含量：

$$6I^- + Cr_2O_7^{2-} + 14H^+ \Longrightarrow 3I_2 + 2Cr^{3+} + 7H_2O$$

$$2S_2O_3^{2-} + I_2 \Longrightarrow 2I^- + S_4O_6^{2-}$$

硫代硫酸钠标定计算 $c_{Na_2S_2O_3} = \dfrac{6m_{K_2Cr_2O_7}}{V_{Na_2S_2O_3} M_{K_2Cr_2O_7}} \times \dfrac{25.00}{250}$

[任务实施过程]

（1）配制 $0.02mol \cdot L^{-1} Na_2S_2O_3$ 溶液　称取 1.0g $Na_2S_2O_3$ 于烧杯中，加水至 250mL 刻度线，搅拌。

准确称取 0.15～0.20g $K_2Cr_2O_7$ 于 250mL 容量瓶中定容。

移液管分别移取三份各 25mL 上述 $K_2Cr_2O_7$ 溶液于三个锥形瓶中，各加入 3mol · L^{-1} HCl 5mL 和 1g KI，摇匀，放置暗处 5min，待反应完全后，用水稀释至 50mL，用 $Na_2S_2O_3$ 溶液滴定至黄绿色，加入 2mL 淀粉溶液，继续滴定至蓝色消失呈现浅绿色（近无色）即为终点。

（2）加碘盐碘含量的测定　准确称取三份食盐各 10.0000g 于 250mL 碘量瓶中，加 100mL 水溶解，各加 2mL 1mol · L^{-1} HCl 和 5mL 5‰ KI 溶液，静置 10min。用稀释 10 倍的 $Na_2S_2O_3$ 滴定至浅黄色，加 2mL 淀粉溶液滴定至无色。

$K_2Cr_2O_7$ 质量/g			
$K_2Cr_2O_7$ 体积/mL	25.00	25.00	25.00
消耗 $Na_2S_2O_3$ 体积/mL			
$Na_2S_2O_3$ 浓度/mol · L^{-1}			
$Na_2S_2O_3$ 平均浓度/mol · L^{-1}			
项目	1	2	3
食盐质量/g			
消耗 $Na_2S_2O_3$ 体积/mL			
碘含量/mg · kg^{-1}			
碘的平均含量			
相对平均偏差			
平均偏差			

[任务评价]

见附录任务完成情况考核评分表。

[任务思考]

（1）间接碘量法应用过程中，应注意的滴定条件是什么？

（2）用重铬酸钾标定硫代硫酸钠时，应注意的三点是什么？

(3) 淀粉指示剂的使用条件是什么？

(4) 提高碘量法测定结果准确度的措施有哪些？

(5) 直接和间接碘量法都用淀粉指示剂，滴定终点颜色相同吗？

任务二十二　葡萄糖含量的测定

[任务目的]

(1) 掌握返滴定法技能。

(2) 掌握有色溶液滴定时体积的正确读法，数据的正确记录与处理。

[仪器和药品]

仪器：分析天平，台秤，烧杯，碱式滴定管，容量瓶（250mL），移液管（25mL），锥形瓶（250mL），碘量瓶（250mL）。

药品：I_2，KI，$Na_2S_2O_3$，Na_2CO_3、$K_2Cr_2O_7$，KI（20%），HCl（6mol·L^{-1}），淀粉溶液（0.5%），NaOH（2mol·L^{-1}），葡萄糖试样（0.05%）。

[测定原理]

I_2 与 NaOH 作用可生成次碘酸钠（NaIO），次碘酸钠可将葡萄糖（$C_6H_{12}O_6$）分子中的醛基定量地氧化为羧基。未与葡萄糖作用的次碘酸钠在碱性溶液中歧化生成 NaI 和 $NaIO_3$，当酸化时 $NaIO_3$ 又恢复成 I_2 析出，用 $Na_2S_2O_3$ 标准溶液滴定析出的 I_2，从而可计算出葡萄糖的含量。涉及的反应如下：

(1) I_2 与 NaOH 作用生成 NaIO 和 NaI：

$$I_2 + 2OH^- \rule[0.5ex]{2em}{0.4pt} IO^- + I^- + H_2O$$

(2) $C_6H_{12}O_6$ 和 NaIO 定量作用：

$$C_6H_{12}O_6 + IO^- \rule[0.5ex]{2em}{0.4pt} C_6H_{12}O_7 + I^-$$

总反应式为：$I_2 + C_6H_{12}O_6 + 2OH^- \rule[0.5ex]{2em}{0.4pt} C_6H_{12}O_7 + 2I^- + H_2O$

(3) 未与葡萄糖作用的 NaIO 在碱性溶液中歧化成 NaI 和 $NaIO_3$：

$$3IO^- \rule[0.5ex]{2em}{0.4pt} IO_3^- + 2I^-$$

(4) 在酸性条件下，$NaIO_3$ 又恢复成 I_2 析出：

$$IO_3^- + 5I^- + 6H^+ \rule[0.5ex]{2em}{0.4pt} 3I_2 + 3H_2O$$

(5) 用 $Na_2S_2O_3$ 滴定析出的 I_2：

$$I_2 + 2S_2O_3^{2-} \rule[0.5ex]{2em}{0.4pt} S_4O_6^{2-} + 2I^-$$

因为 1mol 葡萄糖与 1mol I_2 作用，而 1mol IO^- 可产生 1mol I_2 从而可以测定出葡萄糖的含量。

$$w_{C_6H_{12}O_6} = \frac{\left[(cV)_{I_2} - \frac{1}{2}(cV)_{S_2O_3^{2-}}\right]M_{C_6H_{12}O_6}}{m_s \times \frac{25.00}{100.00}}$$

[任务实施过程]

(1) 碘标准溶液 $c(I_2) = 0.1$mol·L^{-1} 的配制　称取 130g 碘及 350g 碘化钾，溶于少量水中，然后移入 10L 棕色试剂瓶中，加水稀释至 10L，摇匀。

准确量取 20～25mL 碘液，加 50mL 水、30mL 0.1mol·L^{-1} 盐酸，摇匀，用 0.1mol·

L^{-1} 的 $Na_2S_2O_3$ 标准溶液滴定近终点（微黄色）时加 30mL 0.5%淀粉指示剂，继续滴定至溶液蓝色消失为终点。

（2）碘量法测定葡萄糖含量　移取 25.00mL 葡萄糖试液于碘量瓶中，从酸式滴定管中加入 25.00mL I_2 标准溶液。一边摇动，一边缓慢加入 2mol·L^{-1} NaOH 溶液，直至溶液呈浅黄色。将碘量瓶加塞子放置 10～15min 后，加 2mL 6mol·L^{-1} HCl 使溶液成酸性，立即用 $Na_2S_2O_3$ 溶液滴定至溶液呈淡黄色时，加入 2mL 淀粉指示剂，继续滴定，蓝色消失即为终点。平行测定三次，计算试样中葡萄糖的含量（以 g·L^{-1} 表示），要求相对平均偏差小于 0.3%。

项目	1	2	3
葡萄糖＋称量瓶质量/g			
瓶＋剩余葡萄糖质量/g			
葡萄糖质量/g			
I_2 标准溶液初始读数/mL			
I_2 标准溶液终点读数/mL			
V/mL			
平均 V/mL			
葡萄糖浓度/g·L^{-1}			

[任务评价]

见附录任务完成情况考核评分表。

[任务思考]

（1）什么在氧化葡萄糖时滴加 NaOH 的速度要慢，且加完后要放置一段时间？

（2）为什么在酸化后则要立即用 $Na_2S_2O_3$ 标准溶液滴定？

（3）配制 I_2 溶液时加入过量 KI 的作用是什么？

知识点五　金属离子含量的测定——配位滴定法

配位滴定法是依据配位反应进行测定的方法。配位反应生成的配位化合物是具有配位键的一类化合物。为了理解该方面的知识，我们学习有关物质结构的理论。

一、物质结构的基本知识

1. 氢原子光谱

人们对原子结构的认识经历了很长的历史时期。早在公元前 5 世纪，古希腊哲学家就提出"原子"（atom）这个名词。1803 年，英国化学家道尔顿提出原子学说，认为原子是不可分割的最小微粒。1897 汤姆逊发现电子，彻底动摇了原子是构成物质的最小微粒的观点。

1911 年英国物理学家卢瑟福通过粒子散射实验，提出了原子结构的含核模型。他认为原子有一个体积很小，但几乎集中了整个原子质量带正电荷的核位于原子的中心，核外有带负电荷的电子绕核高速旋转，电子数目和核电荷数相等，整个原子显中性。卢瑟福的原子模型正确地解释了原子的组成问题，然而对于核外电子的分布规律和运动状态，以及近代原子结构理论的研究和确立则都是从氢原子光谱实验开始的。

一只装有低压氢气的放电管，通过高压电流，则氢气放出玫瑰红色光，用分光棱镜在可见、紫外、红外光区可得到一系列按波长次序排列的不连续氢光谱。在可见光区有四条比较明显的谱线为：红、青、蓝紫、紫色，通常用 H_α，H_β，H_γ，H_δ，H_ε 来表示并且可以看出，从 H_α 到 H_ε 谱线间的距离越来越短，呈现出明显的规律性。见图 5-12。

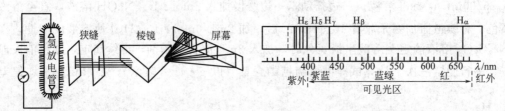

图 5-12　氢原子光谱的产生

如何解释氢原子线状光谱的实验事实？当时被科学界承认的卢瑟福原子模型已无能为力。按经典电磁学理论，如果电子绕核作圆周运动，它应该不断发射连续的电磁波，那么原子光谱应该是连续的，而且电子的能量应该因此而逐渐降低，并最后堕入原子核，原子毁灭。然而事实是原子既没有湮灭，原子光谱也不是连续的。那么氢光谱与氢原子核外电子的运动状态有怎样的关系？

2. 玻尔理论

1913 年，丹麦年轻的物理学家尼尔斯·玻尔（Bohr Niels）引用了普朗克的量子论和爱因斯坦的光子学说，大胆地提出了他的假说，较好地解释了氢原子线状光谱产生的原因和规律性，从而发展了原子结构理论。其要点如下。

（1）在原子中，电子不能沿着任意轨道绕核旋转，而只能在那些符合一定条件（从量子论导出的条件）的轨道上旋转。电子在这种轨道上旋转时，不吸收也不放出能量，处于一种稳定状态。

（2）电子在不同轨道上旋转时可具有不同的能量，电子运动时所处的能量状态称为能级。原子可以有许多能级，能量最低的能级称为基态，其余的称为激发态。电子在轨道上运动时所具有的能量只能取某些不连续的数值，即电子的能量是量子化的。

（3）只有当电子在不同轨道之间跃迁时，才有能量的吸收或放出。当电子从能量较高（E_2）的轨道跃迁到能量较低（E_1）的轨道时，原子以辐射一定频率的光的形式放出能量。

玻尔理论不是直接由实验方法确立的，而是在上述三条假设基础上进行数学处理的结果。

玻尔原子模型冲破了经典物理中能量连续变化的束缚，引入了量子化条件，成功地解释了经典物理无法解释的氢原子结构和氢原子光谱的关系。然而玻尔理论的应用，除某些类氢离子（单电子离子如 He^+，Li^{2+}，Be^{3+}，B^{4+} 等）尚能得到基本满意的结果外，它解释多电子原子光谱时却产生了较大的误差，也不能说明氢原子光谱的精细结构，对于原子为什么能够稳定存在也未能作出满意的解释。这是因为电子是微观粒子，它的运动不遵守经典力学的规律而有其特有的性质和规律。玻尔理论只是人为地加入一些量子化条件，并没有完全摆脱经典力学的束缚，它的电子绕核运动的固有轨道的观点不符合微观粒子运动的特性，因此玻尔理论必定要被随后发展完善起来的量子力学理论所代替。

3. 核外电子的波粒二象性

20 世纪初，爱因斯坦（Einstein）提出光子学说解释了光电效应之后，使人们认识到光具有波动性和粒子性的双重特性。例如，光在空间传播时的波长、频率、干涉、衍射等，主要表现其波动性。光与实物接触进行能量交换时所具有的质量、速度、能量、动量等主要表现其粒子性。爱因斯坦用以下两式表示光的波粒二象性：

$$E = h\nu \qquad P = \frac{h}{\lambda}$$

两式中，左端能量 E 和动量 P 代表粒子性，频率 γ 和波长 λ 代表波动性，而波粒二象性通过普朗克常数 h 联系在一起。

（1）德布罗意波 1924 年，法国年轻的物理学家德布罗意（L. de Broglie）根据光的波粒二象性规律，大胆地提出了电子、原子等微观粒子也具有波、粒二象性的假设，并且预言微观粒子运动的波长和它的动量也可以通过普朗克常数联系起来，即德布罗意关系式：

$$\lambda = h/(mv)$$

式中 λ——物质波的波长或德布罗意波长；

m——电子的质量，$m = 9.1 \times 10^{-31}\,\text{kg}$。

微观粒子波动性的假设很快得到证实。1927 年，德布罗意的波动性假设由戴维逊（Davisson）和革麦（Germer）的电子衍射实验所证实。由于 X 射线通过晶体能得到衍射图像，于是戴维逊（Davisson）和革麦（Germer）将电子束经一定电压加速后通过金属单晶体，结果在屏幕上观察到的不是一个黑点，而是一系列明暗交替的同心圆环（图 5-13），和 X 射线衍射图像完全相似，从而证明了电子具有波动性。

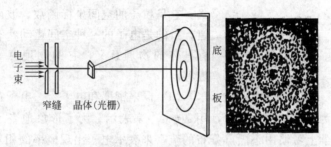

图 5-13 电子衍射装置示意图

用质子、中子、原子、分子等粒子流做类似实验，都同样可以观察到衍射现象。物质波的确认，微观粒子波粒二象性的发现，为正确地描述微观粒子的运动规律指明了方向。

（2）不确定原理 在经典力学中，人们能准确地测定一个宏观物体的位置和动量。量子力学认为，原子中的电子等微观粒子，由于质量很小，速度极快，具有波粒二象性，因此不可能同时准确测定电子的速度和位置。1927 年德国的物理学家海森堡（W. Heisenberg）从理论上证明，要想同时准确测定运动微粒的位置和动量（或速度）是不可能的。如果微粒的运动位置测得越准确，其相应的速度测得越不准确，反之亦然，这就是著名的海森堡不确定原理。实际上它否定了玻尔的原子模型，指出了微观粒子不同于宏观物体，它具有波粒二象性，根据量子力学理论，对微观粒子如电子的运动状态，只能用统计的方法，做出概率性的描述，而不能用经典力学的固定轨道来描述。

4. 核外电子运动状态的近代描述

（1）薛定谔方程 1926 年，奥地利物理学家薛定谔从微观粒子具有波粒二象性出发，通过光学和力学方程之间的类比，提出了著名的薛定谔方程，这个二阶偏微分方程如下：

$$\frac{\partial^2 \boldsymbol{\psi}}{\partial x^2} + \frac{\partial^2 \boldsymbol{\psi}}{\partial y^2} + \frac{\partial^2 \boldsymbol{\psi}}{\partial z^2} + \frac{8\pi^2 m}{h^2}(E - V)\boldsymbol{\psi} = 0$$

式中　x、y、z——电子的空间直角坐标；

　　　　ψ——波函数，是三维空间坐标 x、y、z 的函数；

　　　　E——系统的总能量；

　　　　V——系统的势能，核对电子的吸引能。

m、E、V 体现了微粒性，ψ 体现了波动性。

氢原子体系的 ψ 和与之对应的 E 可以通过解薛定谔方程得到，解出的每一个合理的 ψ 和 E，就代表体系中电子运动的一种状态。可见，在量子力学中是用波函数来描述微观粒子的运动状态。

（2）波函数　为了解的方便，常把直角坐标 x、y、z 换成极坐标 r、θ、ϕ 表示（图 5-14），换算关系是：

$$x = r\sin\theta\cos\phi$$
$$y = r\sin\theta\sin\phi$$
$$z = r\cos\theta$$

为了利用图像表示波函数，经过数学上的处理，可以将波函数分成随角度变化和随半径变化两部分。

波函数是描述微观体系粒子运动状态的数学表达式，它是粒子的空间坐标函数。波函数又称为原子轨道，指的是电子的一种空间运动状态。波函数本身没有具体的物理意义，它的物理意义通过 $|\psi|^2$ 来理解。

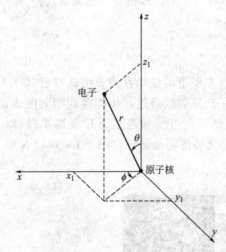

图 5-14　直角坐标与极坐标示意图

（3）概率密度和电子云　电子在核外某处单位体积内出现的概率称为该处的概率密度，用 $|\psi|^2$ 来表示。为了形象地表示核外电子运动的概率分布情况，化学上习惯用小黑点分布的疏密来表示电子出现概率的相对大小。小黑点较密的地方，表示该点 $|\psi|^2$ 数值大，电子在该点的概率密度较大，单位体积内电子出现的机会多。用这种方法来描述电子在核外出现的概率密度大小所得到的图像形象地称为电子云。

（4）原子轨道和电子云的角度分布图

① 原子轨道的角度分布图　波函数的角向部分 $Y_{l,m}(\theta,\phi)$，又称原子轨道的角向部分。若以原子核为坐标原点，引出夹角为 (θ,ϕ) 的直线，直线的长度为 Y 值。连接所有这些线段的端点，在空间可形成一个曲面。这样的图形称为 Y 的球坐标图，并称它为原子轨道角度分布图。

由于原子轨道的角向部分 $Y_{l,m}(\theta,\phi)$ 只与量子数 l，m 有关，而与主量子数 n 无关，若将角度波函数 $Y_{l,m}(\theta,\phi)$ 随角度的变化作图，可以得到原子轨道的角度分布图，如图 5-15 所示。

② 电子云的角度分布图　如果我们将简化的薛定谔方程两边平方，则得到：

$$\psi^2_{n,l,m}(r,\theta,\phi) = R^2_{n,l}(r)\,Y^2_{l,m}(\theta,\phi)$$

　　　　　电子云　　　　径向部分　角向部分

式中，$\psi^2_{n,l,m}(r,\theta,\phi)$ 的图像即为电子云的图像。它由两部分组成：一是电子云的径向部分 $R^2_{n,l}(r)$，即概率密度随离核半径的变化，它与主量子数 n、角量子数 l 有关，与 θ、

ϕ 角度无关；二是电子云的角向部分 $Y^2_{l,m}(\theta，\phi)$，即概率密度只随角度 $\theta，\phi$ 变化，它与主量子数 n、离核半径 r 无关。

电子云角度分布图的画法与原子轨道角度分布图一样，只需先将该原子轨道的角向分布 $Y_{l,m}(\theta，\phi)$ 的函数式两边平方即可。如图 5-16 所示。

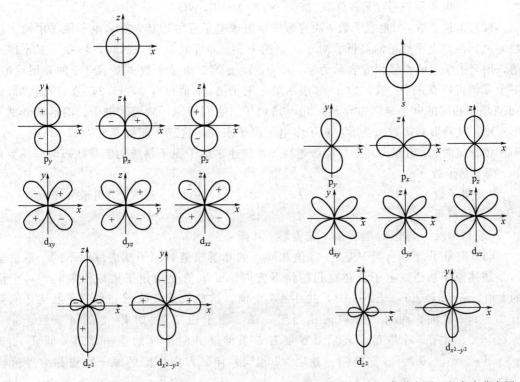

图 5-15　s，p，d 各种原子轨道的角度分布图　　　　图 5-16　s，p，d 各种电子云的角度分布图

对比图 5-15 和图 5-16 可知，原子轨道角度分布图与电子云角度分布图是相似的，但它们之间也有一定的区别，原子轨道角度分布图与电子云角度分布图的区别见表 5-19。

表 5-19　原子轨道角度分布图与电子云角度分布图的区别

状态	原子轨道	电子云
角向部分	$Y_{l,m}(\theta,\phi)$	$Y^2_{l,m}(\theta,\phi)$
图形(如 np)	哑铃形	哑铃形
胖、瘦	胖	瘦(Y^2 数值更小)
函数数值	有"＋"，"－"数值	均为"＋"，无"－"数值
	不表示原子轨道形状	不表示电子云形状

5. 四个量子数

解薛定谔方程时，为了得到合理的解，引入了三个量子数 $n，l，m$，为了描述电子自旋运动的特征，又引入了一个自旋量子数 m_s，这四个量子数对描述核外电子的能量、原子轨道和电子云的图像及空间伸展方向等具有非常重要的意义，下面分别来讨论这四个量子数。

（1）主量子数 n　主量子数 n 描述原子中电子出现概率最大区域离核的平均距离，是决定电子能量高低的主要因素。它的数值可以取 1，2，3，…正整数，光谱学上分别用符号 K，L，M，N，O，P，Q，…来表示。一般 n 值越大，电子离核越远，能量越高。主量子数所决定的电子云密集区或能量状态称为电子层（或主层）。

主量子数 n 　1，2，3，4，5，6，7，…　（共取 n 个值）

电子层符号 　K，L，M，N，O，P，Q，…

（2）角量子数 l 　角量子数 l 决定原子轨道或电子云的形状，在多电子原子中与主量子数 n 共同决定电子能量的高低。对于一定的 n 值，l 可取 0，1，2，3，4…$n-1$ 等共 n 个值，用光谱学上的符号相应表示为 s，p，d，f，g 等。角量子数 l 表示电子的亚层或能级。一个 n 值可以有多个 l 值，如 $n=3$ 表示第三电子层，l 值可有 0，1，2，分别表示 3s，3p，3d 亚层，相应的电子分别称为 3s，3p，3d 电子。它们的原子轨道和电子云的形状分别为球形对称，哑铃形和四瓣梅花形，对于多电子原子来说，这三个亚层能量为 $E_{3d} > E_{3p} > E_{3s}$，即 n 值一定时，l 值越大，亚层能级越高。在描述多电子原子系统的能量状态时，需要用 n 和 l 两个量子数。

角量子数 　$l=0$，　　1，　　　2，　　3，　4，…，$n-1$　（共可取 n 个值）

亚层符号 　　　s，　　　p，　　　d，　　f，　g　…

轨道形状 　球形　哑铃形　花瓣形　八瓣

（3）磁量子数 m 　同一亚层（l 值相同）的几条轨道对原子核的取向不同。磁量子数 m 是描述原子轨道或电子云在空间的伸展方向。m 取值受角量子数取值限制，对于给定的 l 值，$m=0$，±1，±2…$\pm l$，共 $2l+1$ 个值。这些取值意味着在角量子数为 l 的亚层有 $2l+1$ 个取向，而每一个取向相当于一条"原子轨道"。如 $l=2$ 的 d 亚层，$m=0$，±1，±2，共有 5 个取值，表示 d 亚层有 5 条伸展方向不同的原子轨道，即 d_{xy}、d_{xz}、d_{yz}、d_{x^2}、d_{y^2}、d_{z^2}。我们把同一亚层（l 相同）伸展方向不同的原子轨道称为等价轨道或简并轨道。

磁量子数 m 确定原子轨道在空间的伸展方向。

$$m=0，\quad \pm1，\quad \pm2，\quad \pm3，\quad …，\quad \pm l \text{ 共可取值（}2l+1\text{）个值}$$

轨道空间伸展方向数：　　　1　　　3　　　5　　　7　　　　　　（m 的取值个数）

（4）自旋量子数 m_s 　用分辨率很高的光谱仪研究原子光谱时，发现在无外磁场作用时，每条谱线实际上由两条十分接近的谱线组成，这种谱线的精细结构用 n，l，m 三个量子数无法解释。1925 年人们为了解释这种现象，沿用旧量子论中习惯的名词，提出了电子有自旋运动的假设，并用第四个量子数 m_s 表示自旋量子数。m_s 的值可取 $+1/2$ 或 $-1/2$，在轨道表示式中用"↑"和"↓"分别表示电子的两种不同的自旋运动状态。考虑电子自旋后，由于自旋磁矩和轨道磁矩相互作用分裂成相隔很近的能量，所以在原子光谱中每条谱线由两条很相近的谱线组成。值得说明的是，"电子自旋"并不是电子真像地球自转一样，它只是表示电子的两种不同的运动状态。

综上所述，量子力学对氢原子核外电子的运动状态有了较清晰的描述：解薛定谔方程可以得到多个可能的解，电子在多条能量确定的轨道中运动，每条轨道由 n，l，m 三个量子数决定，主量子数 n 决定了电子的能量和离核远近；角量子数 l 决定了轨道的形状；磁量子数 m 决定了轨道的空间伸展方向，即 n，l，m 三个量子数共同决定了一条原子轨道，决定了电子的轨道运动状态，自旋量子数 m_s 决定了电子的自旋运动状态，结合前三个量子数共同决定了核外电子的运动状态。

二、核外电子排布

1. 多电子原子的能级

单电子原子体系（H，He^+，Li^{2+}，Be^{3+}…），原子轨道的能量（电子能量）E 只由 n 决定，与角量子数 l 无关。

$$E_n = -\frac{13.6Z^2}{n^2} \text{(eV)}$$

在多电子原子中，原子的能级除受主量子数（n）影响外，还与角量子数（l）有关，其间关系复杂。因此，多电子原子的原子轨道能级就有可能发生改变，光谱实验结果证实了这一点。

（1）鲍林原子轨道近似能级图 1939 年，美国著名结构化学家鲍林（Pauling），根据光谱实验的结果提出了多电子原子中原子轨道的近似能级图，又称鲍林能级图。鲍林近似能级图反映了与元素周期系一致的核外电子填充顺序，按照能级图中各轨道能量高低的顺序来填充电子所得到的结果与光谱实验得到各元素原子内电子的排布情况大都是相符合的（十几个元素有出入）。按照这种方法，他将整个原子轨道划分成 7 个能级组，能级组间，能量差大；能级组内，能量差小，如图 5-17 所示。

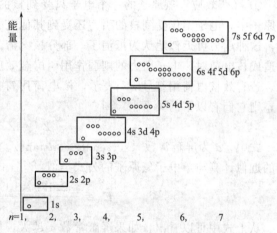

图 5-17 鲍林原子轨道近似能级图

该图可以说明以下几个问题：

① 将能级相近的原子轨道排为一组，目前分为 7 个能级组，并按照能量从低到高的顺序从下往上排列。

② 每个能级组中，每一个小圆圈表示一个原子轨道，将 3 个等价 p 轨道，5 个等价 d 轨道、7 个等价 f 轨道……排成一列，表示在该能级组中它们的能量相等。除第一能级组外，其他能级组中，原子轨道的能级也有差别。

③ 多电子原子中，原子轨道的能级主要由主量子数 n 和角量子数 l 来决定，如 $E_1 < E_2 < E_3 < E_4$，$E_{4s} < E_{4p} < E_{4d} < E_{4f}$，但也有例外的情况。以上原子轨道能级高低变化的情况，可用后面的"屏蔽效应"和"钻穿效应"加以解释。

（2）能级的近似规律 前面我们已强调过，在多电子原子中，电子能量的高低不仅与 n 有关，而且与 l 有关，那么电子能量 E 与 n、l 到底有何关系呢？我国化学家徐光宪教授根据光谱实验数据归纳出一条近似规律公式（$n+0.7l$），按此公式把（$n+0.7l$）值的整数部分相同的能级合并为一组，叫做能级组，并按第一位数字的值确定能级的号数，如：

3p（$n+0.7l$）值 = 3 + 1×0.7 = 3.7   第三能级组

4s（$n+0.7l$）值 = 4 + 0 = 4.0   第四能级组

3d（$n+0.7l$）值 = 3 + 2×0.7 = 4.4   第四能级组

4p（$n+0.7l$）值 = 4 + 1×0.7 = 4.7   第四能级组

5s（$n+0.7l$）值 = 5 + 0 = 5.0   第五能级组

由上式可知，当 n，l 都不相同时，用 $n+0.7l$ 值判断，如 4s，3d，4p 的 $(n+0.7l)$ 数值依次为 4.0，4.4，4.7，第一位整数数字都为 4，称为第Ⅳ能级组。按上述公式，可将所知的能级分为七个能级组，恰好与周期表中的七个周期相对应。由此可见，徐光宪教授总结的规律与鲍林的实验结果是一致的。

若 n 和 l 都不同，虽然能量高低基本上由 n 的大小决定，但有时也会出现高电子层中低亚层（如 4s）的能量反而低于某些低电子层中高亚层（如 3d）的能量的情况，这种现象称为能级交错。能级交错是由于核电荷增加，核对电子的引力增强，各亚层的能量均降低，但各自降低的幅度不同所致。能级交错对原子中电子的分布有影响。

（3）屏蔽效应和钻穿效应

① 屏蔽效应　氢原子的一个电子只受到核的引力，而不受其他电子的作用。但在多电子原子中，电子不仅受到核的引力还受到其他电子的斥力，特别是内层电子对外层电子的斥力，这种斥力可近似地认为抵消了一部分核电荷。对某电子来说，由于其他电子的排斥作用而造成核电荷对该电子引力的削弱作用叫屏蔽效应。

若有效核电荷用符号 Z^* 表示，核电荷用符号 Z 表示，被抵消的核电荷数用符号 σ 表示，则它们有以下的关系：

$$Z^* = Z - \sigma$$

式中，σ 为屏蔽常数（screening constant）。这样对于多电子原子中的一个电子，其能量的近似计算与单电子氢原子的公式类似：

$$E_n = -\frac{2.179 \times 10^{-18}(Z-\sigma)^2}{n^2} \text{J}$$

从上式中可以看出，如果屏蔽常数 σ 越大，屏蔽效应就越大，则电子受到吸引的有效核电荷 Z^* 降低，电子的能量就升高。显然，如果我们能计算原子中其他电子对某个电子的屏蔽常数 σ 就可求得该电子的近似能量，以此方法即可求得多电子原子中各轨道能级的近似能量。

② 钻穿效应　在多电子原子中，某个电子受其他电子的屏蔽，它同时也对其他电子起屏蔽作用，而决定这两者的关键是电子在空间出现的概率分布，我们把外层电子在内层区域出现的现象叫做钻穿效应。一般来说，在核附近出现概率较大的电子，可以较多地回避其他电子的屏蔽作用，直接受较大的有效核电荷的吸引，因而能量较低；反之亦然。对于给定的主量子数，角量子数愈小，钻穿能力愈强，轨道能量愈低，因此，n 相同的各轨道能量次序为：$E_{ns} < E_{np} < E_{nd} < E_{nf}$。

屏蔽效应和钻穿效应均能对多电子原子的原子轨道能级高低变化加以说明，而后者对能级交错的现象能进行圆满地解释。

2. 核外电子排布规律

根据原子光谱实验和量子力学理论，原子核外电子排布遵守以下三个规律：能量最低原理、鲍利不相容原理和洪特规则。

（1）能量最低原理　能量最低原理是自然界一切事物共同遵守的法则。多电子原子在基态时，核外电子总是尽可能地分布在能量最低的轨道，以使原子系统的能量最低，这就是能量最低原理。

（2）鲍利不相容原理　瑞士物理学家鲍利（W. Pauli）在 1925 年根据光谱分析结果和元素在周期系中的位置，提出了鲍利不相容原理：在同一个原子里没有四个量子数完全相同的电子，或者说，在同一个原子中，若电子的 n，l，m 相同，m_s 则一定不同，即在同一原子中，一个原子轨道最多只能容纳 2 个自旋相反的电子。

（3）洪特规则 洪特（F. Hund）根据大量光谱实验，提出电子在等价轨道上分布时，总是尽可能地以自旋方向相同的形式分占不同的轨道，此时体系能量最低、最稳定。例如，氮原子核外有 7 个电子，核外电子排布为 $1s^2 2s^2 2p_x^1 2p_y^1 2p_z^1$，这三个电子分别占据 3 条 p 轨道，而且自旋平行，而不是 $1s^2 2s^2 2p_x^2 2p_y^1 2p_z^0$。

但是洪特规则也有特例，即等价轨道全充满（p^6，d^{10}，f^{14}），半充满（p^3，d^5，f^7）和全空（p^0，d^0，f^0）时原子状态比较稳定。

3. 核外电子的排布

1～7 周期元素的核外电子的排布，见表 5-20。

表 5-20　各元素原子的电子层结构

周期	原子序数	元素符号	元素名称	电子层结构															
				K	L		M			N				O				P			Q
				1s	2s	2p	3s	3p	3d	4s	4p	4d	4f	5s	5p	5d	5f	6s	6p	6d	7s
1	1	H	氢	1																	
	2	He	氦	2																	
2	3	Li	锂	2	1																
	4	Be	铍	2	2																
	5	B	硼	2	2	1															
	6	C	碳	2	2	2															
	7	N	氮	2	2	3															
	8	O	氧	2	2	4															
	9	F	氟	2	2	5															
	10	Ne	氖	2	2	6															
3	11	Na	钠	2	2	6	1														
	12	Mg	镁	2	2	6	2														
	13	Al	铝	2	2	6	2	1													
	14	Si	硅	2	2	6	2	2													
	15	P	磷	2	2	6	2	3													
	16	S	硫	2	2	6	2	4													
	17	Cl	氯	2	2	6	2	5													
	18	Ar	氩	2	2	6	2	6													
4	19	K	钾	2	2	6	2	6		1											
	20	Ca	钙	2	2	6	2	6		2											
	21	Sc	钪	2	2	6	2	6	1	2											
	22	Ti	钛	2	2	6	2	6	2	2											
	23	V	钒	2	2	6	2	6	3	2											
	24	Cr	铬	2	2	6	2	6	5	1											
	25	Mn	锰	2	2	6	2	6	5	2											
	26	Fe	铁	2	2	6	2	6	6	2											

周期	原子序数	元素符号	元素名称	K	L		M			N				O				P			Q
				1s	2s	2p	3s	3p	3d	4s	4p	4d	4f	5s	5p	5d	5f	6s	6p	6d	7s
4	27	Co	钴	2	2	6	2	6	7	2											
	28	Ni	镍	2	2	6	2	6	8	2											
	29	Cu	铜	2	2	6	2	6	10	1											
	30	Zn	锌	2	2	6	2	6	10	2											
	31	Ga	镓	2	2	6	2	6	10	2	1										
	32	Ge	锗	2	2	6	2	6	10	2	2										
	33	As	砷	2	2	6	2	6	10	2	3										
	34	Se	硒	2	2	6	2	6	10	2	4										
	35	Br	溴	2	2	6	2	6	10	2	5										
	36	Kr	氪	2	2	6	2	6	10	2	6										
5	37	Rb	铷	2	2	6	2	6	10	2	6			1							
	38	Sr	锶	2	2	6	2	6	10	2	6			2							
	39	Y	钇	2	2	6	2	6	10	2	6	1		2							
	40	Zr	锆	2	2	6	2	6	10	2	6	2		2							
	41	Nb	铌	2	2	6	2	6	10	2	6	4		1							
	42	Mo	钼	2	2	6	2	6	10	2	6	5		1							
	43	Tc	锝	2	2	6	2	6	10	2	6	5		2							
	44	Ru	钌	2	2	6	2	6	10	2	6	7		1							
	45	Rh	铑	2	2	6	2	6	10	2	6	8		1							
	46	Pd	钯	2	2	6	2	6	10	2	6	10									
	47	Ag	银	2	2	6	2	6	10	2	6	10		1							
	48	Cd	镉	2	2	6	2	6	10	2	6	10		2							
	49	In	铟	2	2	6	2	6	10	2	6	10		2	1						
	50	Sn	锡	2	2	6	2	6	10	2	6	10		2	2						
	51	Sb	锑	2	2	6	2	6	10	2	6	10		2	3						
	52	Te	碲	2	2	6	2	6	10	2	6	10		2	4						
	53	I	碘	2	2	6	2	6	10	2	6	10		2	5						
	54	Xe	氙	2	2	6	2	6	10	2	6	10		2	6						
6	55	Cs	铯	2	2	6	2	6	10	2	6	10		2	6			1			
	56	Ba	钡	2	2	6	2	6	10	2	6	10		2	6			2			
	57	La	镧	2	2	6	2	6	10	2	6	10		2	6	1		2			
	58	Ce	铈	2	2	6	2	6	10	2	6	10	1	2	6	1		2			
	59	Pr	镨	2	2	6	2	6	10	2	6	10	2	2	6			2			
	60	Nd	钕	2	2	6	2	6	10	2	6	10	3	2	6			2			
	61	Pm	钷	2	2	6	2	6	10	2	6	10	4	2	6			2			

项目五　试样测定

周期	原子序数	元素符号	元素名称	电子层结构																	
				K	L		M			N				O				P			Q
				1s	2s	2p	3s	3p	3d	4s	4p	4d	4f	5s	5p	5d	5f	6s	6p	6d	7s
	62	Sm	钐	2	2	6	2	6	10	2	6	10	5	2	6			2			
	63	Eu	铕	2	2	6	2	6	10	2	6	10	6	2	6			2			
	64	Gd	钆	2	2	6	2	6	10	2	6	10	7	2	6	1		2			
	65	Tb	铽	2	2	6	2	6	10	2	6	10	8	2	6			2			
	66	Dy	镝	2	2	6	2	6	10	2	6	10	9	2	6			2			
	67	Ho	钬	2	2	6	2	6	10	2	6	10	10	2	6			2			
	68	Er	铒	2	2	6	2	6	10	2	6	10	11	2	6			2			
	69	Tm	铥	2	2	6	2	6	10	2	6	10	12	2	6			2			
	70	Yb	镱	2	2	6	2	6	10	2	6	10	13	2	6			2			
	71	Lu	镥	2	2	6	2	6	10	2	6	10	14	2	6	1		2			
	72	Hf	铪	2	2	6	2	6	10	2	6	10	14	2	6	2		2			
	73	Ta	钽	2	2	6	2	6	10	2	6	10	14	2	6	3		2			
6	74	W	钨	2	2	6	2	6	10	2	6	10	14	2	6	4		2			
	75	Re	铼	2	2	6	2	6	10	2	6	10	14	2	6	5		2			
	76	Os	锇	2	2	6	2	6	10	2	6	10	14	2	6	6		2			
	77	Ir	铱	2	2	6	2	6	10	2	6	10	14	2	6	7		2			
	78	Pt	铂	2	2	6	2	6	10	2	6	10	14	2	6	9		1			
	79	Au	金	2	2	6	2	6	10	2	6	10	14	2	6	10		1			
	80	Hg	汞	2	2	6	2	6	10	2	6	10	14	2	6	10		2			
	81	Tl	铊	2	2	6	2	6	10	2	6	10	14	2	6	10		2	1		
	82	Pb	铅	2	2	6	2	6	10	2	6	10	14	2	6	10		2	2		
	83	Bi	铋	2	2	6	2	6	10	2	6	10	14	2	6	10		2	3		
	84	Po	钋	2	2	6	2	6	10	2	6	10	14	2	6	10		2	4		
	85	At	砹	2	2	6	2	6	10	2	6	10	14	2	6	10		2	5		
	86	Rn	氡	2	2	6	2	6	10	2	6	10	14	2	6	10		2	6		
	87	Fr	钫	2	2	6	2	6	10	2	6	10	14	2	6	10		2	6		1
	88	Ra	镭	2	2	6	2	6	10	2	6	10	14	2	6	10		2	6		2
	89	Ac	锕	2	2	6	2	6	10	2	6	10	14	2	6	10		2	6	1	2
	90	Th	钍	2	2	6	2	6	10	2	6	10	14	2	6	10		2	6	2	2
7	91	Pa	镤	2	2	6	2	6	10	2	6	10	14	2	6	10	2	2	6	1	2
	92	U	铀	2	2	6	2	6	10	2	6	10	14	2	6	10	3	2	6	1	2
	93	Np	镎	2	2	6	2	6	10	2	6	10	14	2	6	10	4	2	6		2
	94	Pu	钚	2	2	6	2	6	10	2	6	10	14	2	6	10	6	2	6		2
	95	Am	镅	2	2	6	2	6	10	2	6	10	14	2	6	10	7	2	6		2
	96	Cm	锔	2	2	6	2	6	10	2	6	10	14	2	6	10	7	2	6	1	2

周期	原子序数	元素符号	元素名称	电子层结构																
				K	L		M			N				O				P			Q
				1s	2s	2p	3s	3p	3d	4s	4p	4d	4f	5s	5p	5d	5f	6s	6p	6d	7s
	97	Bk	锫	2	2	6	2	6	10	2	6	10	14	2	6	10	9	2	6		2
	98	Cf	锎	2	2	6	2	6	10	2	6	10	14	2	6	10	10	2	6		2
	99	Es	锿	2	2	6	2	6	10	2	6	10	14	2	6	10	11	2	6		2
	100	Fm	镄	2	2	6	2	6	10	2	6	10	14	2	6	10	12	2	6		2
	101	Md	钔	2	2	6	2	6	10	2	6	10	14	2	6	10	13	2	6		2
	102	No	锘	2	2	6	2	6	10	2	6	10	14	2	6	10	14	2	6		2
	103	Lr	铹	2	2	6	2	6	10	2	6	10	14	2	6	10	14	2	6	1	2
7	104	Rf	𬬻	2	2	6	2	6	10	2	6	10	14	2	6	10	14	2	6	2	2
	105	Db	𬭊	2	2	6	2	6	10	2	6	10	14	2	6	10	14	2	6	3	2
	106	Sg	𬭳	2	2	6	2	6	10	2	6	10	14	2	6	10	14	2	6	4	2
	107	Bh	𬭛	2	2	6	2	6	10	2	6	10	14	2	6	10	14	2	6	5	2
	108	Hs	𬭶	2	2	6	2	6	10	2	6	10	14	2	6	10	14	2	6	6	2
	109	Mt	鿏	2	2	6	2	6	10	2	6	10	14	2	6	10	14	2	6	7	2
	110	Ds	𫟼	2	2	6	2	6	10	2	6	10	14	2	6	10	14	2	6	8	2
	111	Rg	𬬭	2	2	6	2	6	10	2	6	10	14	2	6	10	14	2	6	9	2
	112	Cn	鿔	2	2	6	2	6	10	2	6	10	14	2	6	10	14	2	6	10	2

下面我们举一个例子来运用和熟悉我们以上所学的知识。

【例 23】 已知某元素的原子序数是 30，试写出该元素的电子层结构，指出该元素位于周期表中哪个周期？哪一族？并写出该元素的名称和化学符号。

原子序数为 30 的元素，根据核外电子排布原则，电子层结构为：

$1s^2 2s^2 2p^6 3s^2 3p^6 4s^2 3d^{10}$。

价电子层结构为：$3d^{10} 4s^2$。

$$周期数＝能级组数＝电子层数 \qquad 族数＝价层电子数$$

因为第 4 能级组为 4s3d4p，价电子层构型为 $(n-1) d^{10} ns^{1\sim2}$，所以该元素属于第四周期，ⅡB 族元素，元素名称为锌，元素化学符号为 Zn。

三、配合物的基本概念

配位化合物，简称配合物，旧称络合物，是一类组成较为复杂的化合物，具有多种重要的特性，在化学领域中，它已广泛地渗透到分析化学、物理化学、有机化学、催化化学和生物化学等各个分支中，并形成了一些交叉性边缘科学，如金属有机化学、生物配位化学（即生物无机化学）等。配位化合物的应用非常广泛，如染色工业、颜料工业、冶金工业、电镀工业、医药工业、有机合成工业及原子能火箭等尖端工业，甚至化学仿生学等各个方面都涉及配合物的应用。目前这是化学学科中最活跃，具有很多生长点的前沿学科之一，并形成一门独立的分支学科——配位化学。

1. 配合物的定义

在无机化合物中，除了常见的一些简单化合物（如 HF、AgCl、NH_3、$CuSO_4$ 等）之外，绝大多数的化合物是由简单化合物相互作用形成的分子间化合物。如：

$$AgCl+2NH_3 \Longrightarrow [Ag(NH_3)_2]Cl$$

$$CuSO_4+4NH_3（过量） \Longrightarrow [Cu(NH_3)_4]SO_4$$

$$K_2SO_4+Al_2(SO_4)_3+24H_2O = K_2SO_4 \cdot Al_2(SO_4)_3 \cdot 24H_2O$$

如果将这些复杂的分子化合物溶于水，其中 $K_2SO_4 \cdot Al_2(SO_4)_3 \cdot 24H_2O$ 完全离解成水合 K^+，水合 Al^{3+}，水合 SO_4^{2-}，好像是 K_2SO_4 与 $Al_2(SO_4)_3$ 的混合水溶液一样，这类分子间化合物称为复盐，而 $[Ag(NH_3)_2]Cl$ 和 $[Cu(NH_3)_4]SO_4$ 在水溶液中则离解为简单离子即水合 Cl^-，水合 SO_4^{2-} 和复杂离子 $[Ag(NH_3)_2]^+$、$[Cu(NH_3)_4]^{2+}$，这些复杂离子在水溶液中相对稳定地存在，将这种具有稳定结构的复杂离子称为配离子，配离子是通过配位键形成的复杂离子，在晶体及溶液中都能相对稳定地存在。

根据 1980 年中国化学会颁布的《无机化学命名原则》，配合物的定义为：配合物是由可以给出孤对电子或多个不定域电子的一定数目的离子或分子（称为配位体）和具有接受孤对电子或多个不定域电子空轨道的原子或离子（称中心原子或离子）按一定的组成和空间构型所形成的化合物。

2. 配合物的组成

配合物一般分为内界和外界两部分。内界用方括号括起来，其中包括中心离子（或原子）和一定数目的配位体，它是配合物的特征部分，其余的部分距中心离子较远，构成配合物的外界，见图 5-18。

配合物的内界很稳定，在水溶液中几乎不离解，而外界可离解出来。不带电荷的内界本身是配合物，如 $[Ni(CO)_4]$、$[CoCl_3(NH_3)_3]$。带电荷的内界称配离子。如 $[Cu(NH_3)_4]^{2+}$、$[Fe(CN)_6]^{3-}$ 等。由配离子与带相反电荷的离子结合而成的中性分子也称配合物，如 $Cu(NH_3)_4SO_4$、$K_3[Fe(CN)_6]$ 等。

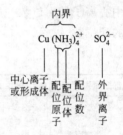

图 5-18　配位化合物的组成

① 中心离子（原子）　中心离子或中心原子（也称配合物的形成体）位于配离子的中心。中心离子一般是金属离子，特别是过渡金属离子，一般具有空轨道，如 $[Cu(NH_3)_4]^{2+}$ 的 Cu^{2+}、$[Fe(CN)_6]^{3-}$ 的 Fe^{3+}、$[Ag(NH_3)_2]^+$ 的 Ag^+ 等。也有中性原子做配合物形成体，如 $[Ni(CO)_4]$、$Fe(CO)_5$ 中的 Ni 和 Fe 都是电中性的原子。另外，一些具有高氧化态的非金属元素和一些半径较小、电荷较高的主族金属元素也是常见的形成体，如 SiF_6^{2-} 中的 Si(Ⅳ)，PF_6^- 中的 P(Ⅴ)，AlF_6^{3-} 中的 Al(Ⅲ) 等。

② 配位体　配位化合物内界中与中心离子（或原子）结合的阴离子或分子，稳为配位体，简称配体。如 H_2O、NH_3、Cl^-、CN^- 等均为常见的重要配位体。其中 NH_3 中的 N 原子，H_2O 中的 O 原子，CN^- 中的 C 原子，直接与中心离子相结合，称为配位原子。

配位原子的共同特点是配位原子至少有一个未键合的孤电子对。如 NH_3、$[:\ddot{F}:]^-$、$[:C\equiv N:]^-$、$:C\equiv C:$；这个孤电子对在形成配离子时，给予缺电子的金属离子（或原子）。一般常见的配位原子主要是周期表中电负性较大的非金属原子，如 N、O、S、C、F、Cl、Br、I 等原子。

根据配位体中所含配位原子数目的多少，将配位体分成两大类。

a. 单基配位体　一个配位体和中心原子（或离子）只以一个配位键相结合的称为单基

（或单齿）配位体，如 F^-、Cl^-、OH^-、CN^-、NH_3、H_2O 等。

　　b. 多基配位体　一个配位体和中心原子（或离子）以两个或两个以上的配位键相结合，称为多基（或多齿）配位体。如：

乙二胺　　　　　$NH_2-CH_2-CH_2-NH_2$

乙二胺四乙酸

$$\begin{array}{cc} HOOC-CH_2 & CH_2-COOH \\ & N-CH_2-CH_2-N \\ HOOC-CH_2 & CH_2-COOH \end{array}$$

乙二胺四乙酸二钠

$$\begin{array}{cc} NaOOC-CH_2 & CH_2-COOH \\ & N-CH_2-CH_2-N \qquad \cdot 2H_2O \\ HOOC-CH_2 & CH_2-COONa \end{array}$$

　　③ 配位数　在配位体中直接与中心离子（或原子）结合的配位原子的数目称中心离子的配位数。如果配位体是单基的，则中心离子的配位数就是配位体的数目，例如 $[Ag(NH_3)_2]^+$、$[Cu(NH_3)_4]^{2+}$、SiF_6^{2-} 的配位数分别为 2、4、6；如果配位体是多基的，则中心离子的配位数为配位体数目与其基数的乘积，例如 $[Pt(en)_2]^{2+}$ 的配位数为 $2\times2=4$。

　　中心离子的配位数一般为 2～12，常见的为 2、4、6、8，表 5-21 中列出一些常见金属离子的配位数。

表 5-21　常见金属离子的配位数

1 价金属离子	配位数	2 价金属离子	配位数	3 价金属离子	配位数
Cu^+	2,4	Ca^{2+}	6	Al^{3+}	4,6
Ag^+	2	Fe^{2+}	6	Sc^{3+}	6
Au^+	2,4	Co^{2+}	4,6	Cr^{3+}	6
		Ni^{2+}	4,6	Fe^{3+}	6
		Cu^{2+}	4,6	Co^{3+}	6
		Zn^{2+}	4,6	Au^{3+}	4

　　中心离子配位数的多少一般决定于中心离子和配位体的性质（半径、电荷、中心离子核外电子排布等）以及形成配合物的条件（浓度、湿度）。

　　中心离子的半径越大，其周围可容纳的配位体越多，配位数越大。如 Al^{3+} 和 F^- 可以形成配位数为 6 的 $[AlF_6]^{3-}$，而半径小的 B^{3+} 只能形成配位数为 4 的 $[BF_4]^-$。对同一种中心离子来说，配位数随着配位体半径的增加而减少，例如 Al^{3+} 与离子半径大的 Cl^- 形成 $[AlCl_4]^-$，与离子半径小的 F^- 形成 $[AlF_6]^{3-}$。

　　中心离子的电荷越高，吸引配位体的数目越多，配位数越大。例如 Ag^+、Ag^{2+} 与 I^- 形成配离子时，Ag^+ 形成的配位数为 2 的 $[AgI_2]^-$，Ag^{2+} 形成的配位数为 4 的 $[AgI_4]^{2-}$。配位体的电荷越高，一方面增加了中心离子对配位体的引力，但另一方面又增加了配位体之间的斥力，结果使配位数减小，例如 NH_3 与 Zn^{2+} 形成配位数为 6 的 $[Zn(NH_3)_6]^{2+}$，CN^- 与 Zn^{2+} 只形成配位数为 4 的 $[Zn(CN)_4]^{2-}$。

　　此外，配位体的浓度，形成配离子时的温度也是影响配位数大小的因素。配位体浓度较大时，有利于形成高配位数的配离子；升高温度，由于热振动的增加，削弱了配位体和中心离子的结合力，使配位数下降。

影响配位数的因素很多，但有些中心原子与不同配位体形成配合物时，总是具有一个几乎不变的配位数，称为特征配位数。若中心原子是正离子，则配位数通常是其电荷数的二倍，如 Ag^+、Cu^+ 的特征配位数是 2，Pt^{2+}、Pd^{2+} 的特征配位数为 4，Co^{3+}、Cr^{3+} 的特征配位数为 6。由于影响配位数的因素很复杂，所以也有不符合以上规律的例外情况。

④ 配离子的电荷　配离子的电荷数等于中心原子和配位体两者电荷数的代数和。例如：

$[Cu(NH_3)_4]^{2+}$ 配离子的电荷数为：$(+2)+(0)\times4=+2$

$[Fe(CN)_6]^{3-}$ 配离子的电荷数为：$(+3)+(-1)\times6=-3$

有时配离子的中心离子（或原子）和配位体的电荷的代数和为零，则配离子并不带电荷，其本身就是配合物（或络合分子）。如：

$[Ni(H_2O)_4]Cl_2$ 的电荷数为：$(+2)+4\times(0)+2\times(-1)=0$

从整体看，配位化合物是电中性的，所以也可由外界离子的电荷数推算中心原子和配离子的电荷数。例如，$Na_2[Cu(CN)_3]$ 中，它的外界有 2 个 Na^+，所以 $[Cu(CN)_3]^{2-}$ 配离子的电荷是 -2，从而可以推知中心离子是 Cu^+ 而不是 Cu^{2+}。

3. 配合物的命名和化学式的书写

① 配合物的命名　配合物的命名与一般无机化合物的命名相同，命名时阴离子在前，阳离子在后。如果是配阳离子化合物，则与无机盐的命名一样；如果是配阴离子化合物，则在配阴离子与外界阳离子间用"酸"字连接，若外界是氢离子，则在配阴离子之后缀以"酸"字。

配合物的命名，关键在于配离子的命名，配离子命名顺序为：

配位体数-配位体-合-中心离子（或原子）

中心离子（或原子）的氧化数 x 用圆括号内的罗马数字表示。若配离子内界含有两个以上的不同配位体，则配位体之间用小黑点"·"分开。

各配位体命名的顺序按以下规则：

a. 无机配位体在前，有机配位体在后；

b. 先列出阴离子配位体，后列阳离子配位体，中性分子配位体；

c. 同种类型的配位体，则按配位原子元素符号的英文字母顺序排列；

d. 同类配位体的配位原子也相同时，则将含较少原子数的配位体排在前面；

e. 配位原子相同，配位体所含的原子数目也相同时，则按在结构式中与配位原子相连的原子的元素符号的英文顺序排列；

f. 配体的个数用二、三、四等数字写在该配位体名称的前面。

下面列举一些配合物的命名实例：

$[Fe(CN)_6]^{3-}$	六氰合铁（Ⅲ）配离子
$[CoClNH_3(en)_2]^{2+}$	氯·氨·二(乙二胺)合钴（Ⅲ）配离子
$K_4[Fe(CN)_6]$	六氰合铁（Ⅱ）酸钾
$K[B(C_6H_5)_4]$	四苯基合硼（Ⅲ）酸钾
$K[Co(NO_2)_4(NH_3)_2]$	四硝基·二氨合钴（Ⅲ）酸钾
$H[AuCl_4]$	四氯合金（Ⅲ）酸
$[Cu(NH_3)_4]SO_4$	硫酸四氨合铜（Ⅱ）
$[Fe(CO)_5]$	五羰基合铁（0）
$[CoCl_2H_2O(NH_3)_3]Cl$	氯化二氯·水·三氨合钴（Ⅲ）

$$H_2[PtCl_6] \qquad\qquad 六氯合铂（Ⅳ）酸$$

$$[Ag(NH_3)_2]OH \qquad\qquad 氢氧化二氨合银（Ⅰ）$$

一些常见的配合物通常也用习惯上的简单叫法。如 $[Ag(NH_3)_2]^+$ 称银氨配离子，$K_4[Fe(CN)_6]$ 称亚铁氰化钾（或黄血盐），H_2SiF_6 称氟硅酸，K_4PtCl_6 称氯铂酸钾。

② 配合物的化学式书写　根据配合物的名称可直接写出配合物的化学式，书写时应注意：

a. 书写配合物的化学式时，阳离子在前，阴离子在后。例如，$[Ag(NH_3)_2]Cl$、$Na_3[AlF_6]$。

b. 在配离子的化学式中，先写出中心离子的符号，然后按命名的顺序依次写出有关配位体及其数目。

例如，氯化二氯·四水合铬（Ⅲ）$[CrCl_2(H_2O)_4]Cl$；

　　　四（硫氰酸根）·二氨合铬（Ⅲ）酸铵 $NH_4[Cr(SCN)_4(NH_3)_2]$。

四、配合物的结构及配合物在水中的状况

目前关于配合物结构的化学键理论主要有价键理论、晶体场理论、配位场理论和分子轨道理论。本节只对价键理论作简单介绍。

1. 配合物价键理论的基本要点

① 形成配合物时，一般中心原子中能量相近的空轨道首先组成杂化轨道，然后每个杂化轨道接受配位体中配位原子提供的孤对电子，形成配位键，配位键数就是中心原子的配位数。

② 中心原子与配位体形成配位键时，中心原子提供的空杂化轨道与配位原子的孤对电子所在的轨道发生最大程度的重叠，中心原子杂化轨道的类型决定了配合物的空间构型。

2. 配合物的空间构型　配合物的空间构型是指配位体在中心原子周围排列的方式，它与中心原子的杂化轨道类型有关，而杂化轨道类型又与中心原子的电子层结构、配位体的性质及中心原子的配位数等有关。

现分别讨论常见的配位数为 2、4、6 的配合物的结构。

① 配位数为 2 的配合物　氧化数为 +1 的中心原子通常形成配位数为 2 的配离子，如 $[Ag(NH_3)_2]^+$、$[Cu(NH_3)_2]^+$、$[AgCl_2]^-$ 等离子。现以 $[Ag(NH_3)_2]^+$ 配离子为例，讨论配位数为 2 的配离子的形成和空间构型。

Ag^+ 的价电子构型为 $4d^{10}5s^1$，价电子轨道中的电子排布为：

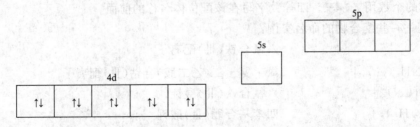

形成 $[Ag(NH_3)_2]^+$ 配离子时，其中有 1 个 5s 轨道和 1 个 5p 轨道经杂化后形成 2 个新的能量相等的 sp 杂化轨道，分别接受 2 个 NH_3 分子提供的孤对电子，生成 2 个配位键，其形成可用下图表示：

虚线框内表示的是 sp 杂化轨道，其中的电子是配位体 NH_3 分子中的 N 原子提供的孤对电子，由于 sp 杂化轨道为直线型，故 $[Ag(NH_3)_2]^+$ 的空间构型为直线型。

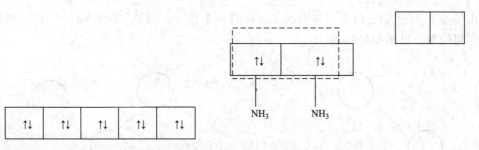

② 配位数为 4 的配合物　氧化数为 +2 的中心原子通常形成配位数为 4 的配离子。这种配合物空间构型有两种，正四面体和平面正方形，以$[Ni(NH_3)_4]^{2+}$和$[Ni(CN)_4]^{2-}$为例分别讨论。

Ni^{2+}的价电子构型为$3d^8 4s^0$，价电子轨道中电子排布为：

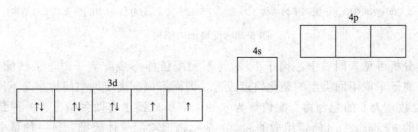

形成$[Ni(NH_3)_4]^{2+}$时能量相近的 4s、4p 都是空轨道，可进行杂化形成 4 个等性 sp^3 杂化轨道，接受 4 个 NH_3 分子中 N 原子提供的孤对电子，生成 4 个配位键，用图表示如下：

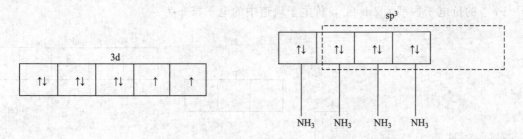

由于 4 个 sp^3 杂化轨道指向正四面体的 4 个顶点，因此$[Ni(NH_3)_4]^{2+}$配离子的空间构型为正四面体，见图 5-19(a)。

又由实验知道，$[Ni(CN)_4]^{2-}$配离子的空间构型是平面正方形，因此价键理论认为 Ni^{2+}与CN^-成键时，Ni^{2+}在配位体CN^-的影响下，5 个 d 电子重新排布，原来的 2 个未成对的 3d 电子挤在 1 个 3d 轨道上配对，因而空出 1 个 3d 轨道，此 3d 轨道与 1 个 4s 轨道和 2 个 4p 轨道组成 4 个等同的 dsp^2 杂化轨道，接受 4 个 CN^- 中 C 原子提供的 4 个孤电子对，形成 4 个配位键。用图表示如下：

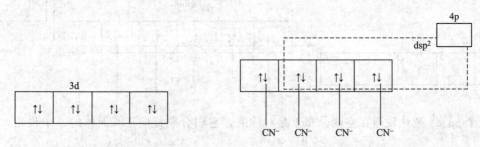

由于 4 个 dsp^2 杂化轨道指向平面正方形的 4 个顶点，因此 $[Ni(CN)_4]^{2-}$ 具有平面正方形的空间构型，见图 5-19(b)。

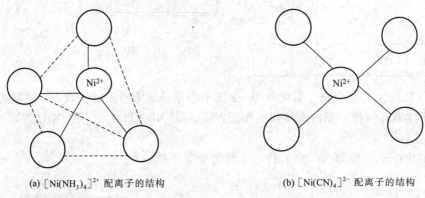

(a) $[Ni(NH_3)_4]^{2+}$ 配离子的结构   (b) $[Ni(CN)_4]^{2-}$ 配离子的结构

图 5-19 配离子的结构

从上述分析可见：同一中心离子 Ni^{2+} 与不同配位体形成配离子时，虽然配位数相同，但由于中心离子采取不同类型的杂化轨道成键，因而形成配离子的空间构型是不同的。

③ 配位数是为 6 的配合物 配位数为 6 的配离子成键也有两种情况，一种是中心原子提供由外层的 ns、np、nd 轨道组成的 sp^3d^2 杂化轨道与配位体成键；另一种是中心原子提供由次外层的 $(n-1)d$ 轨道和外层的 ns、np 轨道组成的 d^2sp^3 杂化轨道与配位体成键。下面以 $[FeF_6]^{3-}$ 和 $[Fe(CN)_6]^{3-}$ 为例分别讨论这两种情况。

Fe^{3+} 的价电子构型为 $3d^54s^0$，价电子轨道中的电子排布为：

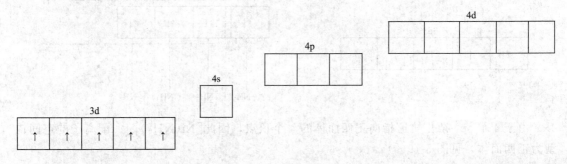

形成 $[FeF_6]^{3-}$ 时，Fe^{3+} 保留其 5 个未成对的电子，由外层的 1 个 4s 轨道，3 个 4p 轨道和 2 个 4d 轨道组成 6 个等同的 sp^3d^2 杂化轨道，接受 6 个 F^- 提供的 6 个孤电子对，形成6 个配位键，用图表示如下：

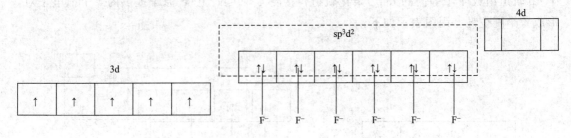

6 个 sp^3d^2 杂化轨道在空间分布上是对称的，它们分别指向正八面体的 6 个顶角，轨道

间夹角均为 $90°$，所以 $[FeF_6]^{3-}$ 配离子的空间构型为正八面体。

当 CN^- 接近 Fe^{3+} 形成 $[Fe(CN)_6]^{3-}$ 配离子时，Fe^{3+} 的 3d 电子发生重排，只保留 1 个未成对的电子，空出 2 个 3d 轨道，形成如下电子排布：

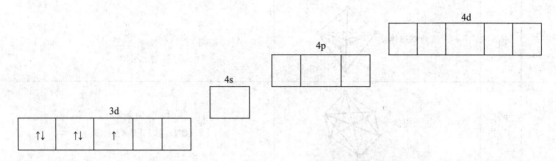

然后，这 2 个 3d 空轨道与 1 个 4s 轨道，3 个 4p 轨道组成的 6 个 d^2sp^3 杂化轨道，分别接受 6 个 CN^- 中 C 原子提供的孤电子对，形成 6 个配位键。用图表示如下：

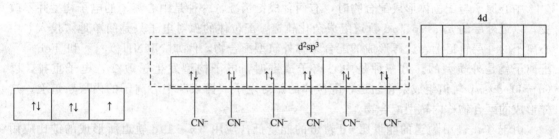

$[Fe(CN)_6]^{3-}$ 配离子的空间构型也是正八面体。

常见的中心原子的杂化轨道类型与配合物空间构型的关系列于表 5-22 中。

表 5-22　中心原子的杂化轨道类型与配合物的空间构型的关系

配位数	杂化轨道类型	空间构型	配合物举例
2	sp	直线型	$[Ag(NH_3)_2]^+$，$[Ag(CN)_2]^-$
3	sp^2	平面三角形	$[CuCl_3]^{2-}$，$[Cu(CN)_3]^{2-}$
4	dsp^2	平面正方形	$[Ni(CN)_4]^{2-}$，Pt(Ⅱ)，Pd(Ⅱ)配合物
	sp^3	正四面体	$[Co(SCN)_4]^{2-}$，Zn(Ⅱ)，Cd(Ⅱ)配合物

配位数	杂化轨道类型	空间构型	配合物举例
5	dsp^3	三角双锥体	$[Ni(CN)_5]^{3-}$，$Fe(CO)_5$
6	sp^3d^2 d^2sp^3	正八面体	$[CoF_6]^{3-}$，$[FeF_6]^{3-}$ $[Fe(CN)_6]^{3-}$，$[Co(NH_3)_6]^{3+}$

3. 外轨型配合物与内轨型配合物

中心原子与配位体形成配合物时，有两种成键情况，一种是中心离子的电子构型并不改变，以最外层的 ns、np、nd 轨道组成杂化轨道，配位体的孤对电子只是简单地"投入"中心离子的外层轨道上，这样形成的配合物称外轨型配合物，例如 $[Ni(NH_3)_4]^{2+}$ 和 $[FeF_6]^{3-}$ 配离子就是外轨型的。另一种是中心离子成键时，电子构型发生了改变，电子重排，以 $(n-1)dnsnp$ 轨道组成杂化轨道，配位体的孤对电子"插入"中心离子的内层轨道上，这样形成的配合物称内轨型配合物。

由于 $(n-1)d$ 轨道的能量比 nd 轨道的能量低，应用 $(n-1)d$ 轨道所形成的键比应用 nd 轨道形成的键稳定，因此，氧化数相同的同一中心原子的内轨型配合物比外轨型配合物稳定，例如 $[Fe(CN)_6]^{3-}$ 配离子比 $[FeF_6]^{3-}$ 配离子稳定，$[Ni(CN)_4]^{2-}$ 配离子比 $[Ni(NH_3)_4]^{2+}$ 配离子稳定，因此，在溶液中，$[Fe(CN)_6]^{3-}$ 配离子比 $[FeF_6]^{3-}$ 配离子难离解，$[Ni(CN)_4]^{2-}$ 配离子比 $[Ni(NH_3)_4]^{2+}$ 配离子难离解。

配合物究竟是外轨型的还是内轨型的，可由配合物的磁矩来判断。

4. 配位平衡及配位化合物的稳定常数

① 稳定常数的表示方法　金属离子在水溶液中常以水合离子存在，当在溶液中加入配位体时，则配位体取代水分子形成配离子，例如向含有 Cu^{2+} 的水溶液逐渐加入 NH_3 时，则首先生成 $[Cu(NH_3)]^{2+}$，随着 NH_3 量的增加，逐渐形成 $[Cu(NH_3)_2]^{2+}$、$[Cu(NH_3)_3]^{2+}$、$[Cu(NH_3)_4]^{2+}$ 配离子，配离子是分步形成的可逆反应，各种配离子在溶液中建立如下平衡：

$$Cu^{2+} + NH_3 \rightleftharpoons [Cu(NH_3)]^{2+}$$

$$K_1^\ominus = \frac{c[Cu(NH_3)^{2+}]/c^\ominus}{\{c(Cu^{2+})/c^\ominus\}\{c(NH_3)/c^\ominus\}}$$

$$[Cu(NH_3)]^{2+} + NH_3 \rightleftharpoons [Cu(NH_3)_2]^{2+}$$

$$K_2^\ominus = \frac{c[Cu(NH_3)_2^{2+}]/c^\ominus}{\{c[Cu(NH_3)^{2+}]/c^\ominus\}\{c(NH_3)/c^\ominus\}}$$

$$[Cu(NH_3)_2]^{2+} + NH_3 \rightleftharpoons [Cu(NH_3)_3]^{2+}$$

$$K_3^\ominus = \frac{c[Cu(NH_3)_3^{2+}]/c^\ominus}{\{c[Cu(NH_3)_2^{2+}]/c^\ominus\}\{c(NH_3)/c^\ominus\}}$$

$$[Cu(NH_3)_3]^{2+} + NH_3 \rightleftharpoons [Cu(NH_3)_4]^{2+}$$

$$K_4^\ominus = \frac{c[Cu(NH_3)_4^{2+}]/c^\ominus}{\{c[Cu(NH_3)_3^{2+}]/c^\ominus\}\{c(NH_3)/c^\ominus\}}$$

$K_1^\ominus$、$K_2^\ominus$、$K_3^\ominus$、$K_4^\ominus$ 分别称第一、二、三、四级稳定常数，亦称逐级稳定常数。各级稳定常数的乘积就是 Cu^{2+} 与 NH_3 生成 $[Cu(NH_3)_4]^{2+}$ 配离子总反应的稳定常数，用 $K_稳^\ominus$ 表示。

$$K_稳^\ominus = K_1^\ominus K_2^\ominus K_3^\ominus K_4^\ominus = \frac{c[Cu(NH_3)_4^{2+}]/c^\ominus}{\{c(Cu)^{2+}/c^\ominus\}\{c(NH_3)/c^\ominus\}^4}$$

配离子的 $K_稳^\ominus$ 越大，表示形成该配离子的倾向越大，配离子在溶液中越稳定。

配离子的稳定性，有时用其离解平衡常数（$K_{不稳}^\ominus$）来表示。

$$[Cu(NH_3)_4]^{2+} \rightleftharpoons Cu^{2+} + 4NH_3$$

$$K_{不稳}^\ominus = \frac{\{c(Cu^{2+})/c^\ominus\}\{c(NH_3)/c^\ominus\}^4}{\{c[Cu(NH_3)_4^{2+}]/c^\ominus\}}$$

显然，$K_稳^\ominus$ 与不 $K_{不稳}^\ominus$ 互为倒数关系。

$$K_{不稳}^\ominus = \frac{1}{K_{不稳}^\ominus}$$

对多配位体的配离子来说，随着配位体数目的增多，配位体之间的排斥作用加大，各级配离子的稳定性逐渐下降，其逐级稳常数逐渐减小。所以，一般都存在 $K_1 > K_2 > K_3 > K_4$ …的规律。但配离子的逐级稳定常数的数量级往往相差不大，因此，在溶液中，如有过量配位体存在时，大多以最高配位数的配离子存在，而其他低配位数的配离子存在极少，可以略而不计。在实际工作中，溶液中通常含有过量配位剂，因而在分析问题或进行有关计算时，除特殊情况外，一般都采用总稳定常数。

② 配离子稳定常数的应用

a.判断配合物的相对稳定性　稳定常数是配离子的特征常数，因此对配位数相同的配离子来说，可直接利用 $K_稳^\ominus$ 比较它们的稳定性。例如 $[Ag(CN)_2]^-$ 和 $[Ag(NH_3)_2]^+$ 配离子的配位数相同，$[Ag(NH_3)_2]^+$ 的 $K_稳^\ominus$ 为 1.70×10^7，$[Ag(CN)_2]^-$ 配离子的 $K_稳^\ominus$ 为 1.0×10^{21}，故 $[Ag(CN)_2]^-$ 比 $[Ag(NH_3)_2]^+$ 稳定。由 $K_稳^\ominus$ 值的大小还可看出，氧化数相同的同一中心离子的内轨型配合物比外轨型配合物稳定，例如 $[FeF_6]^{3-}$ 配离子（外轨型）的 $K_稳^\ominus$ 为 1.0×10^{16}，$[Fe(CN)_6]^{3-}$ 配离子（内轨型）的 $K_稳^\ominus$ 为 1.0×10^{42}，所以 $[Fe(CN)_6]^{3-}$ 配离子比 $[FeF_6]^{3-}$ 配离子稳定。

对于不同类型的配离子只有通过计算才能比较它们的稳定性。

b.计算配离子溶液中有关离子的浓度

【例24】　计算在 $0.1 mol \cdot L^{-1}$ $[Cu(NH_3)_4]SO_4$ 的溶液中 Cu^{2+} 和 NH_3 的浓度。$K_稳^\ominus = 4.8 \times 10^{12}$。

解：设 $c(Cu^{2+}) = x mol \cdot L^{-1}$

$$Cu^{2+} + 4NH_3 \rightleftharpoons Cu(NH_3)_4^{2+}$$

$$\begin{array}{cccc} x & 4x & & 0.1-x \end{array}$$

$$K_稳^\ominus = \frac{0.1-x}{x \times (4x)^4} = 4.8 \times 10^{12}$$

因 $K_稳^\ominus$ 较大，所以 $0.1-x\approx0.1$

$$4.8\times10^{12}=\frac{0.1}{256x^5}$$

所以 $x=6.03\times10^{-4}$

答：$c(Cu^{2+})=6.03\times10^{-4}\ mol\cdot L^{-1}$，$c(NH_3)=4\times6.03\times10^{-4}$

$$=2.41\times10^{-3}\ mol\cdot L^{-1}$$

5. 配位平衡的移动

配位平衡与其他平衡一样，是建立在一定条件下的动态平衡。当向配位平衡体系中加入某种试剂，使与中心原子或配位体发生其他平衡（如酸碱平衡、沉淀溶解平衡、氧化还原平衡及其他配位平衡等），从而改变了体系中的中心原子或配位体的浓度，则原配位平衡就发生移动。反之，配位平衡也能影响其他平衡。

① 配位平衡与酸碱平衡　酸度对配位平衡的影响，可以分别从对中心原子的影响和对配位体的影响两方面来考虑。

许多配位体是弱酸根，如 F^-、SCN^-、CO_3^{2-} 等和 NH_3 以及有机酸根离子，它们都能与外加酸生成弱酸而使配位平衡移动。例如：

$$Fe^{3+}+6F^-\rightleftharpoons FeF_6^{3-}$$
$$+$$
$$6H^+$$
$$\Updownarrow$$
$$6HF$$

在 FeF_6^{3-} 的配位平衡体系中加酸，由于加入的 H^+ 与 F^- 生成弱酸 HF，降低了体系中 F^- 的浓度，使平衡向离解 $[FeF_6]^{3-}$ 配离子的方向移动。

总反应为　　$[FeF_6]^{3-}+6H^+\rightleftharpoons Fe^{3+}+6HF$

$$K^\ominus=\frac{\{c(Fe^{3+})/c^\ominus\}\{c(HF)/c^\ominus\}^6}{\{c(FeF_6^{3-})/c^\ominus\}\{c(H^+)/c^\ominus\}^6}$$

将上式右端的分子、分母同乘以 $[F^-]^6$ 则：

$$K^\ominus=\frac{1}{K_稳^\ominus[FeF_6]^{3-}(K_a^\ominus(HF))^6}$$

已知 $K_稳^\ominus[FeF_6]^{3-}=1\times10^{16}$，$K_a^\ominus(HF)=6.6\times10^{-4}$ 代入上式得：

$$K^\ominus=\frac{1}{1\times10^{16}\times(6.6\times10^{-4})^6}=1.21\times10^3$$

计算表明，上述反应的 $K^\ominus$ 值较大，平衡向右移动的趋势较大。

由此可推知，在配离子溶液中加入酸，如果 $K_稳^\ominus$ 和 $K_a^\ominus$ 越小，配离子就越易被酸分解。

若将上述 FeF_6^{3-} 溶液的酸度降低时，中心离子 Fe^{3+} 可以水解生成 $Fe(OH)_3$ 沉淀，从而使 FeF_6^{3-} 离解，即：

$$Fe^{3+}+6F^-\rightleftharpoons FeF_6^{3-}$$
$$+$$
$$3OH^-$$
$$\Updownarrow$$
$$Fe(OH)_3$$

总反应　　$FeF_6^{3-}+3OH^-\rightleftharpoons Fe(OH)_3+6F^-$

$$K^{\ominus} = \frac{\{c[Fe(OH)_3]/c^{\ominus}\}\{c(F^-)/c^{\ominus}\}^6}{\{c(FeF_6^{3-})/c^{\ominus}\}\{c(OH^-)/c^{\ominus}\}^3} = \frac{1}{K_{sp}^{\ominus}K_{稳}^{\ominus}}$$

可见，$K_{sp}^{\ominus}$ 越小，$K_{稳}^{\ominus}$ 越小，则 $K^{\ominus}$ 值越大，配离子越容易离解。

由此可见，改变溶液的酸度既能改变配位体的浓度，又能改变中心离子的浓度，从而导致配位平衡的移动，影响配合物的稳定性。因此要使配合物得以稳定存在必须控制溶液的酸度。

② 配位平衡与沉淀平衡的相互影响　向配合物溶液中加入沉淀剂，则中心离子会与沉淀剂生成沉淀，可使配位平衡向离解的方向移动；同理，向某一沉淀中加入一种能与金属离子形成配合物的配位剂，可使沉淀溶解生成配合物，这就是配位平衡与沉淀平衡的相互影响，两者的关系是沉淀剂和配位剂共同争夺金属离子。

例如，在含有 $[Cu(NH_3)_4]^{2+}$ 配离子的溶液中，加入 Na_2S，由于生成溶解度很小的 CuS 沉淀，溶液中 Cu^{2+} 的浓度降低，平衡向配离子离解的方向移动。

$$[Cu(NH_3)_4]^{2+} \Longrightarrow Cu^{2+} + 4NH_3$$
$$+$$
$$S^{2-} \Big|$$
$$\Updownarrow$$
$$CuS \downarrow$$

总反应为：　　　　　　$[Cu(NH_3)_4]^{2+} + S^{2-} \Longrightarrow CuS\downarrow + 4NH_3$

其平衡常数为：

$$K^{\ominus} = \frac{\{c(NH_3)/c^{\ominus}\}^4}{\{c[Cu(NH_3)_4^{2+}]/c^{\ominus}\}\{c(S^{2-})/c^{\ominus}\}}$$

将上式右端的分子、分母同乘以 $[Cu^{2+}]$，则：

$$K^{\ominus} = \frac{1}{K_{稳}^{\ominus}[Cu(NH_3)_4^{2+}] K_{sp}^{\ominus}(CuS)}$$

已知 $K_{稳}^{\ominus}[Cu(NH_3)_4^{2+}] = 4.8 \times 10^{12}$，$K_{sp}^{\ominus}(CuS) = 8.5 \times 10^{-45}$，代入上式得：

$$K^{\ominus} = \frac{1}{4.8 \times 10^{12} \times 8.5 \times 10^{-45}} = 2.45 \times 10^{31}$$

计算结果表明，上述反应的 $K^{\ominus}$ 值相当大，故反应向右进行的趋势很大。由上例可推知，若体系中同时存在沉淀平衡和配位平衡，则 $K_{稳}^{\ominus}$ 与 $K_{sp}^{\ominus}$ 越小，配离子越易离解而生成难溶的沉淀。

同理，沉淀也可生成某种配合物而被溶解。例如，在 $AgNO_3$ 溶液中加入少许 KCl，立即生成 AgCl 沉淀，如再向溶液中加浓氨水，由于生成 $[Ag(NH_3)_2]^+$ 配离子，降低了溶液中 $[Ag^+]$，AgCl 沉淀就溶解。

$$AgCl \Longrightarrow Ag^+ + Cl^-$$
$$+$$
$$2NH_3$$
$$\Updownarrow$$
$$[Ag(NH_3)_2]^+$$

总反应为：　　　　　$AgCl + 2NH_3 \Longrightarrow [Ag(NH_3)_2]^+ + Cl^-$

其平衡常数可表示为：

$$K^\ominus = \frac{\{c[\mathrm{Ag(NH_3)_2^+}]/c^\ominus\}\{c(\mathrm{Cl^-})/c^\ominus\}}{\{c(\mathrm{NH_3})/c^\ominus\}^2}$$

将上式右端的分子、分母同乘以 $c(\mathrm{Ag^+})$，则得

$$K^\ominus = K^\ominus_{sp}(\mathrm{AgCl})K^\ominus_{稳}[\mathrm{Ag(NH_3)_2^+}]$$

由上式可推知，在含有沉淀的溶液中加入配位剂，$K^\ominus_稳$ 与 $K^\ominus_{sp}$ 越大，则此类反应的 $K^\ominus$ 值越大，沉淀就越易溶解。

因此，在一定条件下，沉淀反应可破坏配位平衡；配位平衡也可使沉淀溶解。

③ 配位平衡与氧化还原平衡　配位平衡与氧化还原平衡也是相互影响和制约的。例如，$\mathrm{Fe^{3+}}$ 能将 $\mathrm{I^-}$ 氧化成棕褐色的 $\mathrm{I_2}$，反应为

$$2\mathrm{Fe^{3+}} + 2\mathrm{I^-} \rightleftharpoons 2\mathrm{Fe^{2+}} + \mathrm{I_2}$$

如果向该反应的溶液中加入 $\mathrm{F^-}$，则 $\mathrm{F^-}$ 立即与溶液中 $\mathrm{Fe^{3+}}$ 生成稳定的 $[\mathrm{FeF_3}]$ 配合物，降低了溶液中 $\mathrm{Fe^{3+}}$ 的浓度，因而减弱了 $\mathrm{Fe^{3+}}$ 的氧化能力，而增强了 $\mathrm{Fe^{2+}}$ 的还原能力，使上述氧化还原平衡向左移动。棕褐色的 $\mathrm{I_2}$ 又被还原成 $\mathrm{I^-}$。

$$\begin{array}{c}\xleftarrow{\hspace{3cm}}\\ 2\mathrm{Fe^{3+}} + 2\mathrm{I^-} \rightleftharpoons 2\mathrm{Fe^{2+}} + \mathrm{I_2}\\ + \\ 6\mathrm{F^-}\\ \Updownarrow\\ 2\mathrm{FeF_3}\end{array}$$

总反应为 $\qquad 2\mathrm{Fe^{2+}} + \mathrm{I_2} + 6\mathrm{F^-} \rightleftharpoons 2[\mathrm{FeF_3}] + 2\mathrm{I^-}$

与此相反，氧化还原反应也可改变配位平衡，影响配离子的稳定性。例如，KSCN 溶液中 $\mathrm{SCN^-}$ 可与 $\mathrm{Fe^{3+}}$ 反应生成血红色的硫氰合铁（Ⅲ）配离子。

$$\mathrm{Fe^{3+}} + x\mathrm{SCN^-} \rightleftharpoons [\mathrm{Fe(SCN)}_x]^{(3-x)}, x = 1, 2, \cdots, 6$$

如果向上述反应的溶液中滴加 $\mathrm{SnCl_2}$ 溶液时，$\mathrm{Sn^{2+}}$ 立即将 $\mathrm{Fe^{3+}}$ 还原成 $\mathrm{Fe^{2+}}$，发生如下反应：

$$2\mathrm{Fe^{3+}} + \mathrm{Sn^{2+}} \rightleftharpoons 2\mathrm{Fe^{2+}} + \mathrm{Sn^{4+}}$$

由于 $\mathrm{Sn^{2+}}$ 的加入，溶液中 $\mathrm{Fe^{3+}}$ 减少，使上述配位平衡向离解方向移动。

$$\begin{array}{c}\xleftarrow{\hspace{3cm}}\\ 2\mathrm{Fe^{3+}} + 6\mathrm{SCN^-} \rightleftharpoons 2\mathrm{Fe(SCN)_3}\\ + \\ \mathrm{Sn^{2+}}\\ \Updownarrow\\ 2\mathrm{Fe^{2+}} + \mathrm{Sn^{4+}}\end{array}$$

总反应：$2\mathrm{Fe(SCN)_3} + \mathrm{Sn^{2+}} \rightleftharpoons 2\mathrm{Fe^{2+}} + 6\mathrm{SCN^-} + \mathrm{Sn^{4+}}$

随着 $\mathrm{Sn^{2+}}$ 的加入，溶液中 $\mathrm{Fe^{3+}}$ 不断减少，配离子逐渐被破坏，溶液的红色褪去。

④ 配合物的相互转化和平衡　当溶液中存在两种能与同一金属离子配位的配位体，或者存在两种能与同一配位体配位的金属离子时，就会发生相互间的争夺及平衡，这种争夺及平衡转化主要取决于配离子稳定性的大小，一般平衡总是倾向于生成配离子稳定常数大的方向转化，而两种配离子的稳定常数相差越大，转化越完全。

【例 25】　向 $[\mathrm{Ag(NH_3)_2}]^+$ 溶液中加入足量固体 KCN，求反应的平衡常数。已知：$K^\ominus_稳[\mathrm{Ag(NH_3)_2^+}] = 1.62 \times 10^7$，$K^\ominus_稳[\mathrm{Ag(CN)_2^-}] = 1.3 \times 10^{21}$。

解：$[\mathrm{Ag(NH_3)_2}]^+ + 2\mathrm{CN^-} \rightleftharpoons [\mathrm{Ag(CN)_2}]^- + 2\mathrm{NH_3}$

$$K^\ominus = \frac{\{c[\mathrm{Ag(CN)_2^-}]/c^\ominus\}\{c(\mathrm{NH_3})/c^\ominus\}^2}{\{c[\mathrm{Ag(NH_3)_2^+}]/c^\ominus\}\{c(\mathrm{CN^-})/c^\ominus\}^2}$$

将上式右端分子、分母同乘以[Ag$^+$]得

$$K^\ominus = \frac{K^\ominus_{稳}[\mathrm{Ag(CN)_2^-}]}{K^\ominus_{稳}[\mathrm{Ag(NH_3)_2^+}]}$$

$$K^\ominus = \frac{1.3 \times 10^{21}}{1.62 \times 10^7} = 8.0 \times 10^{13}$$

所以该反应的平衡常数是 8.0×10^{13}。

五、螯合物

1. 螯合物的结构

螯合物也称内配合物,它是由配合物的中心原子与某些合乎一定条件的同一配位体的两个或两个以上的配位原子键合而成的具有环状结构的配合物。例如,Cu^{2+} 可与两个乙二胺($\mathrm{H_2N-CH_2-CH_2-NH_2}$)分子配合成具有环状结构的螯合物。

$$\mathrm{Cu^{2+}} + 2 \quad \begin{matrix} \mathrm{CH_2-NH_2} \\ | \\ \mathrm{CH_2-NH_2} \end{matrix} \longrightarrow \left[\begin{matrix} \mathrm{H_2C-H_2N} \\ | \\ \mathrm{H_2C-H_2N} \end{matrix} \mathrm{Cu} \begin{matrix} \mathrm{NH_2-CH_2} \\ | \\ \mathrm{NH_2-CH_2} \end{matrix} \right]^{2+}$$

在结构式中,常用箭头表示中心离子与配位原子间的配位键。螯合物分子中的环称螯环,螯环上有几个原子,就称几元环。$[\mathrm{Cu(en)_2}]^{2+}$ 配离子是由两个五元环组成的。螯合物的配位体称为螯合剂。在螯合物分子中,中心离子与螯合剂分子(或离子)的数目之比称为螯合比,上述螯合物的螯合比为 1∶2。螯合剂不同于一般配合物中的配位体,它必须具备下列条件:

(1)中心离子有空轨道能接受配位体提供的孤电子对。

(2)螯合剂的一个分子必须含有两个或两个以上能提供孤电子对的配位原子,且这些原子必须同时与同一中心离子配位形成具有环状结构的配合物。常见的配位原子有 N、P、O、S 等。

(3)螯合剂的配位原子所处的位置必须有一定间隔,最好两个配位原子之间能间隔两个或三个其他原子,以便与中心离子形成稳定的五元环或六元环。多于或少于五元环、六元环的螯合物都不稳定,且少见。

螯合剂的种类很多,其中绝大多数是有机化合物。常见的螯合剂有:

草酸 $\begin{matrix} \mathrm{COOH} \\ | \\ \mathrm{COOH} \end{matrix}$ 乙二胺(en)$\mathrm{H_2N-CH_2-CH_2-NH_2}$

乙二胺四乙酸(EDTA)

$$\begin{matrix} \mathrm{HOOC-CH_2} \\ \\ \mathrm{HOOC-CH_2} \end{matrix} \mathrm{N-CH_2-CH_2-N} \begin{matrix} \mathrm{CH_2-COOH} \\ \\ \mathrm{CH_2-COOH} \end{matrix}$$

柠檬酸 $\begin{matrix} \mathrm{CH_2COOH} \\ | \\ \mathrm{HO-C-COOH} \\ | \\ \mathrm{CH_2COOH} \end{matrix}$

酒石酸 $\begin{matrix} \mathrm{COOH} \\ | \\ \mathrm{CHOH} \\ | \\ \mathrm{CHOH} \\ | \\ \mathrm{COOH} \end{matrix}$

邻二氮菲（邻菲罗啉）

有极少数螯合剂是无机物，如三聚磷酸钠与 Ca^{2+} 形成螯合物的结构如下：

由于 Ca^{2+}、Mg^{2+} 都能与三聚磷酸钠形成稳定的螯合物，因此常把三聚磷酸钠加入锅炉水中，用以防止钙、镁形成难溶盐沉淀结在锅炉内壁上生成水垢。

2. 螯合物的稳定性

螯合物中，由于螯环的形成，使螯合物比具有相同配位原子的非螯合物要稳定得多。这种由于螯环的形成而使螯合物具有特殊的稳定性作用，称为螯合效应。

从结构角度讨论为什么螯合物中的螯环一般是五元环、六元环才稳定？因为这两种环的夹角分别为 108°和 102°，有利于成键，而生成三元环、四元环（相应环的夹角为 60°或 90°），张力较大，不易生成稳定的螯合物。

螯合物稳定性很高，很少有逐级离解现象，且一般有特征颜色，几乎不溶于水，而易溶于有机溶剂，因而被广泛应用于沉淀分离，溶剂萃取，比色定量测定等方面。

六、金属离子含量的测定

1. 配位滴定对化学反应的要求

配位滴定法是以配位反应为基础的滴定分析方法，又称络合滴定法。它是用配位剂作为标准溶液直接或间接滴定被测物质。在滴定过程中通常需要选用适当的指示剂来指示滴定终点。

在化学反应中，配位反应是非常普遍的。但在 1945 年氨羧配位体用于分析化学以前，配位滴定法的应用却非常有限，这是由于许多无机配合物不够稳定，不符合滴定反应的要求；在配位过程中有逐级配位现象产生，各级稳定常数相差又不大，以至滴定终点不明显。自从滴定分析中引入了氨羧配位体之后，配位滴定法才得到了迅速的发展。

配位滴定对化学反应的要求：

（1）配位反应必须按一定的化学计量关系进行。

（2）配位反应速率要快。

（3）生成的配合物必须相当稳定（$K_{稳} \geqslant 10^8$）。

（4）有适当的指示剂或其他方法指示滴定终点。

氨羧配位体可与金属离子形成很稳定的、而且组成一定的配合物，克服了无机配位体的缺点。利用氨羧配位体进行定量分析的方法又称为氨羧配位滴定，可以直接或间接测定许多种元素。

氨羧配位体是一类以氨基二乙酸基团$[—N(CH_2COOH)_2]$为基体的有机配位体，它含有配位能力很强的氨氮和羧氧两种配位原子，能与多数金属离子形成稳定的可溶性配合物。氨羧配位体的种类很多，比较重要的有：乙二胺四乙酸（简称 EDTA）；环己烷二胺四乙酸（简称 CDTA 或 DCTA）；乙二醇二乙醚二胺四乙酸（简称 EGTA）；乙二胺四丙酸（简称

EDTP)。在这些氨羧配位剂中，乙二胺四乙酸最为常用。

EDTA 与金属离子能以配位比为 1：1 形成螯合物。

2. 配位滴定的指示剂

配位滴定和其他滴定分析方法一样，也需要用指示剂来指示终点。配位滴定中的指示剂是用来指示溶液中金属离子浓度的变化情况，所以称为金属离子指示剂，简称金属指示剂。

（1）金属指示剂的作用原理　金属指示剂本身是一种有机染料，它与被滴定金属离子反应，生成与指示剂本身的颜色明显不同的有色配合物。当加指示剂于被测金属离子溶液中时，它与部分金属离子配位，此时溶液呈现该配合物的颜色。若以 M 表示金属离子，In 表示指示剂的阴离子（略去电荷），其反应可表示如下：

$$M + In \rightleftharpoons MIn$$
$$（色 A）\qquad （色 B）$$

滴定开始后，随着 EDTA 的不断滴入，溶液中大部分处于游离状态的金属离子与 EDTA 配位，至计量点时，由于金属离子与指示剂的配合物（MIn）稳定性比金属离子与 EDTA 的配合物（MY）稳定性差，因此，EDTA 能从 MIn 配合物中夺取 M 而使 In 游离出来。即：

$$MIn + Y \rightleftharpoons MY + In$$
$$（色 B）\qquad\qquad （色 A）$$

此时，溶液由色 B 转变成色 A 而指示终点到达。

（2）金属指示剂应具备的条件　金属离子的显色剂很多，但只有具备下列条件的才能用作配位滴定的金属指示剂。

① 在滴定的 pH 条件下，MIn 与 In 的颜色应有显著的不同，这样终点的颜色变化才明显，更容易辨认。

② MIn 的稳定性要适当，且小于 MY 的稳定性。如果稳定性太低，它的电离度太大，造成终点提前，或颜色变化不明显，终点难以确定。相反，如果稳定性过高，在计量点时，EDTA 难于夺取 MIn 中的 M 而使 In 游离出来，终点得不到颜色的变化或颜色变化不明显。

③ MIn 应是水溶性的，指示剂的稳定性好，与金属离子的配位反应灵敏性好，并具有一定的选择性。

（3）使用金属指示剂时可能出现的问题

① 指示剂的封闭现象　有的指示剂能与某些金属离子生成极稳定的配合物，这些配合物较对应的 MY 配合物更稳定，以致到达化学计量点时滴入过量 EDTA，指示剂也不能释放出来，溶液颜色不变化，即为指示剂的封闭现象。例如，Al^{3+}、Fe^{3+}、Cu^{2+}、Ni^{2+}、Co^{2+} 等离子对铬黑 T 指示剂和钙指示剂有封闭作用，可用 KCN 掩蔽 Cu^{2+}、Ni^{2+}、Co^{2+} 和三乙醇胺掩蔽 Al^{3+}、Fe^{3+}。如发生封闭作用的离子是被测离子，一般利用返滴定法来消除干扰。如 Al^{3+} 对二甲酚橙有封闭作用，测定 Al^{3+} 时可先加入过量的 EDTA 标准溶液，使 Al^{3+} 与 EDTA 完全配位后，再调节溶液 pH = 5～6，用 Zn^{2+} 标准溶液返滴定，即可克服 Al^{3+} 对二甲酚橙的封闭作用。

② 指示剂的僵化现象　有些指示剂和金属离子配合物在水中的溶解度小，使 EDTA 与金属离子指示剂配合物 MIn 的置换缓慢，终点的颜色变化不明显，这种现象称为指示剂僵化。这时，可加入适当的有机溶剂或加热，以增大其溶解度。例如，用 PAN 作指示剂时，可加入少量的甲醇或乙醇，也可将溶液适当加热以加快置换速度，使指示剂的变色敏锐一些。

③ 指示剂的氧化变质现象　金属指示剂多数是具有共轭双键体系的有机物，容易被日光、空气、氧化剂等分解或氧化；有些指示剂在水中不稳定，日久会分解。所以，常将指示剂配成固体混合物或加入还原性物质或临用时配制。

（4）常用的金属指示剂

① 铬黑 T　铬黑 T 简称 BT 或 EBT，它属于二酚羟基偶氮类染料。溶液中，随着 pH 值不同而呈现出三种不同的颜色：当 pH＜6 时，显红色；当 7＜pH＜11 时，显蓝色；当 pH＞12 时，显橙色。铬黑 T 能与许多二价金属离子如 Ca^{2+}、Mg^{2+}、Mn^{2+}、Zn^{2+}、Cd^{2+}、Pb^{2+} 等形成红色的配合物，因此，铬黑 T 只能在 pH＝7～11 的条件下使用，指示剂才有明显的颜色变化（红色→蓝色）。故在实际工作中常选择在 pH＝9～10 的酸度下使用铬黑 T。铬黑 T 水溶液或醇溶液均不稳定，仅能保存数天。因此，常把铬黑 T 与纯净的惰性盐如 NaCl 按 1：100 的比例混合均匀，研细，密闭保存于干燥器中备用。

② 钙指示剂　钙指示剂简称 NN 或钙红，它也属于偶氮类染料。钙指示剂的水溶液也随溶液 pH 不同而呈不同的颜色：pH＜7 时，显红色；pH＝8～13.5 时，显蓝色；pH＞13.5 时，显橙色。由于在 pH＝12～13 时，它与 Ca^{2+} 形成红色配合物，所以，常用在 pH＝12～13 的酸度下，测定钙含量时的指示剂，终点溶液由红色变成蓝色，颜色变化很明显。钙指示剂纯品为紫黑色粉末，很稳定，但其水溶液或乙醇溶液均不稳定，所以一般取固体试剂与 NaCl 按 1：100 的比例混合均匀，研细，密闭保存于干燥器中备用。

3. 配位滴定的方法

在配位滴定中，采用不同的滴定方式，不但可以扩大配位滴定的应用范围，同时也可以提高配位滴定的选择性。配位滴定方式有直接滴定法、间接滴定法、返滴定法和置换滴定法。

（1）直接滴定法　用 EDTA 进行水中钙镁及总硬度测定，可先测定钙量，再测定钙镁的总量，用钙镁总量减去钙的含量即得镁的含量；再由钙镁总量换算成相应的硬度单位即为水的总硬度。

a. 钙含量的测定　在水样中加入 NaOH 至 pH≥12，Mg^{2+} 生成 $Mg(OH)_2$，不干扰 Ca^{2+} 的滴定，再加入少量钙指示剂，溶液中的部分 Ca^{2+} 与指示剂配位生成配合物，使溶液呈红色。当滴定开始后，不断滴入的 EDTA 首先与游离的 Ca^{2+} 配位，至计量点时，夺取与钙指示剂结合的 Ca^{2+}，使指示剂游离出来，溶液由红色变为纯蓝色，从而指示终点的到达。

b. 钙、镁总量的测定　在 pH＝10 时，于水样中加入铬黑 T 指示剂，然后用 EDTA 标准溶液滴定。由于铬黑 T 与 EDTA 分别都能与 Ca^{2+}、Mg^{2+} 生成配合物，其稳定次序为 CaY＞MgY＞MgIn＞CaIn。由此可知，加入铬黑 T 后，它首先与 Mg^{2+} 结合，生成红色的配合物（MgIn）。当滴入 EDTA 时，首先与之配位的是游离的 Ca^{2+}，其次是游离的 Mg^{2+}，最后夺取与铬黑 T 配位的 Mg^{2+}，使铬黑 T 的阴离子游离出来，此时溶液由红色变为蓝色，从而指示终点的到达。

当水样中 Mg^{2+} 极少时，加入的铬黑 T 除了与 Mg^{2+} 配位外还与 Ca^{2+} 配位，但 Ca^{2+} 与铬黑 T 的显色灵敏度比 Mg^{2+} 低得多，所以当水中含 Mg^{2+} 极少时，用铬黑 T 作指示剂往往得不到敏锐的终点。要克服此缺点，可在 EDTA 标准溶液中加入适量的 Mg^{2+}（要在 EDTA 标定之前加入，这样并不影响 EDTA 与被测离子之间滴定的定量关系），或者在缓冲溶液中加入一定量的 Mg-EDTA 盐。

溶液中如有 Fe^{3+}、Al^{3+} 等干扰离子，可用三乙醇胺掩蔽。如存在 Cu^{2+}、Pb^{2+}、Zn^{2+} 等干扰离子，可用 KCN、Na_2S 等掩蔽。

c. 水硬度的表示法有三种，但常用德国度（符号°H）表示。这种方法是将水中所含的钙镁离子都折合为 CaO 来计算，然后以每升水含 10mg CaO 为 1 德国度。

水中钙镁离子含量和总硬度由下式计算：

$$钙离子含量（mg \cdot L^{-1}）= \frac{c_{EDTA} V_1 M_{Ca}}{V_水} \times 1000$$

$$镁离子含量（mg \cdot L^{-1}）= \frac{c_{EDTA}（V - V_1）M_{Mg}}{V_水} \times 1000$$

$$总硬度（°H）= \frac{c_{EDTA} V M_{CaO}}{V_水} \times 100$$

式中，c_{EDTA} 为 EDTA 标液的浓度；V、V_1 分别为滴定同体积水样中的钙镁总量和钙含量时消耗 EDTA 标液的体积，mL；$V_水$ 为水样的体积，mL。

（2）返滴定法—氢氧化铝凝胶含量的测定　用 EDTA 返滴定法，以测定氢氧化铝中铝的含量。即将一定量的氢氧化铝凝胶溶解，加缓冲溶液，控制酸度 pH＝4.5，加入过量的 EDTA 标准溶液，以二苯硫腙作指示剂，以锌标准溶液滴定到溶液由绿黄色变为红色，即为终点。Ba^{2+} 的测定也常采用此法。

（3）置换滴定法　如 Ag^+ 的测定，Ag^+ 与 EDTA 配合物稳定性不高，常采用加入过量的 $[Ni(CN)_4]^{2-}$ 于其中，定量置换出 Ni^{2+}：

$$Ag^+ + [Ni(CN)_4]^{2-} == 2[Ag(CN)_2]^- + Ni^{2+}$$

（4）间接滴定法——硫酸盐的测定　SO_4^{2-} 是非金属离子，不能和 EDTA 直接配位，因此不能用直接法滴定。但可采用加入过量的已知准确浓度的 $BaCl_2$ 溶液，使 SO_4^{2-} 与 Ba^{2+} 生成 $BaSO_4$ 沉淀，再用 EDTA 标准溶液滴定剩余的 Ba^{2+}，从而间接测定试样中 SO_4^{2-}。

▶▶ **思考题**

（1）什么是屏蔽效应和钻穿效应？
（2）核外电子排布遵循哪些原理？
（3）在配合物中一般含有哪些化学键？
（4）书写配合物时要遵循哪些原则？
（5）同一中心离子形成的内轨型和外轨型配合物哪一种比较稳定？为什么？
（6）说明金属指示剂的作用原理。
（7）说明金属指示剂的僵化现象和封闭现象。

任务二十三　EDTA 标准溶液的配制和标定

[任务目的]
（1）掌握 EDTA 滴定液的标定原理。
（2）学会 EDTA 滴定液的配制和标定方法。

[仪器和药品]
仪器：分析天平，托盘天平，滴定管，烧杯，锥形瓶。
药品：乙二胺四乙酸二钠盐（EDTA），40%氨水溶液，氨水-氯化铵缓冲液（pH＝10），铬黑 T 指示剂，盐酸，基准试剂氧化锌。

[测定原理]

EDTA 在水中的溶解度很小，通常使用其二钠盐（$Na_2H_2Y \cdot 2H_2O$）配制标准溶液。EDTA 能与大多数金属离子形成稳定的 1:1 螯合物。

市售 EDTA 因常吸附 0.3% 的水分且其中含有少量杂质而不能直接配制标准溶液，通常采用标定法制备 EDTA 标准溶液。

标定 EDTA 的基准物质有纯的金属，如 Cu、Zn、Ni、Pb 以及它们的氧化物和某些盐类，如 $CaCO_3$、$ZnSO_4 \cdot 7H_2O$、$MgSO_4 \cdot 7H_2O$。

由于金属锌的纯度较高，在空气中很稳定，容易保存，因此，实验室常采用金属锌作为基准物质。在 pH=10 的情况下用铬黑 T 做指示剂，溶液由紫色变为纯蓝色即为滴定终点。

在络合滴定时，与金属离子生成有色络合物来指示滴定过程中金属离子浓度的变化。

滴定前：$Zn^{2+} + HIn^{2-} \Longrightarrow ZnIn^- + H^+$

　　　　　　　纯蓝色　　　紫色

滴定中：$Zn^{2+} + H_2Y^{2-} \Longrightarrow ZnY^{2-} + 2H^+$

终点时：$ZnIn^- + H_2Y^{2-} \Longrightarrow ZnY^{2-} + HIn^{2-} + H^+$

　　　　　紫色　　　　　　　　　　纯蓝色

按下式计算 EDTA 的浓度：

$$c_{EDTA} = \frac{m_{ZnO}}{V_{EDTA} \times \dfrac{M_{ZnO}}{2 \times 1000}} \qquad M_{ZnO} = 81.4$$

[任务实施过程]

（1）0.05mol·L^{-1} EDTA 溶液的配制　称取乙二胺四乙酸二钠盐（$Na_2H_2Y \cdot 2H_2O$）3.8g，置于 500mL 烧杯中，加蒸馏水约 100mL 使其溶解，稀释至刻度，冷却后摇匀，如混浊应过滤后使用，移入硬质玻璃瓶或聚乙烯塑料瓶中，贴上标签，避免溶液与橡皮塞、橡皮管接触。

（2）锌标准溶液的配制　准确称取约 0.16g 于 800℃灼烧至恒量的基准 ZnO，置于小烧杯中，加入 0.4mL 盐酸使其溶解，移入 200mL 容量瓶，加水稀释至刻度，摇匀。

（3）EDTA 标准溶液浓度的标定　量取 30.00～35.00mL 锌标准溶液，置于 250mL 锥形瓶中，加入 70mL 水，用 40% 氨水中和至 pH 值为 7～8，再加 10mL 氨水-氯化铵缓冲液（pH=10），加入铬黑 T 指示剂 3 滴，用待标定的 EDTA 溶液滴定至溶液自紫色转变为纯蓝色，即为终点。记下所消耗的 EDTA 标准溶液的体积，计算 EDTA 标准溶液的准确浓度。平行标定三次，记录数据。

项目	1	2	3
m_{ZnO}/g			
V_{EDTA}/mL			
c_{EDTA}/mol·L^{-1}			
c_{EDTA} 平均值/mol·L^{-1}			
相对平均偏差			

[任务评价]

见附录任务完成情况考核评分表。

[任务思考]

（1）为什么不用乙二胺四乙酸而用其二钠盐配制 EDTA 标准溶液？

（2）标定 EDTA 标准溶液时，加 $NH_3 \cdot H_2O\text{-}NH_4Cl$ 缓冲液的作用是什么？

任务二十四　自来水中 Ca^{2+}、Mg^{2+} 含量的测定

[任务目的]

（1）掌握 EDTA 法测定水中钙、镁离子含量的方法。

（2）掌握水硬度的表示方法。

[仪器和药品]

仪器：滴定管，移液管，容量瓶，锥形瓶烧杯，洗耳球。

药品：$0.01\text{mol} \cdot L^{-1}$ EDTA 标准溶液，氨水-氯化铵缓冲液（pH＝10）（称取 5.4g 氯化铵，加适量水溶解后，加入 35mL 氨水，再加水稀释至 100mL），铬黑 T 指示剂（称取 0.1g 铬黑 T，加入 10g 氯化钠，研磨混匀，储存于磨口试剂瓶中，置于干燥器中保存备用）。

[测定原理]

在水溶液中，钙镁盐经常共存。分别测定钙、镁含量时，先在 pH＝10 的碱性溶液中，以铬黑 T 为指示剂，用 EDTA 进行滴定。滴定时，Ca^{2+}、Mg^{2+} 与铬黑 T 形成酒红色的配合物，因此观察到溶液由紫红色变为蓝色时，即为滴定的终点，得到的结果是 Ca^{2+}、Mg^{2+} 总量。另取同样试液，加入 NaOH 使溶液 pH＞12，此时 Mg^{2+} 以 $Mg(OH)_2$ 沉淀形式掩蔽，选用钙指示剂，用 EDTA 滴定 Ca^{2+}，得到 Ca^{2+} 含量。Ca^{2+}、Mg^{2+} 总量与 Ca^{2+} 含量之差即为镁含量。

$$Ca^{2+} \text{含量}(\text{mg} \cdot L^{-1}) = \frac{(cV_1)_{\text{EDTA}} M_{\text{Ca}}}{100} \times 1000$$

$$Mg^{2+} \text{含量}(\text{mg} \cdot L^{-1}) = \frac{c_{\text{EDTA}}(V_2 - V_1)_{\text{EDTA}} M_{\text{Mg}}}{100} \times 1000$$

[任务实施过程]

（1）Ca^{2+} 的测定　取水样 100.00mL，置于 250mL 锥形瓶中，滴加 10％NaOH 溶液后，使 $Mg(OH)_2$ 沉淀完全析出，再滴加 10％NaOH 1 滴，如不再出现 $Mg(OH)_2$ 沉淀，即可加入钙指示剂约 30mg。用 $0.01\text{mol} \cdot L^{-1}$ EDTA 标准溶液滴定，并不断振荡，滴定至溶液由酒红色变为蓝色即为终点。记录消耗的 EDTA 体积为 V_1。

（2）Ca^{2+}、Mg^{2+} 总量的测定　取水样 100.00mL，置于 250mL 锥形瓶中，加入稀盐酸数滴，煮沸后冷却，用氨水中和后，加氨水-氯化铵缓冲液 10mL，加铬黑 T 指示剂 3 滴，用 $0.01\text{mol} \cdot L^{-1}$ EDTA 标准溶液滴定至由酒红色变为蓝色即为终点。记录消耗的 EDTA 体积为 V_2。平行测定 2～3 次。自行设计表格记录数据。

[任务评价]

见附录任务完成情况考核评分表。

[任务思考]

（1）滴定中加入缓冲溶液的作用是什么？

（2）水中若含有 Fe^{3+}、Al^{3+} 等离子，为何干扰测定？应如何消除？

知识点六　非金属离子含量的测定——沉淀滴定法

一、沉淀反应和沉淀平衡

物质的溶解度有大有小，没有绝对不溶解的物质。通常把溶解度很小的物质叫难溶物质（沉淀）。多数沉淀反应是电解质之间的离子反应，生成的沉淀属于难溶电解质。难溶电解质是指在水中难溶解的电解质，它包括强电解质和弱电解质。难溶电解质在水中只是溶解能力很弱，但仍然存在溶解和沉淀的平衡，这种平衡就是沉淀溶解平衡。

沉淀溶解平衡是指在难溶电解质的饱和溶液中存在的固相分子（难溶电解质）与其液相离子之间的平衡。

如：$\mathrm{AgCl（固）\underset{沉淀}{\overset{溶解}{\rightleftharpoons}}Ag^+ + Cl^-}$

　　　未溶解的固体　　　溶液中的离子

这是一个动态平衡，平衡时的溶液是饱和溶液。与电离平衡一样，当反应达到沉淀溶解平衡时，亦服从化学平衡定律，其平衡常数表达式为

$$K_{sp}^{\ominus} = c'(\mathrm{Ag^+})c'(\mathrm{Cl^-})$$

1. 标准溶度积常数

在一定温度下，难溶电解质的饱和溶液中，各组分离子浓度幂的乘积为一常数，称为标准溶度积常数，简称溶度积，用 $K_{sp}^{\ominus}$ 表示。

$$\mathrm{A}_m\mathrm{B}_n \rightleftharpoons m\mathrm{A}^{n+} + n\mathrm{B}^{m-}$$

$$K_{sp}^{\ominus} = c_{\mathrm{A}^{n+}}^m \cdot c_{\mathrm{B}^{m-}}^n$$

$K_{sp}^{\ominus}$ 与其他平衡常数一样，只与难溶电解质的本性和温度有关，而与沉淀的多少和溶液中离子浓度的变化无关。离子浓度的改变可使平衡发生移动，而不能改变溶度积。不同的难溶电解质在相同温度下 $K_{sp}^{\ominus}$ 不同。相同类型的难溶电解质的 $K_{sp}^{\ominus}$ 越小，溶解度越小，越难溶。

如：$K_{sp}^{\ominus}(\mathrm{AgCl}) > K_{sp}^{\ominus}(\mathrm{AgBr}) > K_{sp}^{\ominus}(\mathrm{AgI})$

溶解度：$\mathrm{AgCl} > \mathrm{AgBr} > \mathrm{AgI}$

不同类型的难溶电解质，不能用它们的溶度积来直接比较它们溶解度的大小（表5-23）。

表5-23　几种难溶电解质的标准溶度积常数

序号	分子式	$K_{sp}^{\ominus}$	$pK_{sp}^{\ominus}$
1	AgBr	5.0×10^{-13}	12.3
2	AgCl	1.8×10^{-10}	9.75
3	AgCN	1.2×10^{-16}	15.92
4	$\mathrm{Ag_2CO_3}$	8.1×10^{-12}	11.09
5	$\mathrm{Ag_2Cr_2O_7}$	2.0×10^{-7}	6.70
6	AgI	8.3×10^{-17}	16.08

2. 溶度积与溶解度的相互换算

溶度积和溶解度都是用来表示物质的溶解能力，它们之间可以相互换算。已知溶解度可求溶度积，已知溶度积也可求溶解度。

【例26】 25℃时 $K_{sp}^{\ominus}$（PbI_2）$=7.1\times10^{-9}$，求 PbI_2 的饱和溶液中 PbI_2 的溶解度（溶解度 s 指 100g 水中溶解溶质的质量，$g \cdot L^{-1}$）。

解： 溶解的 PbI_2 完全电离，1mol PbI_2 电离生成 1mol Pb^{2+} 和 2mol I^-。

设其溶解度为 s，则在 PbI_2 的饱和溶液中：

$$PbI_2 \Longrightarrow Pb^{2+} + 2I^-$$

溶解　　　　s

生成　　　　　　　　s　　　$2s$

$$c(Pb^{2+}) = s, \quad c(I^-) = 2s$$

因 　 $K_{sp}^{\ominus} = c'(Pb^{2+})c'(I^-)^2 = s\times(2s)^2 = 7.1\times10^{-9}$

$4s^3 = 7.1\times10^{-9}$

$s = 1.2\times10^{-3}(mol \cdot L^{-1})$

$s = 0.55(g \cdot L^{-1})$

答： PbI_2 的饱和溶液中 PbI_2 的溶解度为 $0.55g \cdot L^{-1}$。

【例27】 已知常温下，$CaCO_3$ 在水中的溶解度为 $9.327\times10^{-5} mol \cdot L^{-1}$，求 $CaCO_3$ 饱和溶液中的溶度积 $K_{sp}^{\ominus}$。

解： 因溶解的 $CaCO_3$ 在水中完全电离：

$$CaCO_3 \Longrightarrow Ca^{2+} + CO_3^{2-}$$

且 1mol $CaCO_3$ 电离生成 1mol Ca^{2+} 和 1mol CO_3^{2-}，所以 $CaCO_3$ 饱和溶液中：

$$c(Ca^{2+}) = c(CO_3^{2-}) = 9.327\times10^{-5} mol \cdot L^{-1}$$

$K_{sp}^{\ominus} = c'(Ca^{2+})c'(CO_3^{2-}) = 9.327\times10^{-5} \times 9.327\times10^{-5}$

$= 8.7\times10^{-9}$

答： $CaCO_3$ 饱和溶液中的溶度积为 8.7×10^{-9}。

3. 溶度积规则

某一难溶电解质在一定条件下，沉淀能否生成或溶解，可以根据溶度积的概念来判断。

在某一难溶电解质中，其离子浓度的乘积称为离子积，用符号 Q 表示。例如，$Mg(OH)_2$ 溶液的离子积 $Q = c(Mg^{2+})c(OH^-)^2$。Q 和 $K_{sp}^{\ominus}$ 的表达式相同，但两者的概念是不同的。

$K_{sp}^{\ominus}$ 表示难溶电解质达到沉淀溶解平衡时，饱和溶液中，离子浓度的乘积，一定温度下，$K_{sp}^{\ominus}$ 是一常数。Q 则表示任何情况下离子浓度的乘积，其数值不定。

在一定溶液中，Q 与 $K_{sp}^{\ominus}$ 存在以下三种关系：

（1）$Q < K_{sp}^{\ominus}$ 时，溶液为不饱和溶液，无沉淀析出；若体系中已有沉淀存在时，沉淀将会溶解，直到溶液饱和为止。

（2）$Q = K_{sp}^{\ominus}$ 时，溶液恰好饱和但无沉淀析出，达到沉淀溶解动态平衡。

（3）$Q > K_{sp}^{\ominus}$ 时，溶液为过饱和溶液，有沉淀从溶液中析出，直到溶液饱和。

以上 Q 与 $K_{sp}^{\ominus}$ 关系称为溶度积规则。运用这三条规则，我们可控制溶液离子浓度，使之产生沉淀或使沉淀溶解。

二、沉淀溶解平衡的应用

1. 沉淀的生成

我们已经知道，$Q > K_{sp}^{\ominus}$ 时，溶液为过饱和溶液，有沉淀生成。因此，当我们要使溶液析出沉淀或要沉淀得更完全时，就必须创造条件，促使沉淀溶解平衡向我们需要的方向转化。一般加入沉淀剂，应用同离子效应，控制溶液的 pH 值来使沉淀析出。

(1) 加入沉淀剂　在 $AgNO_3$ 溶液中加入 NaCl 溶液，当 $c(Ag^+)c(Cl^-) > K_{sp}(AgCl)$ 时，AgCl 就析出，NaCl 就是沉淀剂。

【例 28】　将 $4 \times 10^{-3} \, mol \cdot L^{-1}$ 的 $AgNO_3$ 溶液与 $4 \times 10^{-3} \, mol \cdot L^{-1}$ 的 NaCl 溶液等体积混合能否有沉淀析出？$K_{sp}^{\ominus}(AgCl) = 1.8 \times 10^{-10}$。

解：只有当 $Q > K_{sp}^{\ominus}$ 时，才能生成沉淀。

混合后：$c(Ag^+) = 2 \times 10^{-3} \, mol \cdot L^{-1}$，$c(Cl^-) = 2 \times 10^{-3} \, mol \cdot L^{-1}$

$Q = c'(Cl^-)c'(Ag^+) = 2 \times 10^{-3} \times 2 \times 10^{-3}$

　　$= 4.0 \times 10^{-6} > 1.8 \times 10^{-10}$

$Q > K_{sp}^{\ominus}$，所以有 AgCl 沉淀析出。

(2) 同离子效应　在难溶电解质的饱和溶液中加入含有相同离子的强电解质，难溶电解质的沉淀溶解平衡将发生移动。例如饱和 AgCl 溶液中加入 NaCl。

$$AgCl \Longrightarrow Ag^+ + \boxed{Cl^-}$$
$$NaCl \longrightarrow Na^+ + \boxed{Cl^-}$$

在 AgCl 的饱和溶液中，$c'(Ag^+)c'(Cl^-) = K_{sp}^{\ominus}(AgCl)$，由于 NaCl 的加入，电离产生 Cl^-，使溶液中 $c(Cl^-)$ 增大，$c'(Ag^+)c'(Cl^-) > K_{sp}^{\ominus}(AgCl)$，平衡遭到破坏，向生成 AgCl 沉淀的方向移动。新的平衡建立时，AgCl 的溶解度减小，析出 AgCl 沉淀。

根据同离子效应，如果要使某一离子从溶液中充分沉淀出来，必须加入过量的沉淀剂。但是，沉淀剂的量也不是越多越好，任何事物都具有两重性，如果沉淀剂加入过多时，往往由于其他反应的发生反而会使沉淀溶解。另外，过量的沉淀剂会增加溶液的电解质的总浓度，产生盐效应，使溶解度稍增大。

(3) 溶液的 pH 值　溶液的 pH 值往往会影响沉淀的溶解度，由于 pH 值的不同而使沉淀生成或溶解的实例很多。例如，难溶氢氧化物能否沉淀就取决于溶液的酸碱度，而且开始沉淀和沉淀完全时的 pH 值也是不同的。我们可以通过控制溶液的 pH 值使沉淀生成和溶解。

【例 29】　计算欲使 $0.01 \, mol \cdot L^{-1}$ 的 Fe^{3+} 开始沉淀和沉淀完全时的 pH 值。已知 $K_{sp}^{\ominus}[(Fe(OH)_3]$ 为 1.1×10^{-36}。

解：$K_{sp}^{\ominus}[Fe(OH)_3] = 1.1 \times 10^{-36}$，$c'(Fe^{3+})c'(OH^-)^3 = 1.1 \times 10^{-36}$

开始沉淀时：

$$c'^3(OH^-) = \frac{1.1 \times 10^{-36}}{0.01} = 1.1 \times 10^{-38}$$

$$c'(OH^-) = 4.79 \times 10^{-12}$$

$$pOH = 12 - \lg 4.79 = 11.32$$

$$pH = 14 - 11.32 = 2.68$$

分析化学中，一般把溶液中残留的离子浓度小于 $1 \times 10^{-5} \, mol \cdot L^{-1}$，认为是沉淀已经完全。沉淀完全时所需 pH 值：

$$c'^3(OH^-) = \frac{1.1 \times 10^{-36}}{1 \times 10^{-5}} = 1.1 \times 10^{-31}$$

$$c'(OH^-) = 4.79 \times 10^{-11}$$

$pOH=11-lg4.79=10.32$

$pH=14-10.32=3.68$

答：使 $0.01mol \cdot L^{-1}$ 的 Fe^{3+} 开始沉淀时的 pH 值为 2.68；沉淀完全时的 pH 值为 3.68。

2. 沉淀的溶解和转化

由溶度积规则知，要使沉淀溶解，必须是溶液中的离子浓度的乘积小于溶度积。在一定条件下，如果降低溶液中离子的浓度就可以使沉淀溶解或转化为更难溶的难溶物。使沉淀溶解常用的方法有：

（1）生成弱电解质。

（2）生成微溶的气体。

（3）发生氧化还原反应。

（4）生成配合物。

如 $Mg(OH)_2$ 溶于盐酸：

$$Mg(OH)_2 \Longleftrightarrow Mg^{2+} + 2OH^-$$
$$2HCl \longrightarrow 2Cl^- + 2H^+$$
$$\Big\Updownarrow$$
$$H_2O$$

由于 OH^- 与 H^+ 反应生成了弱电解质 H_2O，使 $c(OH^-)$ 减小，$c'(Mg^{2+})c'(OH^-)^2 < K_{sp}[Mg(OH)_2]$，平衡向 $Mg(OH)_2$ 溶解的方向移动。若加入足够的盐酸，沉淀将不断溶解，直到完全溶解为止。

又如为什么 $BaCO_3$ 不能用作为内服造影剂"钡餐"？由于人体内胃酸的酸性较强（$pH=0.9 \sim 1.5$），如果服下 $BaCO_3$，胃酸会与 CO_3^{2-} 反应生成 CO_2 和水。

$$BaCO_3 \Longleftrightarrow Ba^{2+} + CO_3^{2-}$$
$$2HCl \longrightarrow 2Cl^- + 2H^+$$
$$\Big\Updownarrow$$
$$CO_2\uparrow + H_2O$$

CO_3^{2-} 浓度降低，$Q < K_{sp}^{\ominus}$，使 $BaCO_3$ 的沉淀溶解平衡向右移动，体内的 Ba^{2+} 浓度增大而引起人体中毒。

而 SO_4^{2-} 不与 H^+ 结合生成硫酸，胃酸中的 H^+ 对 $BaSO_4$ 的溶解平衡没有影响，Ba^{2+} 浓度保持在安全浓度标准下，所以可用 $BaSO_4$ 作"钡餐"，不能用 $BaCO_3$ 作内服造影剂"钡餐"。

同理，在 CuS 沉淀中加入稀 HNO_3，因 S^{2-} 被氧化为 S，$c(S^{2-})$ 降低，$c(Cu^{2+}) c(S^{2-}) < K_{sp}^{\ominus}(CuS)$，沉淀溶解。加热时，溶解更快。

$$3CuS + 8HNO_3 \Longleftrightarrow 3Cu(NO_3)_2 + 3S\downarrow + 2NO\uparrow + 4H_2O$$

在 $AgCl$ 溶液中加入氨水，生成了稳定的 $[Ag(NH_3)_2]^+$ 配离子，大大降低了 Ag^+ 浓度，$AgCl$ 沉淀溶解。

在含有沉淀的溶液中，加入适当试剂，与某一离子结合为更难溶解的物质，叫沉淀的转化。例如，在 $PbCl_2$ 的沉淀中，加入 Na_2CO_3 溶液后，又生成了一种新的沉淀 $PbCO_3$。

$$PbCl_2（固）+CO_3^{2-} \Longrightarrow PbCO_3（固）+2Cl^-$$

利用沉淀转化原理，在工业废水的处理过程中，常用 $FeS(s)$、$MnS(s)$ 等难溶物作为沉淀剂除去废水中的 Cu^{2+}、Hg^{2+}、Pb^{2+} 等重金属离子。

【例30】 在 ZnS 沉淀加入 10mL 0.001mol·L^{-1} 的 $CuSO_4$ 溶液是否有 CuS 沉淀生成？已知，$K_{sp}^{\ominus}(ZnS)=1.6\times10^{-24}$、$K_{sp}^{\ominus}(CuS)=1.3\times10^{-36}$

（1）ZnS 沉淀转化为 CuS 沉淀的定性解释　向 ZnS 沉淀滴加 $CuSO_4$ 溶液时，ZnS 溶解产生的 S^{2-} 与 $CuSO_4$ 溶液中的 Cu^{2+} 足以满足 $Q>K_{sp}^{\ominus}$（CuS）的条件，S^{2-} 与 Cu^{2+} 结合产生 CuS 沉淀并建立沉淀溶解平衡。CuS 沉淀的生成，使得 S^{2-} 的浓度降低，导致 S^{2-} 与 Zn^{2+} 的 $Q<K_{sp}^{\ominus}$（ZnS），ZnS 不断的溶解，ZnS 沉淀逐渐转化成为 CuS 沉淀。

（2）ZnS 沉淀为什么转化为 CuS 沉淀的定量计算。

解： ZnS 沉淀中的硫离子浓度为：

$$c(S^{2-})=c(Zn^{2+})=1/2(K_{sp}^{\ominus})=(1.6\times10^{-24})^{1/2}=1.26\times10^{-12}（mol·L^{-1}）$$

$$Q=c'(S^{2-})c'(Zn^{2+})=1.26\times10^{-12}\times1.0\times10^{-5}$$

$$=1.26\times10^{-17}$$

因为：Q（CuS）$>K_{sp}^{\ominus}$（CuS），所以 ZnS 沉淀会转化为 CuS 沉淀。

根据以上的讨论，我们知道，在有难溶电解质固体存在的溶液中，只要使其有关的离子积小于 $K_{sp}^{\ominus}$，这种难溶电解质就能溶解。因此在生产和实验中，常在该溶液内加入某种物质，这种物质能与难溶电解质的离子发生反应，生成弱电解质、气体、配合物，发生氧化还原反应，或生成溶解度更小的物质，从而破坏了沉淀与离子间的平衡，促使难溶电解质溶解或转化。

三、沉淀滴定法测定非金属离子含量

1. 沉淀滴定对化学反应的要求

沉淀滴定法也称容量分析法，是以沉淀反应为基础的一种滴定分析法。沉淀反应很多，但能用于沉淀滴定的反应并不多。因为很多沉淀的组成不恒定，溶解度较大，易形成过饱和溶液，达到平衡的速度慢，或共沉淀现象严重等。因此，用于沉淀滴定反应必须符合下列条件：

① 沉淀的组成恒定，溶解度小，在沉淀过程中也不易发生共沉淀现象；

② 反应速度快，不易形成过饱和溶液；

③ 有确定化学计量点（滴定终点）的简单方法；

④ 沉淀的吸附现象应不妨碍化学计量点的测定。

利用生成难溶性银盐反应来进行测定的方法，称为银量法。银量法可以测定 Cl^-、Br^-、I^-、Ag^+、SCN^- 等，还可以测定经过处理而能定量地产生这些离子的有机物，如六六六、二氯酚等有机药物。除银量法外，还有其他沉淀滴定法，如利用某些汞盐（如 HgS）、铅盐（如 $PbSO_4$）、钡盐（如 $BaSO_4$）进行滴定：

$$Ag^+ +Cl^- \Longrightarrow AgCl\downarrow$$

$$Ag^+ +SCN^- \Longrightarrow AgSCN\downarrow$$

但以上几种方法应用不广泛，故本部分只讨论银量法。

2. 沉淀滴定的分类

（1）直接滴定法　直接滴定法是利用沉淀剂做标准溶液，直接滴定被测物质的方法。例如在中性溶液中用 K_2CrO_4 作指示剂，用 $AgNO_3$ 标准溶液直接滴定 Cl^- 或 Br^-。

（2）间接法（或称返滴定法） 在被测溶液中，加入一定体积的过量的沉淀剂标准溶液，再用另一种标准溶液滴定剩余的沉淀剂。例如测定 Cl^- 时，先将过量的 $AgNO_3$ 标准溶液，加入到被测定的 Cl^- 溶液中、过量的 Ag^+ 再用 KSCN 标准溶液返滴定，以铁铵矾作指示剂。在返滴定法中采用两种标准溶液。

银量法主要用于化学工业和冶金工业如烧碱厂、食盐水的测定。电解液中 Cl^- 的测定以及农业、三废等方面氯离子的测定。

3. 银量法确定理论终点的方法

（1）莫尔法（Mohr） 以 K_2CrO_4 为指示剂的银量法叫莫尔法，又叫铬酸钾指示剂法。主要用于 $AgNO_3$ 标准溶液直接滴定 Cl^- （或 Br^-）的反应。

① 基本原理 当用 $AgNO_3$ 标准溶液做滴定剂滴定含指示剂 CrO_4^{2-} 的 Cl^- 溶液时，生成的产物 AgCl 与 Ag_2CrO_4 溶解度和颜色有显著的不同。

滴定反应：$Ag^+ + Cl^- \Longrightarrow AgCl\downarrow$ （白色）　　　$K_{sp} = 1.8 \times 10^{-10}$

指示反应：$2Ag^+ + CrO_4^{2-} \Longrightarrow Ag_2CrO_4\downarrow$ （砖红色）　　$K_{sp} = 2.0 \times 10^{-12}$

根据分步沉淀的原理，由于 AgCl 的溶解度（1.8×10^{-10}）小于 Ag_2CrO_4 的溶解度（2.0×10^{-12}），故在滴定过程中首先析出白色 AgCl 沉淀。适当控制加入的 K_2CrO_4 量，当 AgCl 被定量沉淀后，稍过量的 Ag^+ 即与 CrO_4^{2-} 反应生成砖红色的 Ag_2CrO_4 沉淀，从而指示滴定终点的到达。

② 滴定条件 为使测定结果准确，须注意以下的滴定条件：

a. 指示剂的用量 指示剂 K_2CrO_4 的用量必须适当。用量太多，则 Cl^- 尚未沉淀完全，即有砖红色的 Ag_2CrO_4 沉淀生成，使滴定终点提前；用量太少，则滴定至化学计量点稍过量时仍不能形成 Ag_2CrO_4 沉淀，使滴定终点延迟。

b. 实际滴定时，K_2CrO_4 本身呈黄色，如果 K_2CrO_4 浓度太大则会影响终点观察。实验表明，在反应液总体积为 50~100mL 时，最适宜的用量是 5% K_2CrO_4 溶液，每次加 1~2mL（约 0.3mol·L^{-1}）。此时 CrO_4^{2-} 浓度为 $2.6 \times 10^{-3} \sim 5.2 \times 10^{-3}$ mol·L^{-1} 较为合适。

c. 溶液的酸度 滴定应在中性或弱酸性介质（pH = 6.5~10.5）中进行。

d. 若酸度太高，CrO_4^{2-} 将因酸效应而浓度降低过多，导致在化学计量点附近不能形成 Ag_2CrO_4 沉淀。

$$Ag_2CrO_4 + H^+ \Longrightarrow 2Ag^+ + HCrO_4^-$$

若碱性太强，将生成 Ag_2O 沉淀。

$$2Ag^+ + 2OH^- \Longrightarrow 2AgOH\downarrow$$
$$\longrightarrow Ag_2O + H_2O$$

e. 适宜酸度范围为 pH = 6.5~10.5 当溶液中有氨或铵盐存在时，Ag^+ 会与其形成银氨配离子 $[Ag(NH_3)_2]^+$，从而使分析结果的准确度降低。当 NH_4^+ 的浓度小于 0.05mol·L^{-1} 时，在溶液的 pH = 6.0~7.0 内进行滴定，可以得到满意效果。

f. 若 NH_4^+ 的浓度大于 0.15mol·L^{-1} 时，则在滴定前须除去铵盐。

g. 滴定时注意摇动锥形瓶，先产生的 AgCl 沉淀容易吸附溶液中的 Cl^-，使滴定终点提前。因此，滴定时应剧烈摇动。

h. 能与 Ag^+ 形成沉淀的阴离子如 PO_4^{3-}、AsO_4^{3-}、SO_3^{2-}、S^{2-}、CO_3^{2-} 等；与 CrO_4^{2-}

能形成沉淀的阳离子如 Ba^{2+}、Pb^{2+} 等；大量的有色离子如 Cu^{2+}、Co^{2+} 等；还有在中性或微碱性溶液中易发生水解的离子如 Fe^{3+}、Al^{3+} 等都会干扰测定结果，在进行滴定前，应预先分离干扰离子。

③ 应用范围　本法适用于以 $AgNO_3$ 标准溶液直接滴定 Cl^-、Br^- 和 CN^- 的反应。测定 Br^- 时，因 $AgBr$ 沉淀吸附 Br^- 需剧烈摇动以解吸。因 AgI 和 $AgSCN$ 沉淀对 I^- 和 SCN^- 有强烈的吸附作用，所以本法不适用于滴定 I^- 和 SCN^-。测定 Ag^+ 时，不能直接用 $NaCl$ 标准溶液滴定，必须采用返滴定法。

（2）佛尔哈德法　以铁铵矾 $NH_4Fe(SO_4)_2$ 为指示剂，测定银盐和卤素化合物的方法，也叫铁铵矾指示剂法。

① 直接滴定法　在酸性溶液中，以铁铵矾 $NH_4Fe(SO_4)_2$ 为指示剂，用 $KSCN$ 或 NH_4SCN 标准溶液直接滴定溶液中的 Ag^+，当溶液中出现 $FeSCN^{2+}$ 的红色时即为终点。

终点前：$Ag^+ + SCN^- \Longrightarrow AgSCN\downarrow$（白色）

终点时：$Fe^{3+} + SCN^- \Longrightarrow FeSCN^{2+}$（棕红色）

终点出现的早晚，与 Fe^{3+} 的浓度大小有关。在滴定时，一般采用 Fe^{3+} 的浓度为 $0.015 mol \cdot L^{-1}$ 时，可得到较为明显的滴定终点。

② 返滴定法　此法主要用于测定卤化物和硫氰酸盐，先向试液中加入准确过量的 $AgNO_3$ 标准溶液，使卤离子或硫氰酸根离子定量生成银盐沉淀后，再加入铁铵矾指示剂，用 SCN^- 标准溶液返滴定剩余的 Ag^+。

终点前：　$X^- + Ag^+$（准确过量）$\Longrightarrow AgX$

　　　　　Ag^+（剩余）$+ SCN^- \Longrightarrow AgSCN$

终点时：　$Fe^{3+} + SCN^- \Longrightarrow FeSCN^{2+}$（棕红色）

a. 应用此法测定 Cl^- 时，由于 $AgCl$ 的溶解度比 $AgSCN$ 大，当剩余 Ag^+ 被滴定完毕后，过量的 SCN^- 将与 $AgCl$ 发生沉淀转化反应

$$AgCl + SCN^- \Longrightarrow AgSCN + Cl^-$$

故在形成 $AgCl$ 沉淀之后加入少量有机溶剂，如硝基苯、苯、四氯化碳等，用力振摇后使 $AgCl$ 沉淀表面覆盖一层有机溶剂而与外部溶液隔开，以防止转化反应进行。

b. 应用此法测定 Br^-、I^- 和 SCN^- 时，滴定终点十分明显。

c. 测定 I^- 时，指示剂必须在加入过量 $AgNO_3$ 溶液后才能加入，以免发生下述反应而造成误差：

$$2I^- + 2Fe^{3+} \Longrightarrow I_2 + 2Fe^{2+}$$

③ 滴定条件

a. 滴定应在酸性（HNO_3）溶液中进行，以防止 Fe^{3+} 水解，一般控制溶液酸度在 $0.1\sim1.0 mol \cdot L^{-1}$。若酸度太低，则因 Fe^{3+} 水解形成颜色较深的 $Fe(OH)^{2+}$，甚至产生 $Fe(OH)_3$ 沉淀，影响终点的观察。

b. 用直接法滴定 Ag^+ 时，为防止 $AgSCN$ 对 Ag 的吸附，临近终点时必须剧烈摇动；用返滴定法滴定 Cl^- 时，为了避免 $AgCl$ 沉淀发生转化，应轻轻摇动。

c. 强氧化剂可以将 SCN^- 氧化；氮的低价氧化物与 SCN^- 能形成红色的 $ONSCN$ 化合物；铜盐、汞盐等与 SCN^- 反应生成 $Cu(SCN)_2$、$Hg(SCN)_2$ 沉淀。以上情况会对滴定终点的判断产生影响，因此必须加以消除。

④ 应用范围　返滴定测定 Cl^-、Br^-、I^-、SCN^-、PO_4^{3-} 和 AsO_4^{3-}；直接滴定测定 Ag^+。

（3）法扬司法　用吸附指示剂确定终点的银量法，也称吸附指示剂法。

① 基本原理　吸附指示剂是一种有机化合物，当它被沉淀表面吸附以后，会因结构的改变引起颜色的变化，从而指示滴定终点。

② 滴定条件

a. 尽可能使沉淀保持溶胶状态，使其具有较大的比表面，便于吸附更多的指示剂，故常在滴定时加入糊精或淀粉等胶体保护剂。

b. 应控制适宜的酸度，酸度的高低与指示剂酸性的强弱，离解常数有关。

c. 卤化银易感光变黑，影响终点观察，应避免在强光照射下滴定。

d. 沉淀对指示剂的吸附能力略小于对待测离子的吸附能力。

用 $AgNO_3$ 滴定 Cl^- 时应选用荧光黄为指示剂而不选曙红，滴定 Br^-、I^-、SCN^- 时则选用曙红为指示剂。

4. 沉淀滴定方法的应用

（1）可溶性氯化物中氯的测定　测定可溶性氯化物中的氯，可按照用 NaCl 标定 $AgNO_3$ 溶液的各种方法进行。

当采用莫尔法测定时，必须控制溶液的 pH＝6.5～10.5。

如果试样中含有 PO_4^{3-}、AsO_4^{3-} 等离子时，在中性或微碱性条件下，也能和 Ag^+ 生成沉淀，干扰测定，因此，只能采用佛尔哈德法进行测定，因为在酸性条件下，这些阴离子都不会与 Ag^+ 生成沉淀，从而避免干扰。

测定结果可由试样的质量及滴定用去标准溶液的体积，来计算试样中氯的含量。

（2）氯化铵的含量测定　精密称取样品约 1g，放置于 250mL 容量瓶中，加适量水，振荡使其溶解，用水稀释至刻度，摇匀。精密量取 25mL，放置在锥形瓶中，加水 25mL 与 5%（质量体积分数）铬酸钾指示剂 1.0mL，用 $0.1mol \cdot L^{-1}$ 硝酸银标准溶液滴至恰好混悬液微呈砖红色，即为终点。1.0mL $0.1mol \cdot L^{-1}$ $AgNO_3$ 相当于 5.349mg NH_4Cl。

（3）有机卤化物中卤素的测定　将有机卤化物经过适当的处理，使有机卤素转变为卤离子再用银量法测定。使有机卤素转变为卤离子的常用方法有以下两种。

① NaOH 水解法　本法常用于脂肪族卤化物或卤素结合在苯环侧链上类似脂肪族卤化物的有机化合物的水解，如三氯叔丁醇、溴米那、对乙酰氨基黄酰氯等中的卤素比较活泼，在碱性溶液中加热水解，有机卤素即以卤素离子形式进入到溶液中。

② 氧瓶燃烧法　结合在苯环或杂环上的有机卤素比较稳定，一般需采用本法先使其转变为无机卤化物后，再进行测定。其做法是将样品包入滤纸中，夹在燃烧瓶的白金丝下部，瓶内加入适当的吸收液（NaOH，H_2O_2 或二者的混合物），然后充入氧气，点燃，待燃烧完全后，充分振荡至瓶内白色烟雾完全被吸收为止。最后用银量法测定含量。

▶▶ 思考题

（1）有没有溶解度为零的难溶物？

（2）溶解度和溶度积换算时要注意什么问题？

（3）根据溶度积规则要使沉淀生成需要采取哪些措施？

（4）测定 Ag^+ 时，不能直接用 NaCl 标准溶液滴定，必须采用返滴定法。为什么？

任务二十五　自来水中 Cl^- 含量的测定

[任务目的]

（1）学习 $AgNO_3$ 标准溶液的配制与标定的原理和方法。

（2）掌握莫尔法沉淀滴定的原理。

（3）掌握铬酸钾指示剂的正确使用方法。

[仪器和药品]

仪器：滴定管，锥形瓶，移液管。

药品：NaCl，$AgNO_3$，0.5％的 K_2CrO_4 溶液。

[测定原理]

某些可溶性氯化物中氯含量的测定常采用莫尔法。

在中性或弱碱性（pH＝6.5～10.5）条件下采用 K_2CrO_4 溶液作指示剂，$AgNO_3$ 作标准溶液，进行滴定。

由于 AgCl 的溶解度比 Ag_2CrO_4 的小，因此溶液中首先析出 AgCl 沉淀，当 AgCl 定量析出后，过量一滴 $AgNO_3$ 溶液即与 CrO_4^{2-} 生成砖红色 Ag_2CrO_4 沉淀。

终点的颜色是由白色转化成砖红色。

$$Ag^+ + Cl^- \xrightarrow{\quad} AgCl \downarrow （白色）\quad K_{sp} = 1.8 \times 10^{-10}$$

$$Ag^+ + CrO_4^{2-} \xrightarrow{\quad} Ag_2CrO_4 \downarrow （砖红色）\quad K_{sp} = 2.0 \times 10^{-12}$$

根据 $c(AgNO_3)V(AgNO_3) = n(Cl^-)$ 求出氯离子的含量：

$$Cl^- 含量 = n(Cl^-) \times 36.5g \cdot 100mL^{-1}$$

[任务实施过程]

（1）0.01mol/L $AgNO_3$ 溶液的标定　准确称取 0.12～0.13g 基准 NaCl，置于小烧杯中，用蒸馏水溶解后，转入 250mL 容量瓶中，加水稀释至刻度，摇匀。

准确移取 25.00mL NaCl 标准溶液注入 250mL 锥形瓶中，用吸量管加入 0.50mL 0.5％ K_2CrO_4 溶液，在不断摇动下，用 $AgNO_3$ 标准溶液滴定至（慢滴，因 Ag_2CrO_4 不能迅速转为 AgCl 应剧烈摇晃）呈现砖红色即为终点，平行测定三次。根据 NaCl 的质量和 $AgNO_3$ 的体积，计算 $AgNO_3$ 的浓度。

（2）自来水中氯含量的测定　准确移取 100.0mL 自来水置于锥形瓶中，加入 1.30mL 0.5％ K_2CrO_4 溶液，在不断摇动下，用 $AgNO_3$ 溶液滴定至（慢滴，剧烈摇晃）呈现砖红色即为终点，平行测定三次。

硝酸银溶液的标定：

$m(NaCl)$	$V(AgNO_3)/mL$	$c(AgNO_3)/mol \cdot L^{-1}$	$c(AgNO_3)$（平均）$/mol \cdot L^{-1}$	相对偏差
	V_1			
	V_2			
	V_3			

自来水中氯的测定：

自来水/mL	滴定剂用量/mL	氯的含量/mg·100mL⁻¹	平均值/mg·100mL⁻¹	相对偏差

[任务评价]

见附录任务完成情况考核评分表。

[任务思考]

(1) 莫尔法测氯的含量时，为什么溶液的 pH 值须控制在 6.5～10.5？

(2) 以 K_2CrO_4 溶液作指示剂时，指示剂浓度过大或过小对测定结果有何影响？

(3) 能否用莫尔法以 NaCl 标准溶液直接滴定 Ag^+，为什么？

(4) 配制好的 $AgNO_3$ 溶液要储存于棕色瓶中，并置于暗处，为什么？

任务二十六　溴化钾含量的测定

[任务目的]

(1) 了解莫尔法的滴定原理。

(2) 学会莫尔法滴定终点的判断。

[仪器和药品]

仪器：分析天平，50mL 酸式滴定管，250mL 锥形瓶，25mL 移液管，250mL 烧杯。

药品：0.1mol·L⁻¹ $AgNO_3$ 标准溶液，NaCl（固体）（化学纯），溴化钾试样，5% K_2CrO_4 溶液（称取 5g K_2CrO_4 溶于 100mL 水中）。

[测定原理]

可溶性溴化钾含量的测定，通常采用莫尔法。将试样溶解后，以 K_2CrO_4 为指示剂，用标准 $AgNO_3$ 溶液滴定，滴定反应为：

$$Ag^+ + Br^- =\!=\!= AgBr \downarrow （浅黄色）$$
$$2Ag^+ + CrO_4^{2-} =\!=\!= Ag_2CrO_4 \downarrow （砖红色）$$

此方法是在中性或微碱性（pH=6.5～10.5）条件下进行的。因为 AgBr 的溶解度小于 Ag_2CrO_4 的溶解度，所以当 AgBr 定量沉淀后，即生成砖红色的 Ag_2CrO_4 沉淀，到达终点。

[任务实施过程]

(1) 0.1mol·L⁻¹ $AgNO_3$ 溶液的配制　称取 $AgNO_3$ 8.5g，溶于 500mL 水中，摇匀后，储存于带玻璃塞的棕色试剂瓶中。

(2) 0.1mol·L⁻¹ $AgNO_3$ 溶液的标定　准确称取 0.15～0.20g 烘干过的基准试剂 NaCl 两份，分别置于 250mL 锥形瓶中，加水 25mL，加 5% K_2CrO_4 溶液 1mL，在充分摇动下，用 $AgNO_3$ 溶液滴定直至溶液微呈砖红色即为终点。记录 $AgNO_3$ 溶液的用量，计算 $AgNO_3$ 溶液的浓度：

$$c(AgNO_3) = \frac{m(NaCl) \times 1000}{M(NaCl)V(AgNO_3)}$$

(3) 溴化钾含量的测定　准确称取 2.6g 样品置于小烧杯中，加水溶解后，定量地转移到 250mL 容量瓶中，用水稀释到刻度，摇匀。用 25mL 移液管移取三份 KBr 试液，分别置于锥形瓶中，加 5% K_2CrO_4 指示剂 1mL，在充分摇动下，用 $AgNO_3$ 标准溶液滴定到溶液呈砖红色，即为终点。根据样品的质量，$AgNO_3$ 消耗的体积，计算样品中 KBr 的含量。

$$KBr = \frac{c(AgNO_3)V(AgNO_3) \times \frac{M(KBr)}{1000}}{m(KBr) \times \frac{25}{250}} \times 100\%$$

实验数据记录：自行设计表格，计算溴化钾含量的平均值及相对平均偏差。

[任务评价]

见附录任务完成情况考核评分表。

[任务思考]

(1) K_2CrO_4 指示剂的浓度大小对测定 Br^- 有何影响？

(2) 在滴定过程中，如果不充分摇动，对测定结果有何影响？

(3) K_2CrO_4 作指示剂，能否用标准 NaCl 溶液滴定 Ag^+？

项目小结

一、化学反应速率

化学反应速率通常以单位时间内反应物或生成物浓度变化的正值来表示。影响反应速率的因素有浓度、温度、压力和催化剂。浓度增大、压力增大、温度升高都会使反应速率加快；相反，浓度减小、压力减小温度降低会使反应速率减慢。正催化剂能加快反应速率，负催化剂减慢反应速率。

基元反应是指一步完成的化学反应。对于基元反应，其反应速率与各反应物浓度幂的乘积成正比。浓度指数在数值上等于基元反应中各反应物前面的化学计量系数。这种定量关系可用经验速率方程（亦称质量作用定律）来表示。

$$a A + b B \longrightarrow y Y + z Z$$

反应速率
$$\nu \propto \{c(A)\}^a \{c(B)\}^b$$
$$= k\{c(A)\}^a \{c(B)\}^b$$

二、化学平衡

在同一反应条件下，能同时向两个方向进行的双向反应，称为可逆反应。在可逆反应的化学方程式中常用"$\rightleftharpoons$"来表示反应的可逆性。一定条件下，在可逆反应中，正反应速率等于逆反应速率，反应物浓度和生成物浓度不再随时间改变的状态，称为化学平衡。

化学平衡状态有几个重要特点：

① 化学平衡是一种动态平衡，在平衡状态下，可逆反应仍在进行，但正、逆反应速率相等，反应物和生成物浓度保持恒定，不再随时间改变。

② 化学平衡状态是一定条件下可逆反应进行的最大程度即限度。

③ 化学平衡是有条件的、相对的、暂时的平衡，随着条件的改变，化学平衡会被破坏而发生移动，直到在新条件下建立新的动态平衡。

标准平衡常数表达式：

$$K^\ominus = \frac{\{c(D)/c^\ominus\}^d \{p(E)/p^\ominus\}^e}{\{c(B)/c^\ominus\}^b}$$

若以某种形式改变平衡体系的条件之一（如浓度、压力或温度），平衡就会向着减弱这个改变的方向移动，这个规律被称为吕·查德里原理。

催化剂不会使平衡发生移动，但是，它能同时加快正、逆两个反应方向的反应速率，能缩短达到平衡的时间。

三、强弱电解质

在水溶液里完全离解成离子而没有分子存在的电解质叫做强电解质。在水溶液里只有部分离解的电解质叫弱电解质。水是一种极弱的电解质，在常温下，满足下式：

$$K_w^{\ominus} = c'(H^+)c'(OH^-) = 10^{-7} \times 10^{-7} = 10^{-14}$$

四、溶液的酸碱性

溶液的酸碱性可用 H^+ 浓度来衡量，H^+ 浓度越大，溶液的酸性越强；H^+ 浓度越小，溶液的酸性越弱。当溶液里 $c(H^+)$ 很小时用 pH 来表示溶液的酸碱性

$$pH = -\lg c'(H^+)$$

五、离解常数与离解度

弱酸弱碱达到离解平衡时，其离子浓度与分子浓度的定量关系用离解常数表示。$K_a^{\ominus}$，$K_b^{\ominus}$ 分别表示弱酸、弱碱的离解常数。

不同的弱电解质在水溶液里的离解程度是不相同的可以用离解度（α）来表示。

离解度与离解常数之间符合稀释定律 $\alpha = \sqrt{K^{\ominus}/c'}$。

六、同离子效应和缓冲溶液

弱电解质的离解平衡同其他化学平衡一样，都是暂时的，在弱电解质溶液达到离解平衡时，溶液中的分子和离子都保持着一定的浓度。如果向溶液中加入一种和该弱电解质具有相同离子的强电解质，则弱电解质的电离度就会降低，这就是同离子效应。

能抵抗外加少量酸、碱或稀释，而保持溶液的 pH 几乎不发生显著变化的作用称为缓冲作用，具有缓冲作用的溶液称为缓冲溶液。

弱酸及弱酸盐体系　　$pH = pK_a^{\ominus} \pm 1$

弱碱及弱碱盐体系　　$pOH = pK_b^{\ominus} \pm 1$

七、盐类水解

盐类的阴离子或阳离子和水离解出来的 H^+ 或 OH^- 结合生成了弱酸或弱碱，使水的离解平衡发生移动，导致溶液中 H^+ 或 OH^- 浓度不相等，而表现出酸碱性，这种作用叫做盐类的水解。

八、各类物质的测定

讲述酸碱滴定、配位滴定、氧化还原滴定以及沉淀滴定的知识及其应用。

自我测试一

一、填空题

1.滴定分析中，借助指示剂颜色突变即停止滴定，称为_____，指示剂变色点和理论上的化学计量点之间存在的差异而引起的误差称为_____。

2.滴定分析的化学反应应具备的条件是_____、_____、_____和_____。

3.分析法有不同的滴定方式，除了_____这种基本方式外，还有_____、_____、_____等，以扩大滴定分析法的应用范围。

4.作为基准物质的化学试剂应具备的条件是_____、_____、

_____。基准物的用途是_____和_____。

5.在滴定分析中，影响滴定突跃范围大小的因素通常是_____和滴定剂与被测物_____，当某酸的 $K_a^\ominus$ _____时，突跃范围太小使人难以_____，说明_____酸不能进行_____滴定。

6.用强酸直接滴定弱碱时，要求弱碱的 $cK_b^\ominus$ _____；滴定弱酸时，应使弱酸的_____。

7.标定盐酸溶液常用的基准物质有_____和_____，滴定时应选用在_____性范围内变色的指示剂。

8.酸碱指示剂变色的 pH 是由_____决定，选择指示剂的原则是使指示剂_____处于滴定的_____内，指示剂的_____越接近理论终点 pH 值，结果越_____。

二、选择题

1.标定 HCl 溶液的基准物是（　　）。

A. $H_2C_2O_4 \cdot 2H_2O$ B. $CaCO_3$

C. 无水 Na_2CO_3 D. 邻苯二甲酸氢钾

2.用同浓度的 NaOH 溶液分别滴定同体积的 $H_2C_2O_4$ 和 HCl 溶液，消耗相同体积的 NaOH，说明（　　）。

A.两种酸的浓度相同   B.两种酸的解离度相同

C. HCl 溶液的浓度是 $H_2C_2O_4$ 溶液浓度的两倍   D.两种酸的化学计量点相同

3.下列各物质中，哪几种能用标准 NaOH 溶液直接滴定（　　）?

A. $(NH_4)_2SO_4$（NH_3 的 $K_b^\ominus = 1.8 \times 10^{-5}$）

B.邻苯二甲酸氢钾（邻苯二甲酸的 $K_{a_2}^\ominus = 2.9 \times 10^{-6}$）

C.苯酚（$K_a^\ominus = 1.1 \times 10^{-10}$）

D. NH_4Cl（NH_3 的 $K_b^\ominus = 1.8 \times 10^{-5}$）

4.用 $0.1 \text{mol} \cdot L^{-1}$ HCl 溶液滴定 $0.1 \text{mol} \cdot L^{-1}$ NaOH 溶液时的突跃范围是 pH = 4.3~9.7，用 $0.01 \text{mol} \cdot L^{-1}$ NaOH 溶液滴定 $0.01 \text{mol} \cdot L^{-1}$ HCl 溶液时的突跃范围是 pH = （　　）。

A. 4.3~9.7   B. 4.3~8.7   C. 5.3~9.7   D. 5.3~8.7

5.滴定管滴定时下列记录正确的应该是（　　）。

A. 21mL   B. 21.0mL   C. 21.00mL   D. 21.002mL

6.下列数据中有三位有效数字的是（　　）。

A. 80.60   B. 2.9049   C. 0.06080   D. 8.06×10^6

7.酸碱滴定中选择指示剂的原则是（　　）。

A. $K_a^\ominus = K_{HIn}^\ominus$

B.指示剂的变色范围与理论终点完全相符

C.指示剂的变色范围全部或部分落入滴定的 pH 值突跃范围之内

D.指示剂的变色范围应完全落在滴定的 pH 值突跃范围之内

8.某酸碱指示剂的 $K_{HIn}^\ominus = 1.0 \times 10^{-5}$，则从理论上推算其 pH 值变色范围是（　　）。

A. 4~5   B. 5~6   C. 4~6   D. 5~7

9.酸碱滴定突跃范围为 pH 7.0~9.0，最适宜的指示剂为（　　）。

A. 甲基红（pH 4.4~6.4）　　B. 酚酞（pH 8.0~10.0）　　C. 溴百里酚蓝（pH 6.0~7.6）

D. 甲酚红（pH 7.2~8.8）　　E. 中性红（pH 6.8~8.0）

10. 滴定分析中，一般利用指示剂颜色的突变来判断反应物恰好按化学计量关系完全反应而停止滴定，这一点称为（　　）。

A. 理论终点　　　　　B. 化学计量点　　　　　C. 滴定　　　　　D. 滴定终点

三、判断题

1. 滴定分析法是将标准溶液滴加到被测物中，根据标准溶液的浓度和所消耗的体积计算被测物含量的测定方法。（　　）

2. 能用于滴定分析的化学反应，必须满足的条件之一是有确定的化学计量关系。（　　）

3. 标准溶液的配制方法有直接配制法和间接配制法，后者也称为标定法。（　　）

4. $NaHCO_3$，Na_2CO_3 都不能用作基准物质。（　　）

5. 滴定分析中，反应常数 K 越大，反应越完全，则滴定突越范围越宽，结果越准确。（　　）

6. 失去部分结晶水的硼砂作为标定盐酸的基准物质，将使标定结果偏高。（　　）

7. 强碱滴定弱酸时，滴定突越范围大小受酸碱浓度和弱酸的 $pK_a^\ominus$ 控制。（　　）

8. 变色范围在滴定突越范围内的酸碱指示剂也不一定都能用作酸碱滴定的指示剂。（　　）

9. 硼酸的 $K_{a_1}^\ominus = 5.8 \times 10^{-10}$，不能用标准碱溶液直接滴定。（　　）

10. 无论何种酸或碱，只要其浓度足够大，都可被强碱或强酸溶液定量滴定。（　　）

四、简答题

1. 简述同离子效应。

2. 简述缓冲溶液的缓冲作用。

3. 简述稀释定律。

4. 简述吕查德里原理。

5. 简述多重平衡规则。

五、计算题

1. 称取基准物质 $Na_2C_2O_4$ 0.8040g，在一定温度下灼烧成 Na_2CO_3 后，用水溶解并稀释至 100.0mL，准确移取 25.00mL 溶液，用甲基橙为指示剂，用 HCl 溶液滴定至终点，消耗 30.00mL，计算 HCl 溶液的浓度（$M_{Na_2C_2O_4} = 134.0g \cdot mol^{-1}$）。

2. 0.1802g 碳酸钙试样加入 50.00mL $c(HCl) = 0.1005mol \cdot L^{-1}$ 的 HCl 溶液，反应完全后，用 $c(NaOH) = 0.1004mol \cdot L^{-1}$ 的 NaOH 溶液滴定剩余的 HCl，用去 18.10mL，求 $CaCO_3$ 的含量（已知：$M_{CaCO_3} = 100.09g \cdot mol^{-1}$）。

自我测试二

一、填空题

1. 标定硫代硫酸钠一般可选_____作基准物，标定高锰酸钾溶液一般选用_____作基准物。

2. 氧化还原滴定中，采用的指示剂类型有_____、_____和_____。
常用的氧化还原滴定法有_____、_____、_____。

3.高锰酸钾标准溶液应采用_____方法配制，重铬酸钾标准溶液采用_____方法配制。

4.碘量法中使用的指示剂为_____，高锰酸钾法中采用的指示剂一般为_____。

5.氧化还原反应是基于_____转移的反应，比较复杂，反应常是分步进行，需要一定时间才能完成。因此，氧化还原滴定时，要注意_____速度与_____速度相适应。

6.高锰酸钾法要注意的"三个度"是_____、_____、_____。

7.碘在水中的溶解度小，挥发性强，所以配制碘标准溶液时，将一定量的碘溶于_____溶液，碘量法滴定要使用_____。

二、判断题

1. $KMnO_4$ 溶液作为滴定剂时，必须装在棕色酸式滴定管中。（　　）

2.用基准试剂草酸钠标定 $KMnO_4$ 溶液时，需将溶液加热至 $75\sim85℃$ 进行滴定，若超过此温度，会使测定结果偏低。（　　）

3.溶液的酸度越高，$KMnO_4$ 氧化草酸钠的反应进行得越完全，所以用基准草酸钠标定 $KMnO_4$ 溶液时，溶液的酸度越高越好。（　　）

4.硫代硫酸钠标准溶液滴定碘时，应在中性或弱酸性介质中进行。（　　）

5.用间接碘量法测定试样时，最好在碘量瓶中进行，并应避免阳光照射，为减少与空气接触，滴定时不宜过度摇动。（　　）

6.用于重铬酸钾法中的酸性介质只能是硫酸，而不能用盐酸。（　　）

7.重铬酸钾法要求在酸性溶液中进行。（　　）

8.碘量法要求在碱性溶液中进行。（　　）

9.在碘量法中使用碘量瓶可以防止碘的挥发。（　　）

三、选择题

1.下列有关氧化还原反应的叙述，哪个是不正确的（　　）？

A.反应物之间有电子转移　　　　　　　　B.反应物中的原子或离子有氧化数的变化

C.反应物和生成物的反应系数一定要相等　D.电子转移的方向由电极电位的高低来决定

2.在用重铬酸钾标定硫代硫酸钠时，由于 KI 与重铬酸钾反应较慢，为了使反应能进行完全，下列哪种措施是不正确的（　　）？

A.增加 KI 的量　　　B.适当增加酸度　　　C.使反应在较浓溶液中进行　　　D.加热

3.下列哪些物质可以用直接法配制标准溶液（　　）？

A.重铬酸钾　　　　　　B.高锰酸钾　　　　　　C.碘　　　　　　　　　　D.硫代硫酸钠

4.下列哪种溶液在读取滴定管读数时，读液面周边的最高点（　　）？

A. NaOH 标准溶液　　　　　　　　B.硫代硫酸钠标准溶液

C.碘标准溶液　　　　　　　　　　D. HCl 标准溶液

5.配制 I_2 标准溶液时，正确的是（　　）。

A.碘溶于浓碘化钾溶液中　　　　　　B.碘直接溶于蒸馏水中

C.碘溶解于水后，加碘化钾　　　　　　D.碘能溶于酸性溶液中

6.间接碘量法对植物油中碘价进行测定时，指示剂淀粉溶液应（　　）。

A.滴定开始前加入　　　　　　　　B.滴定一半时加入

C.滴定临近终点时加入　　　　　　D.滴定终点加入

7.在 $Cr_2O_7^{2-}+I^-+H^+\longrightarrow Cr^{3+}+I_2+H_2O$ 反应式中，配平后各物种的化学计量数从

左至右依次为（　　）。

A. $1，3，14，2，\dfrac{3}{2}，7$　　　　　　　　B. $2，6，28，4，3，14$

C. $1，6，14，2，3，7$　　　　　　　　D. $2，3，28，4，\dfrac{3}{2}，14$

8.已知：$\varphi^{\ominus}(Fe^{3+}/Fe^{2+})=0.77V$，$\varphi^{\ominus}(Br_2/Br^-)=1.07V$，$\varphi^{\ominus}(H_2O_2/H_2O)=1.78V$，$\varphi^{\ominus}(Cu^{2+}/Cu)=0.34V$，$\varphi^{\ominus}(Sn^{4+}/Sn^{2+})=0.15V$，则下列各组物质在标准态下能够共存的是（　　）。

A. Fe^{3+}，Cu　　　　　　　　B. Fe^{3+}，Br_2

C. Sn^{2+}，Fe^{3+}　　　　　　　　D. H_2O_2，Fe^{2+}

9.已知 $2FeCl_3+2KI\!=\!=\!=\!2FeCl_2+2KCl+I_2$，$H_2S+I_2\!=\!=\!=\!2HI+S$，下列叙述正确的是（　　）。

A. 氧化性 $Fe^{3+}>I_2>S$　　　　　　　　B. 氧化性 $I_2>S>Fe^{3+}$

C. 还原性 $H_2S>I^->Fe^{2+}$　　　　　　　　D. 还原性 $Fe^{2+}>H_2S>I^-$

10.有下列反应（其中 A、B、C、D 各代表一种元素）$2A^-+B_2\!=\!=\!=\!2B^-+A_2$，$2A^-+C_2\!=\!=\!=\!2C^-+A_2$，$2B^-+C_2\!=\!=\!=\!2C^-+B_2$，$2C^-+D_2\!=\!=\!=\!2D^-+C_2$，其中氧化性最强的物质是（　　）。

A. A_2　　　　　　B. B_2　　　　　　C. C_2　　　　　　D. D_2

11.在 Zn-Cu 原电池中，其正负极反应式正确的是（　　）。

A. $（+）Zn^{2+}+2e^-\!=\!=\!=\!Zn$　　　$（-）Cu\!=\!=\!=\!Cu^{2+}+2e^-$

B. $（+）Zn\!=\!=\!=\!Zn^{2+}+2e^-$　　　$（-）Cu^{2+}+2e^-\!=\!=\!=\!Cu$

C. $（+）Cu^{2+}+2e^-\!=\!=\!=\!Cu$　　　$（-）Zn^{2+}+2e^-\!=\!=\!=\!Zn$

D. $（+）Cu^{2+}+2e\!=\!=\!=\!Cu$　　　$（-）Zn\!=\!=\!=\!Zn^{2+}+2e^-$

12.在酸性介质中 MnO_4^- 与 Fe^{2+} 反应，其还原产物为（　　）。

A. MnO_2　　　　　B. MnO_4^{2-}　　　　　C. Mn^{2+}　　　　　D. Fe

13.对于电对 Zn^{2+}/Zn，增大 Zn^{2+} 的浓度，则其标准电极电势值将（　　）。

A. 增大　　　　　　B. 减小　　　　　　C. 不变　　　　　　D. 无法判断

14.下列电极反应，将有关离子浓度减半而其他条件不变，φ 增大的是（　　）。

A. $Cu^{2+}+2e^-\!=\!=\!=\!Cu$

B. $I_2+2e^-\!=\!=\!=\!2I^-$

C. $Fe^{3+}+e^-\!=\!=\!=\!Fe^{2+}$

D. $Sn^{4+}+2e^-\!=\!=\!=\!Sn^{2+}$

15.下列电对的标准电极电势 $\varphi^{\ominus}$ 值最大的是（　　）。

A. $\varphi^{\ominus}(AgI/Ag)$　　　B. $\varphi^{\ominus}(AgBr/Ag)$　　　C. $\varphi^{\ominus}(Ag^+/Ag)$　　　D. $\varphi^{\ominus}(AgCl/Ag)$

四、简答题

1.元素电势图有哪些用途？

2.写出能斯特方程的表示式。

3.写出铜锌原电池的电池符号及电极反应。

4.用离子电子法配平下列反应：

$$Cu+NO_3^-\longrightarrow Cu^{2+}+NO_2$$

5.根据电极电势解释金属 Ag 为什么不能从 $1mol \cdot L^{-1}$ HCl 中置换出氢，却能从 $1mol \cdot L^{-1}$ HI 中置换出氢？已知：$\varphi^{\ominus}(Ag^+/Ag)=0.7996V$，$\varphi^{\ominus}(AgCl/Ag^+)=0.22233V$，$\varphi^{\ominus}(AgI/Ag^+)=-0.15224V$，$\varphi^{\ominus}(H^+/H_2)=0.00V$。

五、计算题

1.标定 $KMnO_4$ 溶液，准确称取 $1.5280g$ $H_2C_2O_4 \cdot 2H_2O$ 晶体，溶解后，于 250mL 容量瓶中定容，再移取 25.00mL 于锥形瓶，用 $KMnO_4$ 溶液滴定，用去 22.84mL。求 $KMnO_4$ 的浓度。

2.称取 KIO_3 0.8918g，溶于水并稀释至 250mL，移取溶液 25.00mL，加入 H_2SO_4 和 KI 溶液，以淀粉为指示剂，用 $Na_2S_2O_3$ 溶液滴定析出的 I_2，至终点消耗 $Na_2S_2O_3$ 溶液 24.98mL，求 $Na_2S_2O_3$ 溶液的浓度。

自我测试三

一、选择题

1.在 NaCl 饱和溶液中通入 HCl(g) 时，NaCl(s) 能沉淀析出的原因是（　　）。

A. HCl 是强酸，任何强酸都导致沉淀　　　B. 共同离子 Cl^- 使平衡移动，生成 NaCl(s)

C.酸的存在降低了 $K_{sp}(NaCl)$ 的数值

D. $K_{sp}(NaCl)$ 不受酸的影响，但增加 Cl^- 的浓度，能使 $K_{sp}(NaCl)$ 减小

2.对于 A、B 两种难溶盐，若 A 的溶解度大于 B 的溶解度，则必有（　　）。

A. $K_{sp}^{\ominus}(A)>K_{sp}^{\ominus}(B)$　　B. $K_{sp}^{\ominus}(A)<K_{sp}^{\ominus}(B)$　　C. $K_{sp}^{\ominus}(A)\approx K_{sp}^{\ominus}(B)$　　D.不一定

3.微溶化合物 Ag_3AsO_4 在水中的溶解度是 1L 水中溶解 $3.5\times10^{-7}g$，摩尔质量为 $462.52g \cdot mol^{-1}$，微溶化合物 Ag_3AsO_4 的溶度积为（　　）。

A. 1.2×10^{-14}　　　　B. 1.2×10^{-18}　　　　C. 3.3×10^{-15}　　　　D. 8.8×10^{-20}

4. CaF_2 沉淀的 $K_{sp}^{\ominus}=2.7\times10^{-11}$，$CaF_2$ 在纯水中的溶解度为（　　）$mol \cdot L^{-1}$。

A. 1.9×10^{-4}　　　　B. 9.1×10^{-4}　　　　C. 1.9×10^{-3}　　　　D. 9.1×10^{-3}

5.微溶化合物 CaF_2 在 $0.0010mol \cdot L^{-1}$ $CaCl_2$ 溶液中的溶解度为（　　）$mol \cdot L^{-1}$。

A. 4.1×10^{-5}　　　　B. 8.2×10^{-5}　　　　C. 1.0×10^{-4}　　　　D. 8.2×10^{-4}

6.下列叙述中，正确的是（　　）。

A.由于 AgCl 水溶液的导电性很弱，所以它是弱电解质

B.难溶电解质溶液中离子浓度的乘积就是该物质的溶度积

C.溶度积大者，其溶解度就大

D.用水稀释含有 AgCl 固体的溶液时，AgCl 的溶度积不变，其溶解度也不变

7.下列叙述中正确的是（　　）。

A.混合离子的溶液中，能形成溶度积小的沉淀者一定先沉淀

B.某离子沉淀完全，是指其完全变成了沉淀

C.凡溶度积大的沉淀一定能转化成溶度积小的沉淀

D.当溶液中有关物质的离子积小于其溶度积时，该物质就会溶解

8.在含有同浓度的 Cl^- 和 CrO_4^{2-} 的混合溶液中，逐滴加入 $AgNO_3$ 溶液，会发生的现象是（　　）。

A. AgCl 先沉淀　　　　　　　　　　　　B. Ag_2CrO_4 先沉淀

C. $AgCl$ 和 Ag_2CrO_4 同时沉淀 　　　　　　D. 以上都错

9.摩尔法测定 Cl^- 含量时，要求介质的 pH 值在 $6.5\sim10.0$ 范围内，若酸度过高，则（　　）。

A. $AgCl$ 沉淀不完全 　　　　　　　　B. $AgCl$ 沉淀易形成溶胶

C. $AgCl$ 沉淀吸附 Cl^- 增强 　　　　　D. Ag_2CrO_4 沉淀不易形成

10.以铁铵矾为指示剂，用 NH_4SCN 标准液滴定 Ag^+ 时，应在下列哪种条件下进行？（　　）

A. 酸性 　　　　　B. 弱酸性 　　　　　C. 中性 　　　　　D. 弱碱性

二、填空题

1.在含有相同浓度 Cl^- 和 I^- 的溶液中，逐滴加入 $AgNO_3$ 溶液时，_____首先沉淀析出，当第二种离子开始沉淀时 Cl^- 和 I^- 的浓度之比为_____。第二种离子开始沉淀后，还有无第一种离子沉淀物继续生成？_____。已知 $K_{sp}^\ominus=1.5\times10^{-16}$，$K_{sp}^\ominus=1.56\times10^{-10}$。

2.沉淀滴定法依据创立者的名字可分为_____、_____、_____，根据所使用的指示剂的不同可分为_____、_____、_____。

3.已知 $Ca(OH)_2$ 的溶度积为 1.36×10^{-6}。当 10mL $1.0mol\cdot L^{-1}CaCl_2$ 与 10mL $0.20mol\cdot L^{-1}$ 氨水混合时，溶液中 OH^- 的浓度为_____ $mol\cdot L^{-1}$，离子积为_____，因此_____ $Ca(OH)_2$ 沉淀产生。

4.在莫尔法中，使用硝酸银作为标准溶液，以_____作为指示剂，因为氯化银的溶解度_____于铬酸银，所以，氯化银_____（先或者后）析出；终点时_____色转变为_____色。在此分析方法中，要控制指示剂的用量，过多，造成滴定终点_____，过少，则造成滴定终点_____。最适宜的用量为 5% 的铬酸钾每次加入_____ mL。

三、判断题

1.$CaCO_3$ 和 PbI_2 的溶度积非常接近，皆约为 10^{-8}，故两者饱和溶液中，Ca^{2+} 及 Pb^{2+} 的浓度近似相等。　　　　　　　　　　　　　　　　　　　　　　　　　（　　）

2.用水稀释 $AgCl$ 的饱和溶液后，$AgCl$ 的溶度积和溶解度都不变。　　　　（　　）

3.只要溶液中 I^- 和 Pb^{2+} 的浓度满足 $[c(I^-)/c^\ominus]^2[c(Pb^{2+})/c^\ominus]\geqslant K_{sp}(PbI_2)$，则溶液中必定会析出 PbI_2 沉淀。　　　　　　　　　　　　　　　　　　　　　　（　　）

4.在常温下，Ag_2CrO_4 和 $BaCrO_4$ 的溶度积分别为 2.0×10^{-12} 和 1.6×10^{-10}，前者小于后者，因此 Ag_2CrO_4 要比 $BaCrO_4$ 难溶于水。　　　　　　　　　　　　（　　）

5.在进行沉淀滴定时可忽略沉淀吸附现象对实验结果的影响。　　　　　　（　　）

6.一定温度下，AB 型和 AB_2 型难溶电解质，溶度积大的，溶解度也大。（　　）

7.向 $BaCO_3$ 饱和溶液中加入 Na_2CO_3 固体，会使 $BaCO_3$ 溶解度降低，溶度积减小。　　　　　　　　　　　　　　　　　　　　　　　　　　　　　　　　　　（　　）

8.$CaCO_3$ 的溶度积为 2.9×10^{-9}，这意味着所有含 $CaCO_3$ 的溶液中，$c(Ca^{2+})=c(CO_3^{2-})$，且 $[c(Ca^{2+})/c^\ominus][c(CO_3^{2-})/c^\ominus]=2.9\times10^{-9}$。　　　（　　）

9.同类型的难溶电解质，$K_{sp}^\ominus$ 较大者可以转化为 $K_{sp}^\ominus$ 较小者，如二者 $K_{sp}^\ominus$ 差别越大，转化反应就越完全。　　　　　　　　　　　　　　　　　　　　　　　　（　　）

四、简答题

1. 简述溶度积规则。

2. 举例说明什么是盐效应。

3. 写出 $Fe(OH)_3$ 和 $Ca_3(PO_4)_2$ 的溶度积的表达式。

4. 说明佛尔哈德法中间接滴定法的操作要点和操作条件。

五、计算题

1. 称取可溶性氯化物试样 0.2266g，用水溶解后，加入 $0.1121mol \cdot L^{-1}$ $AgNO_3$ 标准溶液 30.00mL。过量的 Ag^+ 用 $0.1185mol \cdot L^{-1}$ NH_4SCN 标准溶液滴定，用去 6.50mL，计算试样中氯的质量分数。

2. 某溶液中含有 Ag^+、Pb^{2+}、Ba^{2+}、Sr^{2+}，各种离子浓度均为 $0.10mol \cdot L^{-1}$，如果逐滴加入 K_2CrO_4 稀溶液（溶液体积变化略而不计），通过计算说明上述多种离子的铬酸盐开始沉淀的顺序。

自我测试四

一、填空题

1. 配合物 $K_2[HgI_4]$ 在溶液中可能解离出来的阳离子有＿＿＿＿＿＿＿＿＿＿，阴离子有＿＿＿＿＿＿＿＿＿＿。

2. 在溶液中，存在下列平衡：$[CoF_6]^{3-} \rightleftharpoons Co^{3+} + 6F^-$，当加入硝酸时，上述平衡将向＿＿＿＿移动，这是由于生成＿＿＿＿使＿＿＿＿浓度＿＿＿＿的结果。

3. 在标准状态时，反应 $2Fe^{3+} + 2I^- \rightleftharpoons I_2(s) + 2Fe^{2+}$，向右进行，这表明 $E^\ominus(Fe^{3+}/Fe^{2+})$ 比 $E^\ominus(I_2/I^-)$＿＿＿＿。当 Fe^{3+}、Fe^{2+} 均形成 CN^- 配合物时，反应 $2[Fe(CN)_6]^{4-} + I_2 \rightleftharpoons 2[Fe(CN)_6]^{3-} + 2I^-$，在标准状态时向右进行，这表明 $E^\ominus([Fe(CN)_6]^{3-}/[Fe(CN)_6]^{4-})$＿＿＿＿$E^\ominus(I_2/I^-)$。

4. 配位化合物 $[PtCl_2(NH_3)_2]$ 的配位体是＿＿＿＿＿＿；配位原子是＿＿＿＿＿＿；配位数是＿＿＿＿；命名为＿＿＿＿＿＿＿＿＿＿。

5. 在 $[Cu(NH_3)_4]SO_4$ 溶液中，加入 $BaCl_2$ 溶液，会产生＿＿＿＿色＿＿＿＿沉淀，加入稀 NaOH 溶液，＿＿＿＿＿＿$Cu(OH)_2$ 沉淀，加入 Na_2S 溶液，可产生黑色＿＿＿＿沉淀。

6. EDTA 中有＿＿＿＿个配位原子，其与金属离子容易形成稳定的＿＿＿＿；且金属离子与 EDTA 的物质的量之比为＿＿＿＿＿＿＿，这大大简化了计算过程。

二、选择题

1. 在 $0.10mol \cdot L^{-1}$ 的 $[Ag(NH_3)_2]Cl$ 溶液中，各种组分浓度大小的关系是（　　）。

A. $c(NH_3) > c(Cl^-) > c\{[Ag(NH_3)_2]^+\} > c(Ag^+)$

B. $c(Cl^-) > c\{[Ag(NH_3)_2]^+\} > c(Ag^+) > c(NH_3)$

C. $c(Cl^-) > c\{[Ag(NH_3)_2]^+\} > c(NH_3) > c(Ag^+)$

D. $c(NH_3) > c(Cl^-) > c(Ag^+) > c\{[Ag(NH_3)_2]^+\}$

2. 在 1.0L $2.0mol \cdot L^{-1}$ 的 $Na_2S_2O_3$ 溶液中溶解 0.10mol $AgNO_3$ 固体，假定 Ag^+ 全部生成 $[Ag(S_2O_3)_2]^{3-}$，则平衡时 $S_2O_3^{2-}$ 的浓度为（　　）。

A. $0.20\text{mol} \cdot \text{L}^{-1}$ B. $1.8\text{mol} \cdot \text{L}^{-1}$ C. $1.2\text{mol} \cdot \text{L}^{-1}$ D. $0.80\text{mol} \cdot \text{L}^{-1}$

3. 已知 $[\text{CuY}]^{2-}$ 和 $[\text{Cu(en)}_2]^{2+}$ 的 $K_f^{\ominus}$ 分别为 5.0×10^{18} 和 1.0×10^{20}，则下列关于这两种配离子稳定性的叙述中正确的是（   ）。

A. $[\text{CuY}]^{2-}$ 在水溶液中比 $[\text{Cu(en)}_2]^{2+}$ 更稳定

B. $[\text{Cu(en)}_2]^{2+}$ 在水溶液中比 $[\text{CuY}]^{2-}$ 更稳定

C. $[\text{CuY}]^{2-}$ 和 $[\text{Cu(en)}_2]^{2+}$ 的稳定性几乎相同

D. 不能直接从 $K_f^{\ominus}$ 值比较它们的稳定性

4. 下列反应，其标准平衡常数可作为 $[\text{Zn(NH}_3)_4]^{2+}$ 的不稳定常数的是（   ）。

A. $\text{Zn}^{2+} + 4\text{NH}_3 \Longleftrightarrow [\text{Zn(NH}_3)_4]^{2+}$

B. $[\text{Zn(NH}_3)_4]^{2+} + \text{H}_2\text{O} \Longleftrightarrow [\text{Zn(NH}_3)_3(\text{H}_2\text{O})]^{2+} + \text{NH}_3$

C. $[\text{Zn(H}_2\text{O})_4]^{2+} + 4\text{NH}_3 \Longleftrightarrow [\text{Zn(NH}_3)_4]^{2+} + 4\text{H}_2\text{O}$

D. $[\text{Zn(NH}_3)_4]^{2+} + 4\text{H}_2\text{O} \Longleftrightarrow [\text{Zn(H}_2\text{O})_4]^{2+} + 4\text{NH}_3$

5. 下列叙述中错误的是（   ）。

A. 配位平衡是指溶液中配离子离解为中心离子和配体的离解平衡

B. 配离子在溶液中的行为像弱电解质

C. 对同一配离子而言，$K_d^{\ominus} K_f^{\ominus} = 1$

D. 配位平衡是指配合物在溶液中离解为内界和外界的离解平衡

6. 用 EDTA（乙二胺四乙酸二钠盐）溶液滴定 Mg^{2+} 时，如果不使用缓冲溶液，则在滴定过程中溶液的 pH 值将（   ）。

A. 逐渐变大   B. 逐渐变小

C. 先变小后变大   D. 不变

7. 已知 $K_f^{\ominus}\{[\text{CuCl}_2]^-\} = 3.16 \times 10^5$，$E^{\ominus}(\text{Cu}^+/\text{Cu}) = 0.515\text{V}$，则 $[\text{CuCl}_2]^- + e^- \Longleftrightarrow \text{Cu} + 2\text{Cl}^-$ 的 $E^{\ominus}$ 为（   ）。

A. -0.131V B. 0.189V C. 0.379V D. 0.362V

8. 已知 $K_{sp}^{\ominus}[\text{Al(OH)}_3] = 1.3 \times 10^{-33}$，$K_f^{\ominus}\{[\text{AlF}_6]^{3-}\} = 6.9 \times 10^{19}$，则反应 $\text{Al(OH)}_3(s) + 6\text{F}^- \Longleftrightarrow [\text{AlF}_6]^{3-} + 3\text{OH}^-$ 的标准平衡常数 $K^{\ominus} = $（   ）。

A. 1.1×10^{13} B. 9.0×10^{-14} C. 5.3×10^{52} D. 1.9×10^{-53}

9. 对于配合物 $[\text{Cu(NH}_3)_4][\text{PtCl}_4]$，下列叙述中错误的是（   ）。

A. 前者是内界，后者是外界

B. 二者都是配离子

C. 前者为正离子，后者为负离子

D. 两种配离子构成一个配合物

10. 配合物 $\text{K}[\text{Au(OH)}_4]$ 的正确名称是（   ）。

A. 四羟基合金化钾   B. 四羟基合金酸钾

C. 四个羟基金酸钾   D. 四羟基合金（Ⅲ）酸钾

三、判断题

1. 在 1.0L $0.10\text{mol} \cdot \text{L}^{-1}$ $[\text{Ag(NH}_3)_2]\text{Cl}$ 溶液中，通入 2.0mol $\text{NH}_3(g)$ 达到平衡时，各物质浓度大小的关系是 $c(\text{NH}_3) > c(\text{Cl}^-) \approx c\{[\text{Ag(NH}_3)_2]^+\} > c(\text{Ag}^+)$。（   ）

2. 某配离子的逐级稳定常数分别为 $K_1^{\ominus}$、$K_2^{\ominus}$、$K_3^{\ominus}$、$K_4^{\ominus}$，则该配离子的不稳定常数

$K_d^\ominus = K_1^\ominus K_2^\ominus K_3^\ominus K_4^\ominus$。 ( )

    3.金属离子 A^{3+}、B^{2+} 可分别形成 $[A(NH_3)_6]^{3+}$ 和 $[B(NH_3)_6]^{2+}$，它们的稳定常数依次为 4×10^5 和 2×10^{10}，则相同浓度的 $[A(NH_3)_6]^{3+}$ 和 $[B(NH_3)_6]^{2+}$ 溶液中，A^{3+} 和 B^{2+} 的浓度关系是 $A^{3+} > B^{2+}$。 ( )

    4.对于电对 Ag^+/Ag 来说，当 $Ag(I)$ 生成配离子时，Ag 的还原性将增强。 ( )

    5.所有配合物在水中都有较大的溶解度。 ( )

    6.AgI 在氨水中的溶解度大于在水中的溶解度。 ( )

    7.HgS 溶解在王水中是由于氧化还原反应和配合反应共同作用的结果。 ( )

    8.HF、H_2SiO_3 皆是弱酸，但是 H_2SiF_6 却是强酸。 ( )

    9.配合物形成体是指接受配体孤对电子的原子或离子，即中心原子或离子。 ( )

    10.只有多齿配体与金属离子才能形成螯合物。 ( )

四、简答题

1.简述用 EDTA 法测定钙离子的测定条件和过程。

2.写出下列配合物的化学式。六氟合铝（Ⅲ）酸。

3.简述金属指示剂的作用原理。

4.什么是配合物的稳定常数？

5.举例说明配合物的组成。

五、分析计算题

1.下列关于配合物的叙述是否正确？如有错误，试予以更正并举例说明。

(1) 配合物都由内界和外界组成。

(2) 配合物的形成体只能是金属离子或原子。

(3) 配离子的电荷数等于形成体的电荷数与配体总电荷数的代数和。

2.已知：$E^\ominus(Cu^{2+}/Cu^+) = 0.159V$；$E^\ominus(Cu^{2+}/Cu) = 0.337V$；$K^\ominus\{[CuI_2]^-\} = 7.08 \times 10^8$。

(1) 完成酸性介质中的电势图：$Cu^{2+} \underline{\quad\quad} [CuI_2]^- \underline{\quad\quad} Cu$，
并说明 $[CuI_2]^-$ 在酸性溶液中能否存在。

(2) 计算反应 $Cu^{2+} + 4I^- + Cu \rightleftharpoons 2[CuI_2]^-$ 的 $E^\ominus$、$K^\ominus$。

项目六　分光光度法的应用

知识目标

（1）通过学习了解光的本质与颜色、光吸收曲线。

（2）理解光的吸收定律。

（3）掌握吸光光度法用于微量组分测定的原理和方法。

（4）了解显色反应与显色剂的选择。

技能目标

（1）熟练进行分光光度计的调节和保养。

（2）会测定物质的吸收曲线。

（3）能使用分光光度计测定物质的含量。

知识一　吸光光度法的基本原理

我们周围的许多物质都有颜色，如 $Kr_2Cr_2O_7$ 水溶液为橙红色、$KMnO_4$ 水溶液为紫红色、$CuSO_4$ 的水溶液呈蓝色。当然也有一些物质没有颜色或其颜色不易被人们所觉察。在一定的条件下，没有颜色的物质也可以通过发生化学反应，生成颜色较明显的有色化合物。例如，硫酸亚铁溶液是浅绿色，但 pH 值在 3～9 时，Fe^{2+} 与邻二氮菲反应能生成橙红色的配合物；Cu^{2+} 与 $NH_3 \cdot H_2O$ 反应能生成深蓝色的物质等等。当这些有色物质溶液浓度改变时，溶液颜色的深浅也随之改变，也就是说，溶液颜色的深浅与物质的浓度有关系。因此，根据比较同种物质溶液颜色深浅来测定物质含量的方法称为比色分析法。比色分析时，直接用眼睛观察并比较溶液颜色深浅以确定物质含量的方法称为目视比色法。随着现代仪器的发展，用仪表代替人眼，采用被测溶液吸收的单色光作入射光源，也就是利用分光光度计测量溶液吸光度的分析方法称为分光光度法，也称吸光光度法。

吸光光度法是基于被测物质对光的选择性吸收而建立起来的分析方法，它包括比色法、可见分光光度法和紫外分光光度法。与化学分析法相比，吸光光度法具有灵敏度高、准确度高、应用广泛、仪器设备简单、易操作、发展前景好等特点。

那么光有哪些基本的性质呢？

光是一种电磁波，具有波动性和粒子性，光的波动性表现为光以波的形式传播，并能产生折射、反射、衍射和干涉等现象。光同时还具有粒子性，例如光电效应就明显地表现出光的粒子性。

光的最小单位是光子，光子具有一定的能量（E），它与光波频率（ν）或波长（λ）的关系为：

$$E = h\nu = h\frac{c}{\lambda}$$

式中，E 为能量，eV；h 为普朗克常数，$h = 6.626 \times 10^{-34}$，$J \cdot s$；$\nu$ 为频率，Hz；λ 为波长，nm；c 为光速，$m \cdot s^{-1}$，真空中约为 $3.0 \times 10^8 m \cdot s^{-1}$。

从上式可知，光子的能量 E 与频率 ν 或波长 λ 相对应，波长越长能量越小，波长越短能量越大，简单地说，短波的能量大，长波的能量小。

可见光就是可以直接用肉眼观察到的光，其波长范围为 $400 \sim 760nm$。在该范围内，不同波长的可见光对人眼产生不同的刺激，人眼感觉到的效果就是呈现不同的颜色，波长与颜色的关系如图 6-1 所示。我们将同一个波长的光，称为单色光，由不同波长的光组成的光称为复合光。

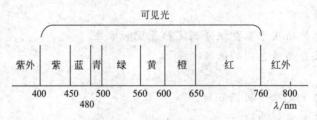

图 6-1　波长与颜色的关系

我们所看到的溶液的颜色不能称为单色光，因单色光只有一个波长。肉眼观察到的颜色最多只能称为近似的单色光（相对于人眼的分辨率来说）。各种单色光之间并无严格的界限，如绿色光就包括 $500 \sim 560nm$ 的各种单色光。人们日常所见的白光，就是单色光按一定比例混合而产生的一种综合效果。如果把图 6-2 中位置相对应的两种色光按一定强度比例混合，就可以得到白光，这两种色光通常称为互补色，如青光与红光互补，绿光与紫光互补等等。

图 6-2　互补光

一、物质对光的选择性吸收

物质之所以呈现不同的颜色，是由于溶液对不同波长的光选择性吸收的结果。例如铜氨配合物溶液显蓝色，是因为铜氨络离子选择性地吸收了部分复合光中的黄色光从而使溶液显蓝色；又如 $KMnO_4$ 溶液呈紫色，原因是当白光通过 $KMnO_4$ 溶液时，它选择地吸收了白光中的绿色光（$500 \sim 560nm$），其他色光不被吸收而透过溶液，所以，$KMnO_4$ 溶液呈透过紫光的颜色。溶液的吸光质点选择性地吸收白光中的某种色光，而呈现透射光（吸收光的互补色光）的颜色。

绿色光和紫色光互补，蓝色光和黄色光互补，两者按一定比例混合可以生成白光。在白光的照射下，如果可见光几乎全部被吸收，则溶液呈黑色；如果全部不吸收或吸收极少，则溶液呈无色；如果只吸收或最大程度吸收某种波长的色光，则溶液呈现被吸收光的互补色。

表 6-1 列出了溶液颜色与吸收光颜色和波长范围的关系。

表 6-1　物质颜色与对应的吸收光颜色

物质颜色	吸收光	
	颜色	波长/nm
黄绿	紫	400～450
黄	蓝	450～480
橙	绿蓝	480～490
红	蓝绿	490～500
紫红	绿	500～560
紫	黄绿	560～580
蓝	黄	580～600
绿蓝	橙	600～650
蓝绿	红	650～760

不同的物质之所以吸收不同波长的光线，是由物质的本质决定的，即取决于物质的组成和结构。所以，物质对光的吸收是具有专属性的选择性吸收。物质对光的选择性吸收，可以作为分析鉴定物质的依据。

任何一种溶液，对不同波长的光的吸收程度都是不同的，可以使用不同波长的单色光分别通过某一固定浓度和厚度的有色溶液，测量该溶液对各种单色光的吸收程度（即吸光度，用 A 表示），以波长 λ 为横坐标，吸光度 A 为纵坐标作图，这样得到的曲线叫光吸收曲线。

图 6-3 是四种不同浓度 $KMnO_4$ 溶液的光吸收曲线。从图中可以看出，不管浓度大小，在可见光范围内，$KMnO_4$ 溶液对波长 525nm 附近的绿色光吸收能力最大，而对紫色和红色光吸收很少，所以高锰酸钾溶液呈现紫红色。光吸收最大处的波长叫最大吸收波长，常用 λ_{max} 或 $\lambda_{最大}$ 表示。$KMnO_4$ 溶液的 $\lambda_{max}=525nm$。浓度不同时，溶液对光的吸收程度不同，对于不同浓度的同一物质，其最大吸收波长和吸收曲线形状相似，只是吸光度随浓度增大而增大，这个特性可以作为物质定量分析的依据。不同物质的光吸收曲线形状不同。一般在最大吸收波长处测吸光度，灵敏度最高。因此，吸收曲线是吸光光度法中选择测量波长的重要依据。在对物质进行定量分析时，若没有其他干扰物质存在，一般总是选择最大吸收波长作为测量波长。因此，吸收曲线是分光光度分析的重要依据。

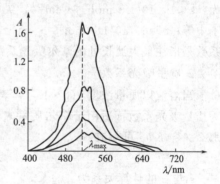

图 6-3　$KMnO_4$ 溶液的光吸收曲线

二、光吸收定律

吸光光度法的定量依据是朗伯-比耳定律，这个定律首先是由实验观察得到的。当一束平行单色光通过某一液层厚度的有色溶液时，溶质吸收了光能，光的强度就要减弱。溶液的浓度越大，通过的液层厚度越大，则光被吸收得越多，光强度的减弱也越显著。1760 年朗伯和比耳分别研究了光吸收与有色溶液层厚度和溶液组成定量关系，称为朗伯-比耳定律，也叫光的吸收定律。这个定律奠定了比色分析法和分光光度法的理论基础。

实践证明，当一束平行的单色光通过均匀、非散射的稀溶液时，溶液对光的吸收程度与溶液的浓度及液层厚度的乘积成正比。它的数学表达式是：

$$\lg \frac{I_0}{I_t} = Kbc$$

式中，I_0 为入射光的强度；I_t 为透射光的强度；K 为比例常数；b 为液层的厚度即光程长度，cm；c 为溶液的浓度，$mol \cdot L^{-1}$ 或 $g \cdot L^{-1}$。

当 $I_t = I_0$ 时，$\lg(I_t/I_0) = 0$，说明溶液对光完全不吸收；I_t 值越小，则 $\lg(I_t/I_0)$ 值越大，溶液对光的吸收程度越大。因此，式中的 $\lg(I_t/I_0)$ 表示溶液对光的吸收程度，称为吸光度，常用 A 表示。所以上式可写成：

$$A = Kbc$$

比例常数 K 与入射光的波长、溶液的性质及温度有关，也与仪器的质量有关，但与溶液的浓度、液层的厚度无关，在一定条件下是一个常数。它反映了溶液对某一波长光的吸收能力。

1. 摩尔吸光系数

当溶液以物质的量浓度 $c(mol \cdot L^{-1})$ 表示，b 的单位是 cm 时，则 K 就用 ε 表示，其单位为 $L \cdot mol^{-1} \cdot cm^{-1}$，称为摩尔吸光系数，它表示当溶液浓度为 $1mol \cdot L^{-1}$、液层厚度为 1cm 时，溶液对某波长单色光的吸光度。那么 $A = Kbc$ 可写成：

$$A = \varepsilon bc$$

ε 是各种吸光物质在一定波长入射光照射下的特征常数。同一物质与不同显色剂反应，生成的不同有色化合物的 ε 值不一样，同一化合物在不同波长处的 ε 也可能不同。ε 值越大，表示有色物质对该波长光的吸收能力越大，则测定的灵敏度也就越高，反之亦然。一般认为：$\varepsilon < 1 \times 10^4 L \cdot mol^{-1} \cdot cm^{-1}$，灵敏度较低；$\varepsilon = 1 \times 10^4 \sim 6 \times 10^4 L \cdot mol^{-1} \cdot cm^{-1}$，属于中等；$\varepsilon > 6 \times 10^4 L \cdot mol^{-1} \cdot cm^{-1}$，属高灵敏度。我们通常所讲的有色物质的摩尔吸光系数是指在最大波长处的摩尔吸光系数，以 ε_{max} 表示。

2. 质量吸光系数

当溶液以质量浓度 $c(g \cdot L^{-1})$ 表示，液层厚度 b 的单位是 cm 时，相应的比例常数称为质量吸光系数（适用于摩尔质量未知的化合物）。以 a 表示，其单位为 $L \cdot g^{-1} \cdot cm^{-1}$。那么 $A = Kbc$ 可写成：

$$A = \lg I_0/I_t = abc$$

ε 与 a 的计算关系为

$$\varepsilon = Ma$$

在吸光度的测量中，有时也用透光度 T 表示物质对光的吸收程度和进行有关计算。透光度是透射光强度与入射光强度之比，即 $T = I_0/I_t$，表示入射光透过溶液的程度。

朗伯-比耳定律的意义是：当一束平行单色光通过均匀的、非散射性的溶液时，溶液的吸光度与溶液的浓度和液层厚度成正比。此定律不仅适用于可见光，也适用于红外光和紫外光；不仅适用于均匀的、非散射性的溶液，也适用于气体和均质固体，但辐射与物质之间应只有吸收而没有荧光和光化学现象。

在含有多组分体系的吸光分析中，往往各组分都会对同一波长的光有吸收作用。如果各组分的吸光质点没有相互作用，在入射光强度和波长都固定的前提下，体系的总吸光度等于各组分吸光度之和，即：

$$A = A_1 + A_2 + A_3 + \cdots + A_n$$

这一规律称为吸光度的加和性，根据这一规律可进行多组分的测定。

朗伯-比耳定律适用于紫外、可见和红外光区。待测试样可以是均匀的非散射的液体、固体或气体。在实际测试时应注意，如果单色光不纯或者溶液浓度过大，都会导致溶液的吸光度与浓度不成直线关系，而偏离光吸收定律，将导致结果误差较大。

三、偏离朗伯-比耳定律

根据朗伯-比耳定律，当液层厚度固定后，溶液的吸光度与溶液的浓度成正比。如果配制一系列不同浓度的标准溶液，并测其吸光度值，以吸光度为纵坐标，以标准溶液的浓度为横坐标作图，应得到一条通过原点的直线，该直线称为标准曲线或工作曲线。但在实际工作中，常常会因为一些物理和化学因素出现标准曲线偏离直线而发生上弯或下弯的现象，这种现象称为偏离朗伯-比耳定律。

标准曲线不通过原点，其原因比较复杂，可能是由于参比溶液选择不当、吸收池厚度不等、吸收池位置不妥、吸收池透光面不清洁等原因所引起的；在溶液浓度较高时，直线也经常发生弯曲。在实际工作中，待测溶液的浓度应控制在 $0.01\text{mol} \cdot \text{L}^{-1}$ 以下。

知识点二　分光光度计的使用

一、比色分析法

1. 目视比色法

有色溶液颜色的深浅与浓度有关，溶液愈浓，颜色愈深。用肉眼直接观察溶液与标准溶液颜色的深浅来确定被测物质含量的方法称为目视比色法。最常用的目视比色法是标准系列法（又称标准色阶法）。具体做法是在一套质料相同、粗细均匀、带有刻度、等体积的平底玻璃管（一般称为比色管）中加入一系列体积增多的标准溶液，然后分别加入等量的显色剂及其他试剂，用水稀释至刻度，摇匀并放置一段时间。取一定量的待测溶液置于另一比色管中，同条件下显色并稀释到同刻度，待反应达到平衡后，从管口垂直向下观察，比较待测液与标准系列颜色的深浅，若待测液与某一标准溶液颜色相同，则说明二者浓度相同，若待测液颜色介于两标准溶液颜色之间，则未知液含量取两标准溶液含量的算术平均值。

目视比色法的理论依据是白光照射有色溶液时，溶液吸收某种色光，透过其互补光，溶液呈透过光的颜色。所以根据光吸收定律（$A = \varepsilon bc$），溶液浓度越大，对该色光的吸光度越大，则透过的互补光就越突出，观察到的溶液颜色也就越深。由于待测液与标准液是在完全相同的条件下显色，比较颜色时液层厚度也相同，所以两者颜色深浅一样时，浓度相等，采用标准系列法，并直接用色阶中的标准溶液浓度来表示测定结果。

目视比色法所用设备简单，操作方便，并且不用单色光，适应于大批样品的分析，对某些不符合光吸收定律的显色反应也能进行测定；但是标准色阶溶液稳定性差，不能长期保存，常需临时配制标准色阶，比较费时费事。如果待测试液中存在第二种有色物质，则无法测定。另外，人眼睛的辨色力有限，观察有主观误差，准确度不高，相对误差为 $\pm(5\% \sim 20\%)$。随着分析仪器在实验中的日趋普及，目视比色正逐渐向分光光度法过渡。

2. 光电比色法

用光电比色计测量标准溶液和待测溶液的吸光度，以确定待测溶液浓度的方法，称为光电比色法，理论基础为光吸收定律。它与目视比色法在原理上并不一样。目视比色法是比较透过光的强度，而光电比色法则是比较有色溶液对某一波长光的吸收程度。由光源发出的复合光，经过滤光片后，用出光狭缝截取光谱中波长很窄的一束近似的单色光带，让其通过有色溶液，一部分光被吸收，另一部分透过有色溶液射到光电池上，产生的光电流与透过光强度成正比，测量光电流强度，即可知道相应有色溶液的吸光度或透光率，从而确定其含量。光电比色法用仪器测量溶液的吸光度，消除了人眼光差的主观误差，分析精确度有了一定的提高。

二、分光光度法

分光光度法是指采用待测溶液吸收的单色光作入射光源，用仪表代替人眼来测量溶液吸光度的一种分析方法，测定时用到的电子仪器叫分光光度计。分光光度法进行定量分析常用的方法有比较法、标准曲线法。

1. 标准曲线法

标准曲线法是最常用的方法，与标准系列法类似，也是在朗伯-比耳定律的浓度范围内，

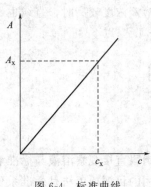

图 6-4　标准曲线

配制一系列不同浓度的标准溶液，显色后，相同厚度的比色皿，在同样波长的单色光下，调节零点和透光率，分别测定各溶液的吸光度值，然后以标准溶液浓度 c 为横坐标，对应的吸光度 A 为纵坐标作图，理论上得到一条过原点的直线，该直线称为标准曲线或工作曲线，如图 6-4 所示。然后取被测试液在相同条件下显色、测出吸光度 A_x 值。根据 A_x 值，从标准曲线上直接查出试样的含量 c_x，或利用直线方程计算出样品的含量 c_x。这种方法准确度较好，主要适用于大批试样的分析，可以简化手续，加快分析速度。

2. 比较法

在入射光一定和液层厚度相等的条件下，分别测定标准溶液和待测样品溶液的吸光度，由朗伯-比耳定律（$A = Kbc$）可知，二者的浓度比等于吸光度之比，从而可计算出被测样品的含量（由于标准溶液与被测溶液性质一致，温度一致，入射光波长一致，所以 K 相同）。

$$A_{标} = Kbc_{标}$$
$$A_{测} = Kbc_{测}$$

则

$$\frac{A_{标}}{A_{测}} = \frac{c_{标}}{c_{测}}$$

单个样品或少量样品的测试可以采用比较法，以加快分析速度。不过应该注意，由于随机误差的原因，该方法的准确度一般没有标准曲线法好，另外，所选择的 $c_{标}$ 和 $c_{测}$ 尽量接近时，结果才可靠，否则有较大的误差。

3. 分光光度计

分光光度计的工作原理是采用一个可以产生多种波长的光源，通过系列分光装置，得到一束平行的、波长范围很窄的单色光，透过一定厚度的试样溶液后，部分光源被吸收，剩余的光照射到光电元件上，产生光电流（该电流的大小与照射到光电元件上的光强度成正比），在仪器上读取相应的吸光度或透光率。样品的吸光度值与样品的浓度成正比。根据光的吸收定律，在一定条件下，用校准曲线测定待测试样的含量。

分光光度法的仪器有不同种类型，但是一般主要由光源、单色器、吸收池、检测器和显示记录系统五大部件组成（图 6-5）。

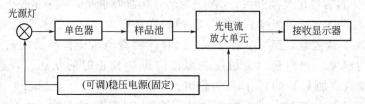

图 6-5　仪器工作原理示意图

分光光度计种类很多，一般按工作波长范围分为紫外可见和红外分光光度计，紫外可见分光光度计常用于无机物和有机物含量的测定，红外分光光度计主要用于结构分析。分光光度计又可根据光学系统的不同，分为单光束分光光度计和双光束分光光度计，实验室常用的是单光束分光光度计；根据分光光度计在测量过程中同时提供的波长数，可分为单波长分光光度计和双波长分光光度计等，近年来又出现了电子计算机控制的分光光度计。

下面简要介绍两种常用的分光光度计的使用方法。

（1）721 型分光光度计（图 6-6）是实验室用得最广泛的可见光分光光度计，也是常见的单光束可见分光光度计。

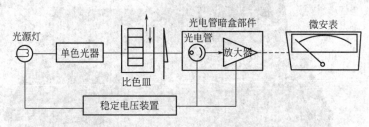

图 6-6　721 型分光光度计结构示意图

721 分光光度计的使用方法简介：

① 打开电源开关，同时将吸收池门打开，预热 20min。

② 将盛有参比液、待测液的比色皿擦拭干净，然后放入比色槽中。

③ 用波长旋钮选择测定波长。

④ 将参比溶液推入光路，推开比色槽暗箱门，用 T％键调零，拉上比色槽暗箱门，用 T％100 键调 100.00。反复调整，直到表头上 0.000 和 100.0 均指示正确为止。

⑤ 将工作选择挡调节到吸光度 ABS 挡，用参比溶液调零，然后拉动拉杆，即可读取相应波长的吸光度值。

⑥ 然后再改变波长，重复④、⑤两步的操作。

721 型分光光度计的优点是结构简单，操作方便，耗电量小，寿命长；但是由于光的单色性不太好，所以难于测绘复杂的吸收曲线。

（2）751 型分光光度计是在 721 型基础上生产的一种紫外可见和近红外分光光度计。其工作原理与 721 型相似，而波长范围较宽（200～1000nm），精密度也较高。使用方法如下：

① 开启稳压电源及灯电源开关，使仪器预热 20min，按选定波长选用光电管。

② 暗电流补偿　将光闸拉杆放在"推入暗"，选择形状放在"校正、×1、×0.1"，均可，A-T 读数盘放在 T 为零处，调节暗电流补偿至 μA 表指针居中指零。

③ 参比满度校正　将样品室中参比液置于光路，选择开关放在"校正"或"×1"，A-T 读数盘放在 T＝100 处，灵敏度调节放在自左面起点位置顺时针方向转 5 圈左右的位置

（共可转 10 圈），然后拉出光闸开关，μA 表偏转，用缝宽调节，使 μA 表指零。

④ 样品的吸光度（或透光率）测量 将被测样品移入光路，选择开关指在"×1"，μA 表偏转。调节 A-T 读数盘，至 μA 表指零，此时读数盘所指即样品的吸光度或透光率。注意，测定样品时缝宽、暗电流、灵敏度三者都应保持校正时的状态。若透光率读数小于 10%（吸光度读数应加上 1.00），即得测量值。

⑤ 每次测量完毕，光闸应马上放在"推入暗"，以保护光电管。测量过程也应尽量迅速，勿使光电管因连续光照时间过长而疲劳。

目前，在 751 型分光光度计的基础上又进行了改进，推出了新的型号，如 751GW 型，带有小型电脑和打印设备，使仪器性能更加完美。

常见的单光束紫外-可见分光光度计还有 752 型、754 型、756MC 型等；单光束可见分光光度计有 722 型（图 6-7）、723 型、724 型等，使用方法不一一介绍。

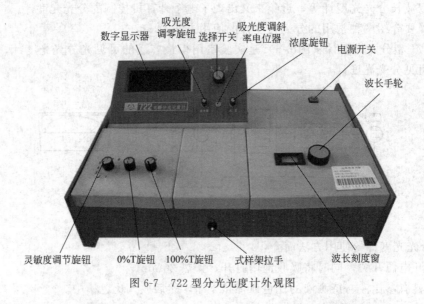

图 6-7 722 型分光光度计外观图

知识点三 显色反应和显色剂的选择

比色分析法及可见吸光光度法是利用有色溶液对光的选择性吸收来进行测定的。有些物质如高锰酸钾溶液本身有明显的颜色，可直接测定，但大多数物质比如 Fe^{3+}、Zn^{2+} 等本身颜色很浅甚至是无色，这时就需要加入某种试剂，使原来颜色很浅或无色的被测物质转化为有色物质才能进行测定。这种将被测组分转变成有色化合物的反应称为显色反应，被加入与待测物反应的试剂称作显色剂。同一组分常常可以与多种显色剂反应，生成多种不同的有色物质，那么，就应从中选择最有利于获得较好测定结果的显色反应。

一、显色反应

1. 显色反应的要求

光度分析中，显色反应一般可分为两大类，即配位反应和氧化还原反应，其中配位反应是最常用的显色反应。对于选取的显色反应有下列要求：

（1）选择性好 最好能发生特效反应，即显色剂仅与待测组分中的一种离子或少数几种离子发生显色反应。由于在实际分析中这种特效反应的显色剂难以找到，因此通常选用的是干扰较少或干扰易于除去的显色反应。

(2) 灵敏度高　微量组分的测定，要求具有较高的灵敏度，即生成的有色物质的摩尔吸光系数 ε 较大。一般 $\varepsilon \geqslant 10^4 \sim 10^5 \mathrm{L \cdot mol^{-1} \cdot cm^{-1}}$ 时，即可认为显色反应具有较高的灵敏度，有利于微量组分的测定，故选择灵敏的显色反应是应考虑的主要方面。但要注意，灵敏度高的反应，选择性不一定好，所以，二者应该兼顾。

(3) 有色化合物的组成恒定、化学性质稳定，显色反应按确定的反应式进行　显色反应生成的有色化合物应对空气中的各个组分不敏感，不容易受溶液中其他化学因素的影响，而且至少应在测定过程中保持吸光度基本不变，以保证吸光度测定的重现性。

(4) 显色剂与生成的有色化合物之间的颜色要有明显差别，显色剂在测定波长处无吸收，这样显色时颜色变化明显，试剂空白值小，可提高测定的准确度。

(5) 显色反应的条件应易于控制。

在实际工作中，显色反应不一定能够完全满足上述五个条件，应根据具体情况综合考虑。

2. 显色反应条件的选择

为了满足分析的要求，除了初步确定显色反应之后，还应严格控制它的显色反应条件，以保证显色反应完全和稳定。显色条件的主要条件有以下几方面：

(1) 显色剂用量　显色反应在一定程度上是可逆的，为了使显色反应尽可能完全，根据平衡移动原理，增加显色剂的浓度，可使待测组分转变成有色化合物的反应更完全，但对于某些不稳定或形成逐级配合物的反应，显色剂过量太多反而会引起副反应，对测定不利。显色剂的适宜用量要通过实验来确定，因此，在实际工作中应根据实验要求严格控制显色剂的用量。

在一系列浓度相同的溶液中，加入不同量的显色剂，在相同条件下，分别测其吸光度，如果显色剂用量在某范围内所测的吸光度不变，就可以确定在一定范围内显色剂的加入量。

(2) 溶液的酸度　酸度对显色反应的影响是多方面的。有机显色剂大部分是有机弱酸，酸度改变，将引起平衡移动，从而影响显色剂的浓度及显色反应的完全程度，还可能引起配位基团数目的改变以致改变溶液的颜色。此外，酸度对待测离子存在状态及是否发生水解也是有影响的。因此，应通过实验确定出合适的酸度范围，并在测试过程中严格控制。具体方法如下：固定溶液中被测组分与显色剂浓度等条件，改变溶液的 pH，测其吸光度，然后绘制吸光度对 pH 值的关系曲线。曲线上的平直部分（吸光度不变）所对应的 pH 区间就是比较合适的酸度区间。

(3) 显色时间　不同的显色反应，其反应速度不同，颜色达到最大深度且趋于稳定的时间也不同。有些显色反应在瞬间即完成，而且颜色在较长时间内保持稳定，但多数显色反应需一定时间才能完成。有的有色物质在放置时，受到空气的氧化或发生光化学反应等因素会使颜色减弱。因此必须通过条件实验作出在一定温度下的吸光度-时间关系曲线，求出适宜的显色时间及测量吸光度的时刻。

(4) 显色温度　一般情况下，显色反应大多在室温下进行，不需要严格控制显色温度。但是，有的显色反应需要加热到一定温度才能完成，有的有色化合物的吸光系数会随温度的改变而改变，但有些有色化合物会随着温度升高而发生分解，对于这种情况，应注意控制温度。温度对光的吸收与颜色深浅也有一定影响，因此，标准样品和试样的显色温度应保持一致。确定温度的方法是绘制吸光度-温度曲线，从中找出适宜的温度范围。

(5) 溶剂　溶剂的不同可能会影响到显色时间、有色化合物的离解度及颜色等。许多有色化合物在水中离解度比较大，而在有机相中离解度小。有机溶剂可以降低有色化合物的离解度，提高显色反应的灵敏度，如三氯偶氮氯膦显色剂加入 Bi^{2+} 溶液中，溶剂是乙醇比溶剂是硫酸灵敏度高 20％。在测定时为了减小溶剂引入的干扰，标准溶液和被测溶液应采用同一种溶剂。

（6）共存干扰离子的影响　试样中存在干扰物质会影响被测组分的测定，主要是因为干扰物质本身有颜色从而干扰测定，例如水溶液中 Co^{2+}（红色）、Ni^{2+}（翠绿色）、Cu^{2+}（蓝色）等。其次，溶液中如果有与显色剂生成有色化合物的微粒，会造成吸光度值增大，从而影响待测离子的测定。如用 NH_4SCN 测定 Co^{2+} 时，干扰离子 Fe^{3+} 与 SCN^- 生成血红色配合物；又如用磷钼蓝法测定磷时，若有硅存在，它也会与硅钼酸铵生成蓝色配合物，从而引起误差。再次，如果干扰离子能与显色剂生成无色配合物，消耗大量显色剂，使被测离子配位不完全，从而影响待测离子的测定。例如磺基水杨酸测 Fe^{3+} 时，干扰离子 Al^{3+} 与磺基水杨酸生成无色配合物，消耗了大量显色剂，使被测离子配位不完全。还有如果试样中存在与待测样品能够形成沉淀或配合物的成分，使被测离子浓度下降，不能充分显色而引起误差，甚至可能使测定无法进行。那么，为了消除干扰，一般采用以下几种措施：加掩蔽剂、控制酸度、利用氧化还原反应、选择适当的测定波长、选用适当的参比溶液等。若上述方法均不能满足要求时，应采用分离、离子交换、沉淀或溶剂萃取等分离方法消除干扰。

二、显色剂

显色剂是指能与待测组分形成有色化合物的试剂。它分为无机显色剂和有机显色剂。一般来说无机显色剂与待测离子形成的配合物不够稳定，灵敏度不高，有时选择性还不够理想，因此，无机显色剂在吸光光度分析中应用有限。而有机显色剂与金属离子大都能够形成稳定的螯合物，显色反应的选择性和灵敏度也都较高，随着有机试剂合成的发展，有机显色剂的应用日益增多。

▶▶ **思考题**

（1）物质为什么会呈现不同的颜色？
（2）吸光光度法测量时为什么要选择最大吸收波长作为测量波长？

任务二十七　$KMnO_4$ 最大吸收波长的测定

[任务目的]
（1）学会最大吸收波长的测定方法。
（2）学会吸收曲线的绘制。

[仪器和药品]
仪器：分光光度计，容量瓶（100mL），移液管（1mL）。
药品：$0.04mol \cdot L^{-1} KMnO_4$ 储备液（已标定）。

[测定原理]
物质对不同波长光的吸收程度不同，通过测定、绘制吸收曲线，找出最大吸收波长，并计算 ε_{max}，从而了解物质对光的选择性吸收的特性，掌握分光光度法中选择测定波长的方法。

[任务实施过程]

（1）配制 0.0004mol·L^{-1}（准确浓度）KMnO$_4$ 溶液　用移液管准确移取 0.04mol·L^{-1} KMnO$_4$ 储备液 1mL，转入 100mL 容量瓶中，用水稀释至 100mL。

（2）以蒸馏水为参比溶液，调节零点，用 10mm 比色皿，在下表所列波长下分别测定 0.0004mol·L^{-1} KMnO$_4$ 溶液的吸光度。

λ	420	440	460	480	500	504	508	512
A								

λ	514	516	518	520	522	524	526	528
A								

λ	532	536	540	544	550	560	580	600
A								

测出以上波长下高锰酸钾溶液的吸光度后绘制出 A-λ 曲线，然后根据曲线查出 λ$_{max}$；根据 $A = \varepsilon bc$，计算 ε_{max}。

[任务评价]

见附录任务完成情况考核评分表。

[任务思考]

（1）测定高锰酸钾最大吸收波长时选取不同波长要注意什么？

（2）简述测定某一种溶液的最大吸收波长的原理？

任务二十八　邻二氮菲法测定微量铁

[任务目的]

（1）学习确定实验条件的方法，掌握邻二氮菲分光光度法测定微量铁的方法原理。

（2）掌握 721 型分光光度计的使用方法，并了解此仪器的主要构造。

[仪器和药品]

仪器：721 型分光光度计，1cm 吸收池，10mL 吸量管，50mL 比色管（7 个）。

药品：1.0×10^{-3} mol·L^{-1} 铁标准溶液，100μg·mL^{-1} 铁标准溶液，0.15％邻二氮菲水溶液，10％盐酸羟胺溶液（新配），1mol·L^{-1} 乙酸钠溶液，1mol·L^{-1} NaOH 溶液，6mol·L^{-1} HCl（工业盐酸试样）。

[测定原理]

在可见光分光光度法的测定中，通常是将被测物与显色剂反应，使之生成有色物质，然后测其吸光度，进而求得被测物质的含量。

因此，显色条件的完全程度和吸光度的测量条件都会影响到测量结果的准确性。为了使测定有较高的灵敏度和准确性，必须选择适宜的显色反应条件和仪器测量条件。通常研究的显色反应条件有显色温度和时间、显色剂用量、显色液酸度、干扰物质的影响因素及消除等，但主要是测量波长和参比溶液的选择。本试验测定工业盐酸中铁含量的原理：根据朗伯-比耳定律 $A = \varepsilon bc$，当入射光波长 λ 及光程 b 一定时，在一定浓度范围内，有色物质的吸光度 A 与该物质的浓度 c 成正比。只要绘出以吸光度 A 为纵坐标，浓度 c 为横坐标的标准曲线，测出试液的吸光度，就可以由标准曲线查得对应的浓度值，即工业盐酸中铁的含量。

邻二氮菲可测定试样中铁的总量的条件和依据：邻二氮菲亦称邻菲咯啉（简写 phen），是光度法测定铁的优良试剂。在 pH＝2～9 的范围内，邻二氮菲与二价铁生成稳定的橘红色配合物 $[Fe(phen)_3]^{2+}$。

此配合物的 $lgK_稳=21.3$，摩尔吸光系数 $\varepsilon_{510}=1.1\times10^4 L\cdot mol^{-1}\cdot cm^{-1}$，而 Fe^{3+} 能与邻二氮菲生成 3∶1 配合物，呈淡蓝色，$lgK_稳=14.1$。所以在加入显色剂之前，应用盐酸羟胺（$NH_2OH\cdot HCl$）将 Fe^{3+} 还原为 Fe^{2+}，其反应式如下：

$$2Fe^{3+}+2NH_2OH\cdot HCl \longrightarrow 2Fe^{2+}+N_2+2H_2O+4H^++2Cl^-$$

测定时控制溶液的酸度为 pH≈5 较为适宜，用邻二氮菲可测定试样中铁的总量。

[任务实施过程]

1. 吸收曲线的绘制和测量波长的选择

用吸量管吸取 2.00mL 1.0×10^{-3} mol·L^{-1} 铁标准溶液，注入 50mL 比色管中，加入 1.00mL 10％盐酸羟胺溶液，摇匀，加入 2.00mL 0.15％邻二氮菲溶液，5.0mL NaAc 溶液，用水稀释至刻度。在光度计上用 1cm 比色皿，采用试剂溶液为参比溶液，在 440～560nm 间，每隔 10nm 测量一次吸光度（在最大吸收波长处，每隔 2nm），以波长为横坐标，吸光度为纵坐标，绘制吸收曲线，选择测量的适宜波长。

2. 显色剂条件的选择（显色剂用量）

在 6 支比色管中，各加入 2.00mL 1.0×10^{-3} mol·L^{-1} 铁标准溶液和 1.00mL 10％盐酸羟胺溶液，摇匀。分别加入 0.10mL，0.50mL，1.00mL，2.00mL，3.00mL，4.00mL 0.15％邻二氮菲溶液，5.0mL NaAc 溶液，用水稀释至刻度，摇匀。在光度计上用 1cm 比色皿，采用试剂溶液为参比溶液，测吸光度。以邻二氮菲体积为横坐标，吸光度为纵坐标，绘制吸光度-试剂用量曲线，从而确定最佳显色剂用量。

3. 工业盐酸中铁含量的测定

(1) 标准曲线的制作　在 6 支 50mL 比色管中，分别加入 0.00mL、0.20mL、0.40mL、0.60mL、0.80mL、1.00mL $100\mu g\cdot mL^{-1}$ 铁标准溶液，再加入 1.00mL 10％盐酸羟胺溶液，2.00mL 0.15％邻二氮菲溶液和 5.0mL NaAc 溶液，用水稀释至刻度，摇匀。在 512nm 处，用 1cm 比色皿，以试剂空白为参比，测吸光度 A。

(2) 试样测定　准确吸取三份适量工业盐酸，按标准曲线的操作步骤，测定其吸光度。

① 标准曲线的制作

波长/nm	440	450	460	470	480	490	492	494	496
T/%									
吸光度 A									

波长/nm	498.0	500.0	502.0	504.0	506.0	508.0	510.0	512.0	514.0
T/%									
吸光度 A									
波长/nm	516.0	518.0	520.0	530.0	540.0	550.0	560.0		
T/%									
吸光度 A									

② 铁含量测定

铁标液体积/mL	0	0.2	0.4	0.6	0.8	1.0
铁浓度/$\mu g \cdot mL^{-1}$	0	0.4	0.8	1.2	1.6	2.0
透射比 T/%	100	85.0	66.3	57.8	41.1	38.1
吸光度 A	0	0.0706	0.1785	0.2381	0.3862	0.4191

[任务评价]

　　见附录任务完成情况考核评分表。

[任务思考]

　　(1) 邻二氮菲分光光度法测定微量铁时为何要加入盐酸羟胺溶液?

　　(2) 参比溶液的作用是什么? 在本实验中可否用蒸馏水作参比?

　　(3) 邻二氮菲与铁的显色反应, 其主要条件有哪些?

项目小结

　　一、吸光光度法是基于被测物质对光具有选择性吸收而建立起来的分析方法。它包括比色法、可见分光光度法和紫外分光光度法。

　　二、吸光光度法特点是灵敏度高、准确度高、应用广泛、仪器设备简单、易操作、发展前景好等。

　　三、光吸收曲线是依据溶液对不同波长的光的吸收程度,测定每一波长下相应的光的吸收程度,以波长为横坐标,吸光度为纵坐标作图所得的曲线。

　　四、光的吸收基本定律——朗伯-比耳定律

　　当一束平行的单色光通过均匀、非散射的稀溶液时,溶液对光的吸收程度与溶液的浓度及液层厚度的乘积成正比,此定量关系称为朗伯-比耳定律,也叫光的吸收定律。它的数学表达式是:

$$\lg \frac{I_0}{I_t} = Kbc$$

式中　I_0——入射光的强度;

　　　I_t——透射光的强度;

　　　K——比例常数;

　　　b——液层的厚度即光程长度, cm;

　　　c——溶液的浓度, $mol \cdot L^{-1}$ 或 $g \cdot L^{-1}$。

五、偏离朗伯-比耳定律的原因。

六、比色分析法

1.目视比色法　用眼睛观察溶液颜色的深浅以确定待测组分含量的方法称为目视比色法。

2.光电比色法　光电比色法是以光吸收定律为理论基础进行定量测定的。

七、分光光度法

分光光度法是指采用待测溶液吸收的单色光作入射光源，用仪表代替人眼来测量溶液吸光度的一种分析方法。测定时用到的电子仪器叫分光光度计。分光光度法进行定量分析常用的方法有比较法、标准曲线法。

1. 721 分光光度计的使用方法。

2. 751 型分光光度计使用方法。

八、显色反应的要求

选择性好；灵敏度高；有色化合物的组成恒定、化学性质稳定，显色反应应按确定的反应式进行；显色剂与生成的有色化合物之间要有明显的颜色差别，显色剂在测定波长处无吸收；显色反应的条件应易于控制。

九、显色反应条件的选择

显色剂用量、溶液的酸度、显色时间、显色温度、溶剂、共存干扰离子的影响。

十、显色剂

显色剂分为有机显色剂、无机显色剂。显色反应最常用的显色剂是配位剂，它们常可以和被测离子形成极其稳定的有色配合物。

自我测试

一、填空题

1.朗伯-比耳定律 $A = abc$ 中，c 代表＿＿＿＿＿＿ b 代表＿＿＿＿＿＿＿＿＿＿。浓度以 $g \cdot L^{-1}$ 为单位时，a 称为＿＿＿＿＿＿。若浓度以 $mol \cdot L^{-1}$ 为单位时，a 用＿＿＿＿符号表示，称为＿＿＿＿＿＿＿＿＿＿＿。

2.有色溶液的光吸收曲线（吸收光谱曲线）是以＿＿＿＿＿＿＿＿＿＿＿＿＿为横坐标，以＿＿＿＿＿＿＿＿＿＿＿＿为纵坐标绘制的。溶液浓度越大，吸收峰值＿＿＿＿＿，最大吸收波长＿＿＿＿＿。

3.当空白溶液置于光路时，应使 $T =$ ＿＿＿＿＿＿，$A =$ ＿＿＿＿＿＿。吸光度 $A = 0.30$，则透光率 $T =$ ＿＿＿＿＿＿。当其他条件不变，而溶液浓度增大至原来 2 倍时，吸光度 $A =$ ＿＿＿＿＿，透光率 $T =$ ＿＿＿＿＿。

4.一有色溶液在某波长下遵守比耳定律，浓度为 $x \, mol \cdot L^{-1}$ 时吸收入射光的 15.0%，在相同条件下，浓度为 $2x$ 的该有色溶液的 T 是＿＿＿＿＿＿＿＿＿＿＿＿＿＿＿%。

二、选择题

1.符合朗伯-比耳定律的一有色溶液，当有色物质的浓度增加时，最大吸收波长和吸光度分别是（　　）。

A.不变、增加　　　　　　　B.不变、减少

C.增加、不变　　　　　　　D.减少、不变

2. 透射比与吸光度的关系是（　　　）。

A. $\dfrac{1}{T}=A$　　　　　　　　　　B. $\lg\dfrac{1}{T}=A$

C. $\lg T=A$　　　　　　　　　　D. $T=\lg\dfrac{1}{A}$

3. 摩尔吸光系数（ε）的单位为（　　　）。

A. $mol\cdot L^{-1}\cdot cm^{-1}$　　　　　　B. $L\cdot mol^{-1}\cdot cm^{-1}$

C. $mol\cdot g^{-1}\cdot cm^{-1}$　　　　　　D. $g\cdot mol^{-1}\cdot cm^{-1}$

4. 一有色溶液对某波长光的吸收遵守比耳定律。当选用 2.0cm 的比色皿时，测得透射比为 T，若改用 1.0cm 的吸收池，则透射比应为（　　　）。

A. $2T$　　　　　　　　　　B. $T/2$

C. T^2　　　　　　　　　　D. $T^{1/2}$

5. 相同条件下，测得 $1.0\times10^{-3}mol\cdot L^{-1}$ 标准溶液的透光率为 50%，待测溶液的透光率为 55%，则待测溶液的浓度为（　　　）。

A. $1.2\times10^{-3}mol\cdot L^{-1}$　　　B. $1.1\times10^{-3}mol\cdot L^{-1}$　　　C. $1.0\times10^{-3}mol\cdot L^{-1}$

D. $8.6\times10^{-4}mol\cdot L^{-1}$　　　E. $9.1\times10^{-4}mol\cdot L^{-1}$

6. 下面有关显色剂的叙述正确的是（　　　）。

A. 能与被测物质生成稳定的有色物质

B. 必须是本身有颜色的物质　　　C. 与被测物质的颜色互补

D. 本身必须是无色试剂　　　　　E. 在测定波长处，应有明显吸收

7. 关于选择 λ_{max} 作入射光进行分光光度法测定的原因，下列叙述中不正确的是（　　　）。

A. 在 λ_{max} 处，单色光纯度最高　　　　B. 在 λ_{max} 处，ε 最大

C. 在 λ_{max} 处的一个较小范围内，ε 随波长的变化较小

D. 在 λ_{max} 处，溶液的 A 与 c 成直线关系

E. 以 λ_{max} 为入射光，测定的灵敏度最高

8. 将某波长的单色光通过厚度为 1cm 的溶液，则透射光强度为入射光强度的 1/2，若该溶液厚度为 2cm 时，吸光度应为（　　　）。

A. 0.151　　　B. 0.250　　　C. 0.301　　　D. 0.500　　　E. 0.602

9. 关于郎伯-比耳定律，下述正确的是（　　　）。

A. 该定律仅适用于可见光区的单色光

B. 该定律仅适用于有色物质的含量测定

C. 其他条件不变，溶液浓度改变，吸光度和吸光系数都会改变

D. 其他条件不变，入射光波长改变，吸光度和吸光系数都会改变

E. 其他条件不变，溶液厚度改变，吸光度和吸光系数都会改变

10. 在分光光度法中的吸光度 A 可表示为（　　　）。

A. I_t/I_0　　　B. $\lg(I_t/I_0)$　　　C. I_0/I_t　　　D. $\lg(I_0/I_t)$　　　E. $\lg T$

三、判断题

1. 分光光度法灵敏度高，特别适用于常量组分的测定。　　　　　　　　　　（　　）

2. 光照射有色溶液时，A 与 T 的关系为 $\lg T=A$。　　　　　　　　　（　　）

3. 当某一波长的单色光照射某溶液时，若 $T=100\%$，说明该溶液对此波长的光无吸收。

（　　）

4. 符合朗伯-比耳定律的某有色溶液，其浓度越大，透光率越大。 （　　）

5. 如果吸收池的厚度增加 1 倍，则溶液的透光率将减少 1 倍。 （　　）

6. 吸光系数与入射光波长、溶剂及溶液浓度有关。 （　　）

7. $\varepsilon(\lambda_{max})$ 只与物质的性质有关，是物质的特性常数。 （　　）

8. ε 愈大，表明溶液对入射光愈易吸收，测定的灵敏度愈高。 （　　）

9. 一般 ε 值在 10^3 以上即可进行分光光度法测定。 （　　）

10. 吸收曲线的基本形状与浓度无关。 （　　）

四、计算题

1. 某遵守朗伯-比耳定律的溶液，当浓度为 c_1 时，透光率为 T_1，当浓度为 $0.5c_1$、$2c_1$ 时，在液层不变的情况下，相应的透光率分别为多少，何者最大？

2. 将精制的纯品氯霉素（$M_r = 323.15$）配成 $2.00 \times 10^{-2} \mathrm{g \cdot L^{-1}}$ 的溶液，在波长 278nm 处，用 1.00cm 吸收池测得溶液的吸光度 $A = 0.614$，试求氯霉素的摩尔吸光系数。

备选任务

任务二十九　无机与分析化学实验的基本操作训练

[任务目的]

掌握无机与分析化学实验基本操作中的几项常规操作，包括灯的使用和加热，玻璃仪器的洗涤，药品的取用，液体和固体的分离等。

[仪器]

酒精灯，蒸发皿，坩埚，烧杯，试管，锥形瓶，量筒，试剂瓶，玻璃漏斗，布氏漏斗，玻璃水泵，热漏斗，水浴锅等。

[任务实施过程]

1.酒精灯的使用

在实验室的加热操作中，常使用酒精灯、酒精喷灯、煤气灯或电炉等。酒精灯的温度通常可达 400～500℃。

点燃酒精灯需用火柴，切勿用已点燃的酒精灯直接去点燃别的酒精灯。熄灭灯焰时，切勿用口去吹，可将灯罩盖上，火焰即灭，然后再提起灯罩，待灯口稍冷，再盖上灯罩，这样可以防止灯口破裂。长时间加热时最好预先用湿布将灯身包围，以免灯内酒精受热大量挥发而发生危险。不用时，必须将灯罩盖好，以免酒精挥发。

2.加热

常用的受热仪器有烧杯、烧瓶、锥形瓶、蒸发皿、坩埚、试管等。这些仪器一般不能骤热，受热后也不能立即与潮湿的或过冷的物体接触，以免由于骤热骤冷而破裂。加热液体时，液体体积一般不应超过容器容积的一半。在加热前必须将容器外壁擦干。

烧杯、烧瓶和锥形瓶加热时必须放在石棉铁丝网（或铁丝网）上；否则容易因受热不均而破裂。

蒸发皿、坩埚灼热（图 6-8）时，应放在泥三角上，如需移动则必须用坩埚夹夹取。

在火焰上加热试管时，应使用试管夹夹住试管的中上部（微热时也可用拇指和食指持试管），试管与桌面成约 60°的倾斜。如果加热液体，应先加热液体的中上部，慢慢移动试管，加热下部，然后不时上下移动或摇荡试管，务必使各部分液体受热均匀，以免管内液体因受热不均而骤然溅出（图6-9）。如果加热潮湿的或加热后有水产生的固体时，应将试管口稍微向下倾斜，使管口略低于底部，以免在试管口冷凝的水流向灼热的管底而使试管破裂（图6-10）。

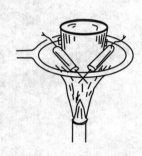

图6-8　坩埚的灼热

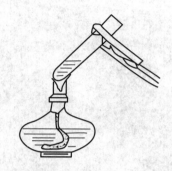

图6-9　用试管加热液体

　　如果要在一定范围的温度下进行较长时间的加热，则可使用水浴、蒸汽浴（图6-11）或砂浴等。水浴（图6-12）或蒸汽浴是具有可移动的同心圆盖的铜制水锅。砂浴是盛有细砂的铁盘。应当指出：离心试管由于管底玻璃较薄，不宜直接加热，应在热水浴中加热。

图6-10　用试管加热潮湿的固体

图6-11　蒸汽浴加热

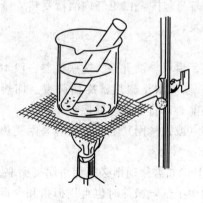

图6-12　烧杯代替水浴加热

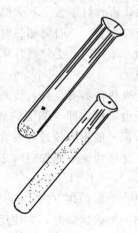

图6-13　试管的清洁情况

3. 玻璃仪器的洗涤

为了使实验结果正确，必须将实验仪器洗涤干净。试管的清洁情况见图 6-13。现以洗涤试管为例，说明洗涤方法。

在试管内装入约 1/4 的水，振荡片刻，倒掉，再装水振荡，倒掉；若管壁能均匀地被水所湿润而不沾附水珠，可认为基本上已洗涤清洁。洗涤时也可使用试管刷，刷洗时注意将试管刷前部的毛捏住后放入管内，以免铁丝顶端将试管戳破。如有需要，可用去污粉刷洗（但不要用去污粉刷洗有刻度量器，以免擦伤器壁）。按上法洗净后，需再用离子水（或蒸馏水）洗涤，以除去沾附在器壁上的普通水。洗涤的方法一般是从洗瓶向仪器内壁挤入少量水，同时转动仪器或变换洗瓶水流方向，使水能充分淋洗内壁，每次用水量不需太多，如此洗涤 2～3 次后，即可使用。

如果仪器沾污得很厉害，可先用洗涤液处理。在实验室中常用的是由重铬酸钾和浓硫酸所配成的溶液，叫做洗液。一般可将需要洗涤的仪器浸泡在热的（70℃左右）洗液中约十几分钟，取出后，再用水冲洗。用过的洗液如果不显绿色（+3 价铬离子的颜色），一般仍可倒回原瓶再用（不要随便废弃）。洗液有强烈的腐蚀性，使用时必须小心，防止它溅在皮肤或衣服上。有油渍的仪器可先用热的氢氧化钠或碳酸钠溶液处理。

4. 药品的取用

取用药品前，应看清标签。取用时，如果瓶塞顶是扁平的，瓶塞取出后可倒置桌上；如果瓶塞顶不是扁平的，可用食指和中指（或中指和无名指）将瓶塞夹住（或放在清洁的表面皿上），绝不可将它横置桌上。

固体药品需用清洁、干燥的药匙（塑料、玻璃或牛角的）取用，不得用手直接拿取。药匙的两端为大小两个匙，取大量固体时用大匙，取小量固体时用小匙（取用的固体要放入小试管时，也可用小匙）。

液体药品一般可用量筒量或用滴管吸取。用滴管将液体滴入试管中时（图 6-14），应用左手垂直地拿持试管，右手持滴管橡皮头将滴管放在试管口的正中上方然后挤捏滴管的橡皮头，使液体滴入试管中。绝不可将滴管伸入试管中，否则，滴管口易沾有试管壁上的其他液体，如果再将此滴管放入药品中，则会沾污该瓶中的药品。若所用的是滴瓶中的滴管，使用后应立即插回原来的滴瓶中。不得把沾有液体药品的滴管横置或将滴管口向上斜放，以免液体流入滴管的橡皮头。

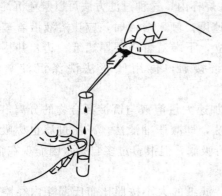
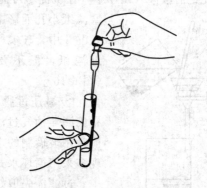

(a) 用滴管滴加少量液体药品的正确操作　　　　(b) 用滴管滴加少量液体药品的不正确操作

图 6-14　用滴管滴加液体的操作情况

用量筒量取液体时，应左手持量筒，并以大拇指指示所需体积的刻度处；右手持药品瓶（药品标签应在手心处），瓶口紧靠量筒边缘，慢慢注入液体到所指刻度。读取刻度时，视线与液面在同一水平面上。如果不谨慎，倾出了过多的液体，只好把它弃去或给他人使用，不得倒回原瓶。

药品取用后，必须立即将瓶塞盖好。实验室中药品瓶的安放，一般均有一定的次序和位置，不得任意更动。若需移动药品瓶，使用后应立即放回原处。

取用浓酸碱等腐蚀性药品时，要防止沾到眼睛、皮肤上或洒在衣服上。如果酸碱等洒在桌上，应立即用湿布擦去，如果沾到眼睛或皮肤上要立即用大量清水冲洗。

5.固体与溶液的分离

经常采用倾析法、过滤法和离心分离法使固相和溶液分离。

（1）**倾析法**　当晶体或沉淀的颗粒较大，静止后能沉降至容器底部，上层清液可由倾析法除去。如果需要洗涤，可加入少量洗涤液或蒸馏水，搅拌后沉降，倾析除去洗涤液，如此反复，即可洗净固体物质。

（2）**过滤法**　过滤是利用滤纸将溶液和固相分开，过滤后的溶液称为滤液。经常采用常压过滤、减压过滤（吸滤）和热过滤三种过滤方法。

① **常压过滤**　根据漏斗角度大小（与 60°角相比），采用四折法折叠滤纸（图 6-15），先将滤纸对折，然后再对折，但不要折死，打开形成圆锥体后，放入漏斗中，试其与漏斗壁是否密合。如果滤纸与漏斗不十分密合，可稍稍改变滤纸折叠的角度，直到与漏斗密合为止。

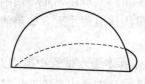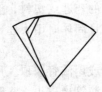

图 6-15　滤纸的折叠

为了使漏斗与滤纸之间贴紧而无气泡，可将三层厚的外层撕下一小块（此小块滤纸保留，用以擦洗烧杯），用食指把滤纸按在漏斗的内壁上，用水润湿，赶尽滤纸与漏斗壁之间的气泡。

先把清液倾入漏斗中，让沉淀尽可能地留在烧杯内。这种过滤方法可以避免沉淀过早堵塞滤纸小孔而影响过滤速度。倾入溶液时，应让溶液沿着玻璃棒流入漏斗中，玻璃棒应直立，下端对着三层厚滤纸一边，并尽可能接近滤纸，但不要与滤纸接触，再用倾析法洗涤沉淀 3～4 次（图 6-16）。

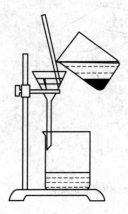

图 6-16　常压过滤

② **减压过滤**　为了加速大量溶液与沉淀混合物的分离，常采用布氏漏斗抽气过滤的方法，即减压抽滤法。减压过滤也称吸滤，以前常用玻璃制的水泵进行吸滤，但浪费过多自来水因而现在很少用，现多采用循环水式真空泵。

过滤前先剪好滤纸，滤纸的大小按照比布氏漏斗内径略小而又能将漏斗的孔全盖上为宜。剪滤纸前不能把湿的漏斗在滤纸上扣一下来确定滤纸的大小，因湿滤纸很难剪好；一般不要将滤纸折叠，因折叠处在减压过滤时很容易透滤。每个学生都应熟练掌握只用眼睛观察漏斗即能将滤纸剪好的技能。

减压过滤装置如图 6-17 所示，把剪好的滤纸放入布氏漏斗内，用少量水润湿，开真空泵，使滤纸贴紧布氏漏斗。溶液的转移与常压过滤相同。过滤后先拔下吸滤瓶的胶管，再取下布氏漏斗，用玻璃棒撬起滤纸边，取下滤纸和沉淀。瓶内的滤液从瓶口倒出，而不能从侧口倒出，以免使滤液污染。

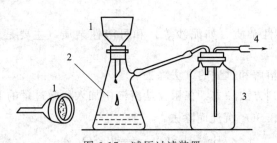

图 6-17　减压过滤装置

1—布氏漏斗；2—吸滤瓶；3—缓冲瓶；4—接真空泵

对于强酸性、强碱性及强腐蚀性溶液，可用尼龙布或熔砂玻璃漏斗过滤，但熔砂玻璃漏斗不适合过滤碱性太强的物质。

③ 热过滤　如果溶液中的溶质在冷却后易析出结晶，而实验要求溶质在过滤时保留在溶液中，要采用热过滤的方法。

若过滤能很快完成（时间短），过滤过程中溶液温度变化不大，则趁热过滤而不需使用热过滤装置（图 6-18）。若过滤需时间较长，过滤过程中溶液温度变化较大，则要使用热过滤装置。

（3）离心分离　溶液和沉淀都很少时，可采用离心分离。离心分离方法简单、方便，实验中经常采用这种方法使沉淀和溶液分离。

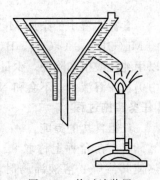

图 6-18　热过滤装置

将盛有沉淀和溶液的离心试管或小试管放入电动离心机的套管内，为保持平衡，几个试管要放在对称的位置，如果只有一个试样，可在对称位置放一支装等量水的试管。盖好盖子，将转速放在最低档位置，然后逐渐加速，受到离心作用，试管中的沉淀聚集在底部，实现固液分离。几分钟后，将离心机转速逐渐调小最后完全停止，取出离心试管。

[任务评价]

见附录任务完成情况考核评分表。

[任务思考]

（1）酒精灯的使用应注意哪些事项？

（2）玻璃仪器的洗涤有哪几种方法？怎样才算洗净？

（3）过滤有几种方法？各适用哪些液体和固体的分离？

任务三十　氯化钠的提纯

[任务目的]

（1）运用中学已经学过的化学知识，了解氯化钠提纯的化学方法。

（2）练习台秤和酒精灯的使用以及过滤、蒸发、结晶、干燥等基本操作。

[仪器和药品]

仪器：台秤，（150mL）烧杯，普通漏斗，漏斗架，布氏漏斗，吸滤瓶，100mL 蒸发皿，石棉网，pH 试纸，滤纸。

药品：粗食盐，HCl（$2mol \cdot L^{-1}$），NaOH（$2mol \cdot L^{-1}$），$BaCl_2$（$1mol \cdot L^{-1}$），Na_2CO_3（$1mol \cdot L^{-1}$），$(NH_4)_2C_2O_4$（$0.5mol \cdot L^{-1}$），镁试剂。

[测定原理]

粗食盐中含有不溶性杂质（如泥沙等）和可溶性杂质（主要是 Ca^{2+}、Mg^{2+}、K^+ 和 SO_4^{2-}）。

不溶性杂质，可用溶解和过滤的方法除去。

可溶性杂质可用下列方法除去：在粗食盐溶液中加入稍微过量的 $BaCl_2$ 溶液时，即可将 SO_4^{2-} 转化为难溶解的 $BaSO_4$ 沉淀而除去：

$$Ba^{2+} + SO_4^{2-} = BaSO_4 \downarrow$$

将溶液过滤，除去 $BaSO_4$ 沉淀，再加入 NaOH 和 Na_2CO_3 溶液，发生下列反应：

$$Mg^{2+} + 2OH^- = Mg(OH)_2 \downarrow$$
$$Ca^{2+} + CO_3^{2-} = CaCO_3 \downarrow$$
$$Ba^{2+} + CO_3^{2-} = BaCO_3 \downarrow$$

食盐溶液中的杂质 Mg^{2+}、Ca^{2+} 以及沉淀 SO_4^{2-} 时加入的过量 Ba^{2+} 相应地转化为难溶的 $Mg(OH)_2$、$CaCO_3$、$BaCO_3$ 沉淀而通过过滤的方法除去。过量的 NaOH 和 Na_2CO_3 可以用纯盐酸中和除去。少量可溶性的杂质（如 KCl）由于含量很少，在蒸发浓缩和结晶过程中仍留在溶液中，不会和 NaCl 同时结晶出来。

[任务实施过程]

1. 粗食盐的提纯

（1）在台秤上称取 8g 粗食盐，放入小烧杯中，加 30mL 水，用玻璃棒搅动，并加热使其溶解。溶液沸腾时，在搅动下一滴一滴加入 $1mol \cdot L^{-1}$ $BaCl_2$ 溶液至沉淀完全（约 2mL），继续加热，使 $BaSO_4$ 颗粒长大而易于沉淀和过滤。为了试验沉淀是否完全，可将烧杯从石棉网上取下，待沉淀沉降后，在上层清液中加入 $1\sim2$ 滴 $BaCl_2$ 溶液，观察澄清液中是否还有混浊现象，如果无混浊现象，说明 SO_4^{2-} 已完全沉淀，如果仍有混浊现象，则需继续滴加 $BaCl_2$ 溶液，直至上层清液在加入一滴 $BaCl_2$ 后，不再产生混浊现象为止。沉淀完全后，继续加热五分钟，使沉淀颗粒长大而易于沉淀，用普通漏斗过滤。

（2）在滤液中加入 1mL $2mol \cdot L^{-1}$ NaOH 和 3mL $1mol \cdot L^{-1}$ Na_2CO_3，加热至沸，待沉淀沉降后，于上层清液中滴加 $1mol \cdot L^{-1}$ Na_2CO_3 溶液至不再产生沉淀为止，用普通漏斗过滤。

（3）在滤液中逐滴加入 $2mol \cdot L^{-1}$ HCl，并用玻璃棒蘸取滤液在 pH 试纸上试验，直至溶液呈微酸性为止（pH＝6）。

（4）将溶液倒入蒸发皿中，用小火加热蒸发，浓缩至稀粥状的稠液为止，但切不可将溶液蒸发至干。

（5）冷却后，用布氏漏斗过滤，尽量将结晶抽干。将结晶放入蒸发皿中，在石棉网上用小火加热干燥。

（6）称出产品的重量，并计算产量百分率。

2.产品纯度的检验

取少量（约1g）提纯前和提纯后的食盐，分别用5mL蒸馏水溶解，然后各盛于三支试管中，分成三组，对照检验它们的纯度。

（1）SO_4^{2-} 的检验　在第一组溶液中分别加入2滴$1mol \cdot L^{-1}BaCl_2$溶液，比较沉淀产生的情况，在提纯的食盐溶液中应无沉淀产生。

（2）Ca^{2+} 的检验　在第二组溶液中各加入2滴$0.5mol \cdot L^{-1}$草酸铵$(NH_4)_2C_2O_4$溶液，在提纯的食盐溶液中应无白色难溶的草酸钙$Ca_2C_2O_4$沉淀产生。

（3）Mg^{2+} 的检验　在第三组溶液中加入2～3滴$1mol \cdot L^{-1}NaOH$溶液，使溶液呈碱性（用pH试纸试验），再各加入2～3滴镁试剂，在提纯的食盐溶液中应无天蓝色沉淀产生。

镁试剂是一种有机染料，它在酸性溶液中呈黄色，在碱性溶液中呈红色或紫色，但被$Mg(OH)_2$沉淀吸附后，则呈天蓝色，因此可以用来检验Mg^{2+}的存在。

[任务评价]

见附录任务完成情况考核评分表。

[任务思考]

（1）怎样除去粗食盐中的杂质Ca^{2+}、Mg^{2+}、K^+和SO_4^{2-}等离子？

（2）怎样除去过量的沉淀剂$BaCl_2$、$NaOH$和Na_2CO_3？

（3）提纯后的食盐溶液浓缩时为什么不能蒸干？

（4）怎样检验提纯后的食盐的纯度？

任务三十一　化学反应速率和化学平衡测定

[任务目的]

（1）了解浓度、温度、催化剂对反应速率的影响；了解浓度、温度对化学平衡移动的影响。

（2）练习在水浴中保持恒温的操作。

（3）练习根据实验数据作图。

[仪器和药品]

仪器：表（有秒表）1只，温度计（100℃）2支，烧杯（100mL、40mL）各2只，NO_2平衡仪1只，量筒（50mL）2只。

药品：$MnO_2(s)$，KIO_3（称取10.7g分析纯KIO_3晶体溶于1L水中），$0.05mol \cdot L^{-1}$ $NaHSO_3$（称取5.2g分析纯$NaHSO_3$和5g可溶性淀粉，配制成1L溶液。配制时先用少量水将5g淀粉调成浆状，然后倒入100～200mL沸水中，煮沸，冷却后加入$NaHSO_3$溶液，然后加水稀释到1L），$FeCl_3$（$0.01mol \cdot L^{-1}$，饱和），$KSCN$（$0.03mol \cdot L^{-1}$，饱和），$3\%H_2O_2$。

[测定原理]

在一定温度下，某反应处于平衡状态时，生成物的活度以方程式中化学计量数为幂的乘积，除以反应物的活度以方程式中计量数的绝对值为幂的乘积等于一个常数$K^\ominus$，称为标准平衡常数。

化学反应的快慢是以单位时间内作用物量或生成物量的改变来计算的。由于反应式中生成物和反应物的化学计量数往往不同，用物质的量的变化率来表示转化速率，其数值就不一致。

在一定条件下，既能向正方向又能向逆方向进行的反应称为可逆反应。在可逆反应中，当正逆反应速率相等时，即达到了化学平衡。

当外界条件例如浓度、压力或温度等改变时，平衡就向能减弱这个改变的方向移动。据此来判断浓度、温度、催化剂等对化学平衡移动的影响和移动方向。

反应物分子在碰撞中一步直接转化为生成物分子的反应称为基元反应。基元反应的反应速率与反应物浓度以方程式中化学计量数为幂的乘积成正比，这一规律称为质量作用定律。温度对反应速度有显著的影响；催化剂的存在可以剧烈地改变反应速率。

反应速率是通过实验测定的。实验中，用化学或物理方法测定在不同时刻反应物或生成物的浓度，然后通过作图法，即可求得不同时刻的反应速率。

[任务实施过程]

1.浓度对反应速率的影响（需两人合做）

碘酸钾 KIO_3 可氧化亚硫酸氢钠而本身被还原，其反应如下：

$$2KIO_3 + 5NaHSO_3 \Longrightarrow Na_2SO_4 + 3NaHSO_4 + K_2SO_4 + I_2 + H_2O$$

反应中生成的碘可使淀粉变为蓝色。如果在溶液中预先加入淀粉作指示剂，则淀粉变蓝所需时间 t 的长短，即可用来表示反应速率的快慢。时间 t 和反应速率成反比，而 $1/t$ 则和反应速率成正比。如果固定 $NaHSO_3$ 的浓度，改变 KIO_3 的浓度，则可以得到 $1/t$ 和 KIO_3 浓度变化之间的直线关系。

实验方法如下：用 50mL 量筒准确量取 10mL $NaHSO_3$ 和 35mL 水，倒入 125mL 小烧杯中，搅动均匀。用另一只 50mL 量筒准确量取 5mL $0.05mol \cdot L^{-1}$ KIO_3 溶液。准备好表和玻璃棒，将量筒中的 KIO_3 溶液迅速倒入盛有 $NaHSO_3$ 溶液的小烧杯中，立刻计时并加以搅动，记录溶液变蓝所需时间，并填入下面表格中。用同样的方法依次按下表中的实验号数进行。

实验号数	$NaHSO_3$ 的体积/mL	H_2O 的体积/mL	KIO_3 的体积/mL	溶液变蓝时间 t/s	$1/t \times 100$	KIO_3 的浓度 $c \times 1000$
1	10	35	5			
2	10	30	10			
3	10	25	15			
4	10	20	20			
5	10	15	25			

根据上列实验数据，以 KIO_3 的浓度 $c \times 1000$ 为横坐标、$1/t \times 100$ 作纵坐标，绘制曲线。横坐标以 2cm 为单位、纵坐标以 1cm 为单位。

2.温度对反应速率的影响（需两人合做）

在一只 100mL 小烧杯中加入 10mL $NaHSO_3$ 和 35mL 水，用量筒量取 5mL KIO_3 溶液加入另一试管中，将小烧杯和试管同时放在热水浴中加热到比室温高 10℃ 左右，将 KIO_3 溶液倒入 $NaHSO_3$ 溶液中，立刻看表计时，记录淀粉变蓝时间，并填入下面表格中。

实验号数	NaHSO$_3$ 的体积/mL	H$_2$O 的体积/mL	KIO$_3$ 的体积/mL	实验温度 t/℃	溶液变蓝 时间/s

水浴可用 400mL 烧杯加水，用小火加热，控制温度高出要测定的温度约 10℃左右（不宜过高）。如果在室温 30℃ 以上做本实验时，用水浴来代替热水浴温度要比室温低 10℃左右，记录淀粉变蓝时间并与室温时淀粉变蓝时间作比较。根据实验的结果，作出温度对反应速率影响的结论。

3. 催化剂对反应速率的影响

H$_2$O$_2$ 溶液在常温能分解而放出氧气，但分解很慢，如果加入催化剂（如二氧化锰、活性炭等），则反应速率立刻加快。在试管中加入 3mL 3% H$_2$O$_2$ 溶液，观察是否有气泡发生。用角匙的小端加入少量 MnO$_2$，观察气泡发生的情况，试证明放出的气体是氧气。

4. 浓度对化学平衡的影响

取稀 FeCl$_3$（0.01mol·L^{-1}）溶液和稀 KSCN（0.03mol·L^{-1}）溶液各 6mL，放在小烧杯内混合，由于生成 Fe(SCN)$_n^{3-n}$ 而使溶液呈深红色：

$$Fe^{3+} + nSCN^{-} \Longleftrightarrow Fe(SCN)_n^{3-n}$$

将所得溶液平均分装在三支试管中，在两支试管中分别加入少量饱和 FeCl$_3$ 溶液，饱和 KSCN 溶液，充分振荡使混合均匀，注意它们颜色的变化，并与另一支试管中的溶液进行比较。根据质量作用定律，解释各试管中溶液的颜色变化。

5. 温度对化学平衡的影响

取一只带有两个玻璃球的平衡仪，其中二氧化氮和四氧化二氮处于平衡状态，其反应如下：

$$2NO_2 \Longleftrightarrow N_2O_4 + 54.431kJ$$

NO$_2$ 为深棕色气体，N$_2$O$_4$ 为无色气体，这两种气体混合物，视二者的相对含量而具有由淡棕至深棕的颜色。将一只玻璃球浸入热水中，另一只玻璃球浸入冰水中，观察两只玻璃球中气体颜色的变化。

[任务评价]

见附录任务完成情况考核评分表。

[任务思考]

（1）何谓化学反应速率？影响化学反应速率的因素有哪些？本实验中如何试验浓度、温度、催化剂对反应速率的影响？

（2）何谓化学平衡？化学平衡在什么情况下将发生移动？如何判断化学平衡移动的方向？本实验中如何试验浓度、温度对化学平衡的影响？

任务三十二　乙酸离解度和离解常数的测定

[任务目的]

（1）初步掌握滴定操作方法。

（2）掌握移液管、滴定管、容量瓶等的洗涤和使用方法。

（3）了解测定乙酸离解常数和离解度的方法。

[仪器和药品]

仪器：分析天平，台秤，称量瓶，锥形瓶（250mL），碱式滴定管，滴定台，容量瓶（50mL），烧杯（50mL），移液管（25mL、20mL），刻度吸管（5mL、10mL），洗瓶，pH 计。

药品：邻苯二甲酸氢钾，NaOH 溶液（$0.1 mol \cdot L^{-1}$），HAc 溶液（$0.1 mol \cdot L^{-1}$），NaAc 溶液（$0.1 mol \cdot L^{-1}$），1‰酚酞溶液，邻苯二甲酸氢钾（$0.05 mol \cdot L^{-1}$，标准缓冲液，pH=4.01），未知一元弱酸。

[测定原理]

HAc 是一种弱酸，在溶液中存在着下列平衡：

$$HAc \Longrightarrow H^+ + Ac^-$$

其标准离解常数 $K_a^\ominus$ 的表达式为：

$$K_a^\ominus = \frac{\{c(H^+)/c^\ominus\}\{c(Ac^-)/c^\ominus\}}{c(HAc)/c^\ominus} \tag{1}$$

式中，$c(H^+)$、$c(Ac^-)$、$c(HAc)$ 分别为 H^+、Ac^-、HAc 平衡时的浓度；$c^\ominus$ 为标准浓度，$c = 1 mol \cdot L^{-1}$。$K_a^\ominus$ 在一定温度下为一常数。根据 HAc 的离解度 $\alpha = \dfrac{c(H^+)}{c(HAc)}$，可以求出已知浓度的乙酸 pH 值，从而求算出离解平衡常数 $K_a^\ominus$ 和离解度。本实验利用已知浓度的 NaOH 溶液测定 HAc 溶液的总浓度，用 pH 计测定 HAc 溶液的 pH 值。

一般的酸碱常因其含有杂质或本身不稳定（如 HCl 易挥发，NaOH 易吸水和 CO_2），不能直接配成浓度精确的溶液。为求出它们的精确浓度，需用基准物质进行标定。本实验用邻苯二甲酸氢钾作为基准物质，标定 NaOH 溶液。

[任务实施过程]

（1）NaOH 溶液的标定　准确称取 0.40～0.45g 邻苯二甲酸氢钾三份，分别置于锥形瓶中，加水溶解，再加 2 滴酚酞溶液，用待标定的 NaOH 溶液滴至微红色即为终点。记下所用 NaOH 溶液的体积并计算 NaOH 溶液的浓度（取四位有效数字）及滴定的相对平均偏差。

（2）用 NaOH 标准溶液测定 HAc 溶液的浓度　用移液管吸取未知浓度的 HAc 溶液 25mL（或 20mL），置于锥形瓶中，加入酚酞，用 NaOH 标准液滴至终点。计算 HAc 溶液浓度（取四位有效数字）。平行滴定三次。计算 HAc 溶液平均浓度和滴定的相对平均偏差。

（3）配制不同浓度的 HAc 溶液　分别吸取 25mL、5mL 和 2.5mL 已测出准确浓度的 HAc 溶液，置于三个 50mL 容量瓶中，用蒸馏水稀释至刻度，摇匀，制得 $0.05 mol \cdot L^{-1}$、$0.01 mol \cdot L^{-1}$ 和 $0.005 mol \cdot L^{-1}$ HAc 溶液。

（4）测定 $0.1 mol \cdot L^{-1}$、$0.05 mol \cdot L^{-1}$、$0.01 mol \cdot L^{-1}$ 和 $0.005 mol \cdot L^{-1}$ HAc 溶液的 pH 值。用四个烧杯，分别取一定量的上述四种浓度的 HAc 溶液，由稀到浓分别用 pH 计测定它们的 pH 值，并记录温度（室温）。将测得数据及计算结果列于下表。

HAc 溶液	$c(HAc)$	pH 值	$c(H^+)$	$K_a^\ominus$	α
1					
2					
3					
4					
5					

（5）同离子效应　吸取 25mL 0.1mol·L^{-1} HAc 溶液置于 50mL 容量瓶中，加入 0.1mol·L^{-1} NaAc 溶液 5mL，稀释至刻度，为 5 号溶液。按上述实验方法测其 pH 值并计算 HAc 的离解常数和离解度，将实验结果填入上表，与 2 号溶液比较，解释实验结果。

（6）未知弱酸标准离解常数的测定　取 10mL 未知一元弱酸的稀溶液，用 NaOH 溶液滴定到终点。然后再加 10mL 该弱酸溶液，混合均匀，测其 pH 值。计算该弱酸的标准离解常数。

[任务评价]

见附录任务完成情况考核评分表。

[任务思考]

（1）本实验中，为什么选用酚酞作指示剂？

（2）滴定过程中，往锥形瓶加入水对滴定结果有无影响？

（3）滴定管和移液管为什么要先用所盛的溶液洗涤，而锥形瓶却不能用所盛的溶液洗涤？

（4）如果改变所测 HAc 溶液的温度，则离解度和标准离解常数有无变化？

任务三十三　配合物的生成和性质测定

[任务目的]

（1）比较并解释配离子的稳定性。

（2）了解配位离解平衡与其他平衡之间的关系。

（3）了解配合物的一些应用。

[仪器和药品]

仪器：烧杯，试管；胶头滴管。

药品：HCl（1mol·L^{-1}），NH_3·H_2O（2mol·L^{-1}，6mol·L^{-1}），KI（1mol·L^{-1}），KBr（0.1mol·L^{-1}），$K_4[Fe(CN)_6]$（0.1mol·L^{-1}），NaCl（0.1mol·L^{-1}），Na_2S（0.1mol·L^{-1}），$Na_2S_2O_3$（0.1mol·L^{-1}），EDTA 二钠盐（0.1mol·L^{-1}），NH_4SCN（0.1mol·L^{-1}，饱和），$(NH_4)_2C_2O_4$（饱和），NH_4F（2mol·L^{-1}），$AgNO_3$（0.1mol·L^{-1}），$CuSO_4$（0.1mol·L^{-1}），$HgCl_2$（0.1mol·L^{-1}），$FeCl_3$（0.1mol·L^{-1}），Ni^{2+}试液，Fe^{2+} 和 Co^{2+} 混合试液，碘水，锌粉，二乙酰二肟（1%），乙醇（95%），戊醇等。

[任务实施过程]

1. 配离子稳定性的比较

（1）往盛有 2 滴 0.1mol·L^{-1} $FeCl_3$ 溶液的试管中，加 0.1mol·L^{-1} NH_4SCN 溶液数滴，有何现象？然后再逐滴加入饱和 $(NH_4)_2C_2O_4$ 溶液，观察溶液颜色有何变化？写出有关反应方程式，并比较 Fe^{3+} 的两种配离子的稳定性大小。

（2）在盛有 10 滴 0.1mol·L^{-1} $AgNO_3$ 溶液的试管中，加入 10 滴 0.1mol·L^{-1} NaCl 溶液。倾去上层清液，然后在该试管中按下列的次序进行试验：

① 滴加 6mol·L^{-1} 氨水（不断摇动试管）至沉淀刚好溶解。

② 加 10 滴 0.1mol·L^{-1} KBr 溶液，有何沉淀生成？

③ 倾去上层清液，滴加 1mol·L^{-1} $Na_2S_2O_3$ 溶液至沉淀溶解。

④ 滴加 0.1mol·L^{-1} KI 溶液，又有何沉淀生成？

写出以上各反应的方程式，并根据实验现象比较：

① $[Ag(NH_3)_2]^+$、$Ag[(S_2O_3)_2]^{3-}$ 的稳定性大小；

② $AgCl$、$AgBr$、AgI 的 K_{sp} 的大小。

（3）在 0.5mL 碘水中，逐滴加入 $0.1mol\cdot L^{-1}K_4[Fe(CN)_6]$ 溶液，振荡，有何现象？写出反应式。

2. 配位离解平衡的移动

在盛有 5mL $0.1mol\cdot L^{-1}CuSO_4$ 溶液的小烧杯中加入 $6mol\cdot L^{-1}$ 氨水，直至最初生成的碱式盐 $Cu_2(OH)_2SO_4$ 沉淀又溶解为止。然后加入 6mL 95% 的乙醇，观察晶体的析出。将晶体过滤，用少量乙醇洗涤晶体，观察晶体的颜色。写出反应式。

取上面制备的 $[Cu(NH_3)_4]SO_4$ 晶体少许溶于 4mL $2mol\cdot L^{-1}$ $NH_3\cdot H_2O$ 中，得到含 $[Cu(NH_3)_4]^{2+}$ 配离子的溶液。今欲破坏该配离子，请按下述要求，自己设计实验步骤进行实验，并写出有关反应式。

① 利用酸碱反应来破坏 $[Cu(NH_3)_4]^{2+}$ 配离子。

② 利用沉淀反应来破坏 $[Cu(NH_3)_4]^{2+}$ 配离子。

③ 利用氧化还原反应来破坏 $Cu(NH_3)_4^{2+}$ 配离子。

$$[Cu(NH_3)_4]^{2+}+2e^-\rightleftharpoons Cu+4NH_3 \qquad E^\ominus=-0.02V$$
$$[Zn(NH_3)_4]^{2+}+2e^-\rightleftharpoons Zn+4NH_3 \qquad E^\ominus=-1.02V$$

④ 利用生成更稳定配合物（如螯合物）的方法破坏 $[Cu(NH_3)_4]^{2+}$ 配离子。

3. 配合物的某些应用

（1）利用生成有色配合物来定性鉴定某些离子 Ni^{2+} 与二乙酰二肟作用生成鲜红色螯合物沉淀：

从上面反应可见，H^+ 不利于 Ni^{2+} 的检验。二乙酰二肟是弱酸，H^+ 浓度太高，Ni^{2+} 沉淀不完全或不生成沉淀。OH^- 的浓度也不宜太高，否则会生成 $Ni(OH)_2$ 的沉淀，合适的酸度是 pH＝5～10。

在白色滴板上加入 1 滴试液，1 滴 $6mol\cdot L^{-1}$ 氨水和 1 滴 1% 二乙酰二肟溶液，有鲜红色沉淀生成表示有 Ni^{2+} 存在。

（2）利用生成配合物掩蔽干扰离子 在定性鉴定中如果遇到干扰离子，常常利用形成配合物的方法把干扰离子掩蔽起来。例如 Co^{2+} 的鉴定，可利用它与 SCN^- 反应生成 $[Co(SCN)_4]^{2-}$，该配离子易溶于有机溶剂呈现蓝绿色。若 Co^{2+} 溶液中含有 Fe^{3+}，因 Fe^{3+} 遇 SCN^- 生成红色的配离子而产生干扰。这时，我们可利用 Fe^{3+} 与 F^- 形成更稳定的无色配离子 $[FeF_6]^{3-}$，把 Fe^{3+} 掩蔽起来，从而避免它的干扰。

取 2 滴 Fe^{3+} 和 Co^{2+} 混合试液于一试管中，加 8～10 滴饱和 NH_4SCN 溶液，有何现象产生？逐滴加入 $2mol\cdot L^{-1}NH_4F$ 溶液，并摇动试管，有何现象？继续滴加至溶液变为淡红色（Co^{2+} 的颜色）后加 6 滴戊醇，振荡试管，静置，观察戊醇层的颜色（这是 Co^{2+} 的鉴定方法）。

（3）**硬水软化**　取两只 100mL 烧杯各盛 50mL 自来水（用井水效果更明显），在其中一只烧杯中加入 3～5 滴 0.1mol·L^{-1}EDTA 二钠盐溶液，然后将两只烧杯中的水加热煮沸数十分钟。可以看到未加 EDTA 二钠盐溶液的烧杯中有白色 $CaCO_3$ 等悬浮体生成，而加 EDTA 二钠盐溶液的烧杯中则没有，这表明水中 Ca^{2+} 等离子已形成配位化合物了。

［任务评价］

见附录任务完成情况考核评分表。

［任务思考］

（1）衣服上沾有铁锈时，常用草酸去洗，试说明原理。

（2）可用哪些不同类型的反应，使 $[Fe(SCN)]^{2+}$ 配离子的红色褪去？

（3）在印染业的染浴中，常因某些离子（如 Fe^{3+}、Cu^{2+} 等）使染料颜色改变，加入 EDTA 便可纠正此弊，试说明原理。

综合测试一

一、填空题（每空 1 分，共 20 分）

1.化学反应速率可用_____表示，常用单位是_____；温度升高，反应速率_____，温度降低，反应速率_____，浓度增大，反应速率_____，浓度减小，反应速率_____。此外，正催化剂可_____反应速率。

2.在 HAc 溶液中加入 NaAc，其电离度_____；加入 HCl，电离度_____，加入氢氧化钠电离度_____，加水稀释，电离度_____。

3.组成盐的酸或碱越_____，越容易发生水解；升高温度_____水解；稀释溶液_____水解；酸碱度对水解程度也有影响，在 $FeCl_3$ 溶液的配制中，加入盐酸可_____水解。

4.当 Q 大于 K_{sp}，沉淀_____；当 Q 等于 K_{sp}，沉淀_____；当 Q 小于 K_{sp}，沉淀_____。同离子效应使沉淀的溶解度_____，盐效应使沉淀的溶解度_____。

二、选择题（每题 1 分共 10 分）

1.某反应在一定条件下的转化率为 25.7%，如加入催化剂，反应的转化率将（　　）。

A.大于 25.7%　　　　B.小于 25.7%　　　　C.不变　　　　D.无法判断

2.气体反应 A(g)＋B(g)$\longrightarrow$C(g) 在密闭容器中建立化学平衡，如温度不变，但体积缩小了 2/3，则平衡常数为原来的（　　）。

A.3 倍　　　　　　B.9 倍　　　　　　C.2 倍　　　　　D.不变

3.对于滴定反应的要求错误的是（　　）。

A.滴定反应要进行完全，通常要求达到 99.9% 以上

B.反应速度较慢时，等反应完全后确定滴定终点即可

C.必须有合适的确定终点的方法

D.反应中不能有副反应发生

4.下列物质中，可以直接配制标准溶液的是（　　）。

A. 盐酸　　　　　　　B. 氢氧化钠　　　　　C. 重铬酸钾　　　　　D. 高锰酸钾

5. 下列含有四位有效数字的是（　　）。

A. 0.089　　　　　　B. 0.0089　　　　　　C. 0.00089　　　　　D. 0.08900

6. 下列属于系统误差的是（　　）。

A. 滴定时溅出溶液　　　　　　　　　　　B. 滴定管未经校正

C. 天平的零点突然改变　　　　　　　　　D. 试样未均匀混合

7. 高锰酸钾法进行滴定时酸化溶液的酸是（　　）。

A. 盐酸　　　　　　　B. 硫酸　　　　　　　C. 硝酸　　　　　　　D. 磷酸

8. 微量组分的测定常用来测定的含量是（　　）。

A. 0.1%～0.2%　　　B. 1%～10%　　　　C. 0.01%～1%　　　D. 0.001%～0.1%

9. 盐酸滴定 20.00mL 氢氧化钠的突越范围指（　　）。

A. 加入 19.98mL 和 20.02mL 盐酸引起的 pH 的变化

B. 加入 18.00mL 和 19.98mL 盐酸引起的 pH 的变化

C. 加入 19.98mL 和 20.00mL 盐酸引起的 pH 的变化

D. 加入 20.00mL 和 20.02mL 盐酸引起的 pH 的变化

10. 下列是沉淀滴定指示剂的是（　　）。

A. 酚酞　　　　　　　B. 石蕊　　　　　　　C. 甲基橙　　　　　　D. 铬酸钾

三、判断题（每题 2 分共 20 分）

1. 催化剂能够使化学平衡朝着一定的方向移动。（　　）

2. 对于某一化学反应其反应 A+B══C+D 的速率方程都为 $v=kc(A)^a c(B)^b$。（　　）

3. 在 25℃时，水的离子积常数为 $1×10^{-14}$。（　　）

4. 对于弱电解质溶液，溶液越稀电离度越大。（　　）

5. 砝码锈蚀造成的称量误差属于系统误差。（　　）

6. 溶液溅失造成的误差是偶然误差。（　　）

7. 某离子被沉淀完全是指该种离子浓度小于等于 10^{-5}。（　　）

8. 反应速率常数是温度的函数，也是浓度的函数。（　　）

9. 温度越高反应速率越快。（　　）

10. 根据酸碱质子理论，HCO_3^- 既是酸又是碱。（　　）

四、简答题（每题 6 分，共 30 分）

1. 简述作为基准物质的条件。

2. 写出 EDTA 的结构简式，标出其配位原子数，说明它和金属离子形成配合物稳定的原因。

3. 酸碱滴定过程中，选择指示剂的原则是什么？

4. 在合成氨生产中 $N_2(g)+3H_2(g)\rightleftharpoons 2NH_3(g)$，$\Delta H^\ominus=-92.4kJ\cdot mol^{-1}$，为什么工业上采用的温度控制在 673～773K，而不是更低，压力控制在 30390kPa 而不是更高？

5. 用硼砂标定盐酸时，用蒸馏水洗涤过的锥形瓶是否需要干燥？为什么？

五、计算题（每题 5 分，共 10 分）

1. 称取基准物质硼砂（$Na_2B_4O_7\cdot 10H_2O$）0.4709g，用盐酸滴定至终点，消耗盐酸溶液 25.20mL，求盐酸溶液的物质的量浓度（已知硼砂的摩尔质量为 381.43g·mol^{-1}。

2. 计算 40.1+3.45+0.5612=？

六、实验题 (10分)

已知食醋是酸性的，其主要成分是乙酸，可以用氢氧化钠来测定其含量。试设计实验来测定食醋中乙酸的含量（请写出所有标准溶液和指示剂，写出测定方法）。

综合测试二

一、填空题 (每空1分，共20分)

1. 对于可逆反应 $aA+bB \rightleftharpoons xC+yD$，当 _____ = _____ 时体系所处的状态称为 _____。该状态具有 _____、_____、_____ 的特点。且此时反应体系中各物质的浓度（分压）之间满足 $K =$ _____。K 与 _____ 有关与 _____ 无关。

2. 沉淀溶解的条件是 _____，沉淀生成的条件是 _____，沉淀和溶解保持平衡的条件是 _____，此称为 _____ 规则。

3. 有效数字尾数的取舍可按照 _____ 和 _____ 的规则进行；加减法的计算，有效数字的取舍规则为 _____，乘除法有效数字的取舍规则为 _____。

4. 对于可逆反应，升高温度，平衡将向 _____ 方向移动，降低温度，平衡向 _____ 移动。温度对于反应速率的影响，一般有每升高 10℃，反应速率要增加到 _____。

二、选择题 (每题1分，共10分)

1. 下列不属于系统误差的是 (   )。

A. 天平未经校正　　　　　　　　B. 滴定管未经校正

C. 读数时最后一位估读不准　　　D. 测定时大气压突然改变

2. 进行氧化还原滴定时，滴定速度应该 (   )。

① 开始滴定时可慢滴逐渐加快　　② 接近终点时，应放慢速度

③ 指示剂变色后应在 30s 内不褪色方可停止滴加溶液

④ 没有特殊要求

A. ①　　　　B. ②　　　　C. ③　　　　D. ①②③

3. 进行酸碱滴定时，滴定速度应 (   )。

① 开始滴定时可成串不成线

② 接近终点时，应放慢速度

③ 指示剂变色后应在 30s 内不褪色方可停止滴加溶液

④ 没有特殊要求

A. ①　　　　B. ②　　　　C. ③　　　　D. ①②③

4. 高锰酸钾法进行滴定时酸化溶液的酸是 (   )。

A. 盐酸　　　B. 硫酸　　　C. 硝酸　　　D. 磷酸

5. 莫尔法要求的酸度 pH 值为 (   )。

A. 2~3　　　B. 3~4　　　C. 6.5~10.5　　　D. 大于11

6. 相同类型的难溶电解质，其溶度积常数越大，该电解质越 (   )。

A. 易溶　　　B. 难溶　　　C. 微溶　　　D. 不溶

7. 下列属于质子酸的是（　　）。

A. Ac^-　　　　　B. CO_3^{2-}　　　　　C. ClO^-　　　　　D. H^+

8. 酸碱滴定时所用的标准溶液的浓度（　　）。

A. 越大滴定突跃越大，越适合进行滴定分析

B. 越小标准溶液消耗越少，越适合进行滴定分析

C. 标准溶液浓度一般在 $1mol \cdot L^{-1}$ 以上

D. 标准溶液浓度一般在 $0.01 \sim 1mol \cdot L^{-1}$

9. 一元弱酸被滴定的条件是 cK_a（　　）。

A. 大于 10^{-5}　　　B. 大于 10^{-8}　　　C. 大于 10^{-3}　　　D. 大于 10^{-7}

10. 用氢氧化钠标准溶液滴定乙酸，化学计量点偏碱性，应选用的指示剂为（　　）。

A. 甲基橙　　　　　B. 酚酞　　　　　C. 石蕊　　　　　D. 甲基红

三、判断题（判断各题对错，并打√或× 每题2分共20分）

1. 对于 Na_2S 溶液来说，其 $c(Na^+)=2c(S^{2-})$。（　　）

2. 天平零点的突然变动造成的误差属于偶然误差。（　　）

3. 相同类型的难溶强电解质其 $K_{sp}^\ominus$ 越大，越易溶。（　　）

4. 高锰酸钾法酸化时可用盐酸酸化。（　　）

5. 碘量法的标准溶液都是碘溶液。（　　）

6. 准确度高精密度一定高；精密度高准确度也一定高。（　　）

7. 一元弱酸被准确滴定的条件是 $cK_a \geqslant 10^{-8}$。（　　）

8. 选择指示剂的原则是指示剂的变色范围全部落入突跃范围之内。（　　）

9. 氢氧化钠是基准物质。（　　）

10. 摩尔法的指示剂是铬酸钾。（　　）

四、简答题（每题6分，共30分）

1. 何谓同离子效应？在 HAc 溶液中加入 NaAc，对 HAc 的电离平衡有何影响？

2. 在配制硫酸亚铁溶液时，为什么要事先加入硫酸？

3. 简述浓度、温度、催化剂对反应速率的影响。

4. 写出 $NH_4Cl(s) \underset{\triangle}{\overset{催化剂}{\rightleftharpoons}} NH_3(g)+HCl(g)$ 的平衡常数表达式。

5. 滴定管在使用前应如何洗涤？为什么？

五、计算题（共10分）

某人测定一溶液浓度（$mol \cdot L^{-1}$），获得以下结果：0.2038、0.2042、0.2052、0.2039。第三个结果应否弃去？请用 Q-检验法检验（已知置信度为90%时 $Q=0.76$）。

六、实验题（10分）

实验设计：请设计出方案测定水的硬度及水中钙含量。

要求：写出测定的方法及所用有关试剂。

附　录

附录一　定量分析实验的考核（以盐酸标准溶液配制为例）

单位	班级：		专业：		姓名：	
序号	操作步骤		考点		标准分	得分
1	称量：使用万分之一的天平称取 0.3～0.4g 的基准物硼砂于 250mL 的锥形瓶中。17 分		A：天平的使用 A1：检查天平是否处于水平位置。 校准。 天平盘洁净。每个考点 2 分		6 分	
			A2：天平平稳状态读数		1 分	
			B：称量过程 B1：戴手套拿取标准砝码或称量器皿		2 分	
			B2：有无药品洒落		2 分	
			C：现场清理 C1：是否准确及时地记录称量数据； 是否对仪器进行关闭		6 分	
2	稀释：用不含 CO_2 的蒸馏水稀释基准试剂。13 分		用量筒量取约 25mL 的蒸馏水于基准试剂的锥形瓶中。为溶解完全需加热，待冷却后加入指示剂		13 分	
3	滴定：30 分 A：滴定管的使用 B：指示剂的使用 C：读数，记录		A：选取一无色碱式滴定管		1 分	
			A1：滴定管用自来水洗涤 2～3 次，再用蒸馏水洗涤 2～3 次，最后用待标定液洗涤 2～3 次。		3 分	
			A2：滴定管读数：溶液装满至刻度上，等待 0.5～1min，滴定管读数时应使滴定管垂直，气泡的检查及处理，调零初读数正确规范。		5 分	
			A3：尖嘴处液滴处理。		2 分	
			A4：手握滴定管的姿势要正确，滴定速度应控制在 3～4 滴每秒，但在接近终点时应逐滴加入或半滴加入。		4 分	
			A5：摇动锥形瓶平稳。		2 分	

单位	班级：		专业：	姓名：	
序号	操作步骤		考点	标准分	得分
3	滴定：30 分 A：滴定管的使用 B：指示剂的使用 C：读数，记录		A6：注意冲洗锥形瓶的内壁。	2 分	
			B：指示剂		
			B1：在锥形瓶加入 2 滴指示剂。	2 分	
			C：终点控制		
			C1：滴定终点应为粉红色，并保持 30s 不变。	4 分	
			D：终点读数		
			D1：终点时等待 0.5~1min，读数时滴定管应垂直、读数正确规范。	3 分	
			E：及时准确记录滴定数据，精确到 0.01mL	2 分	
4	平行试样的测定。10 分		A：平行测定试样程序同上（重复操作错误，重复扣分）	10 分	
5	空白实验。5 分		A：取一 250mL 锥形瓶加入 25mL 蒸馏水，加 2 滴酚酞指示剂，用待标液滴定。 B：其他考点同 3（重复操作错误，重复扣分）	5 分	
6	计算。5 分		$c(HCl)=(m\times1000)/(V_1-V_2)M$ 注：M $(Na_2B_4O_7\cdot H_2O)=381.43$	5 分	
7	现场清理。5 分		A：所用玻璃仪器的清洗归位。	3 分	
			B：废液的处理，废液倒入废液回收桶。不应直接排入废水池	2 分	
8	测定结果。15 分		最终结果是否在误差范围内	15 分	
9	超时扣分		限时 50min。超时 5min 内扣 3 分，超过 5min 未完成，停止操作		
合计	100 分				
评委： 日期：					

附录二　任务完成情况考核评分表

序号	考核项目	评分标准						
		权重/%	优秀 100	良好 80	中等 70	及格 60	不及格 50	单项成绩合计
1	完成的质量	40						
2	完成的态度	15						
3	自学能力、分析能力	5						
4	知识应用能力	10						
5	对问题的判断能力	5						
6	卫生意识	5						
7	团队意识	5						
8	环保意识	5						
9	职业意识	5						
10	遵守纪律	5						

班级：　　　　姓名：　　　　项目号：　　　　任务号：

无机及分析化学（第二版）

附录三 常见配离子的稳定常数

配离子	$K_稳$	$\lg K_稳$	配离子	$K_稳$	$\lg K_稳$
1:1			$[Fe(SCN)_3]$	2.0×10^3	3.30
$[NaY]^{3-}$	5.0×10^1	1.69	$[CdI_3]^-$	1.2×10^1	1.07
$[AgY]^{3-}$	2.0×10^7	7.30	$[Cd(CN)_3]^-$	1.1×10^4	4.04
$[CuY]^{2-}$	6.8×10^{18}	18.79	$[Ag(CN)_3]^{2-}$	5×10^0	0.69
$[MgY]^{2-}$	4.9×10^8	8.69	$[Ni(En)_3]^{2+}$	3.9×10^{18}	18.59
$[CaY]^{2-}$	3.7×10^{10}	10.56	$[Al(C_2O_4)_3]^{3-}$	2.0×10^{16}	16.30
$[SrY]^{2-}$	4.2×10^8	8.62	$[Fe(C_2O_4)_3]^{3-}$	1.6×10^{20}	20.20
$[BaY]^{2-}$	6.0×10^7	7.77			
$[ZnY]^{2-}$	3.1×10^{16}	16.49	1:4		
$[CdY]^{2-}$	3.8×10^{16}	16.57	$[Hg(SCN)_4]^{2-}$	7.7×10^{21}	21.88
$[HgY]^{2-}$	6.3×10^{21}	21.79	$[HgCl_4]^{2-}$	1.6×10^{15}	15.20
$[PbY]^{2-}$	1.0×10^{18}	18.0	$[HgI_4]^{2-}$	7.2×10^{29}	29.86
$[MnY]^{2-}$	1.0×10^{14}	14.00	$[Co(SCN)_4]^{2-}$	3.8×10^2	2.58
$[FeY]^{2-}$	2.1×10^{14}	14.32	$[Ni(CN)_4]^{2-}$	1×10^{22}	22.0
$[CoY]^{2-}$	1.6×10^{16}	16.20	$[Cu(NH_3)_4]^{2+}$	4.8×10^{12}	12.68
$[NiY]^{2-}$	4.1×10^{18}	18.61	$[Zn(NH_3)_4]^{2+}$	5×10^8	8.69
$[FeY]^-$	1.2×10^{25}	25.07	$[Cd(NH_3)_4]^{2+}$	3.6×10^6	6.55
$[CoY]^-$	1.0×10^{36}	36.0	$[Zn(SCN)_4]^{2-}$	2.0×10^1	1.30
$[CaY]^-$	1.8×10^{20}	20.25	$[Zn(CN)_4]^{2-}$	1.0×10^{16}	16.0
$[InY]^-$	8.9×10^{24}	24.94	$[Cd(SCN)_4]^{2-}$	1.0×10^3	3.0
$[TlY]^-$	3.2×10^{22}	22.51	$[CdCl_4]^{2-}$	3.1×10^2	2.49
$[TlHY]^-$	1.5×10^{23}	23.17	$[CdI_4]^{2-}$	3.0×10^6	6.43
$[CuOH]^+$	1×10^5	5.00	$[Cd(CN)_4]^{2-}$	1.3×10^{18}	18.11
$[AgNH_3]^+$	2.0×10^3	3.30	$[Hg(CN)_4]^{2-}$	3.3×10^{41}	41.51
1:2			1:6		
$[Cu(NH_3)_2]^+$	7.4×10^{10}	10.87	$[Cd(NH_3)_6]^{2+}$	1.4×10^6	6.15
$[Cu(CN)_2]^-$	2.0×10^{38}	38.3	$[Co(NH_3)_6]^{2+}$	2.4×10^4	4.38
$[Ag(NH_3)_2]^+$	1.7×10^7	7.24	$[Ni(NH_3)_6]^{2+}$	1.1×10^8	8.04
$[Ag(en)_2]^+$	7.0×10^7	7.84	$[Co(NH_3)_6]^{3+}$	1.4×10^{35}	35.15
$[Ag(SCN)_2]^-$	4.0×10^8	8.60	$[AlF_6]^{3-}$	6.9×10^{19}	19.84
$[Ag(CN)_2]^-$	1.0×10^{21}	21.0	$[Fe(CN)_6]^{3-}$	1×10^{42}	42.0
$[Au(CN)_2]^-$	2×10^{38}	38.30	$[Fe(CN)_6]^{4-}$	1×10^{35}	35.0
$[Cu(en)_2]^{2+}$	4.0×10^{19}	19.60	$[Co(CN)_6]^{3-}$	1×10^{64}	64.0
$[Ag(S_2O_3)_2]^{3-}$	1.6×10^{13}	13.20	$[FeF_6]^{3-}$	1.0×10^{16}	16.0
1:3					

注：Y^{4-} 表示 EDTA 的酸根；en 表示乙二胺。

摘自：KYPNJIEHKO《KPATKNN CHPABOQHNK IIO XNMNN》增订第四版，1974。

附录四　标准电极电势表（25℃）

（一）在酸性溶液中

电对	电极反应	$\varphi^{\ominus}/V$
Li(Ⅰ)-Li(0)	$Li^+ + e^- = Li$	−3.045
K(Ⅰ)-K(0)	$K^+ + e^- = K$	−2.925
Rb(Ⅰ)-Rb(0)	$Rb^+ + e^- = Rb$	−2.925
Cs(Ⅰ)-Cs(0)	$Cs^+ + e^- = Cs$	−2.923
Ba(Ⅱ)-Ba(0)	$Ba^{2+} - 2e^- = Ba$	−2.90
Sr(Ⅱ)-Sr(0)	$Sr^{2+} + 2e^- = Sr$	−2.89
Ca(Ⅱ)-Ca(0)	$Ca^{2+} + 2e^- = Ca$	−2.87
Na(Ⅰ)-Na(0)	$Na^+ + e^- = Na$	−2.714
La(Ⅲ)-La(0)	$La^{3+} + 3e^- = La$	−2.52
Ce(Ⅲ)-Ce(0)	$Ce^{3+} + 3e^- = Ce$	−2.48
Mg(Ⅱ)-Mg(0)	$Mg^{2+} + 2e^- = Mg$	−2.37
Se(Ⅲ)-Se(0)	$Se^{3+} + 3e^- = Se$	−2.08
Al(Ⅲ)-Al(0)	$[AlF_6]^{3-} + 3e^- = Al + 6F^-$	−2.07
Be(Ⅱ)-Be(0)	$Be^{2+} + 2e^- = Be$	−1.85
Al(Ⅲ)-Al(0)	$Al^{3+} + 3e^- = Al$	−1.66
Ti(Ⅱ)-Ti(0)	$Ti^{2+} + 2e^- = Ti$	−1.63
Si(Ⅳ)-Si(0)	$[SiF_6]^{2-} + 4e^- = Si + 6F^-$	−1.2
Mn(Ⅱ)-Mn(0)	$Mn^{2+} + 2e^- = Mn$	−1.18
V(Ⅱ)-V(0)	$V^{2+} + 2e^- = V$	−1.18
Ti(Ⅳ)-Ti(0)	$TiO^{2+} + 2H^+ + 4e^- = Ti + H_2O$	−0.89
B(Ⅲ)-B(0)	$H_3BO_3 + 3H^+ + 3e^- = B + 3H_2O$	−0.87
Si(Ⅳ)-Si(0)	$SiO_2 + 4H^+ + 4e^- = Si + 2H_2O$	−0.86
Zn(Ⅱ)-Zn(0)	$Zn^{2+} + 2e^- = Zn$	−0.763
Cr(Ⅲ)-Cr(0)	$Cr^{3+} + 3e^- = Cr$	−0.74
C(Ⅳ)-C(Ⅲ)	$2CO_2 + 2H^+ + 2e^- = H_2C_2O_4$	−0.49
Fe(Ⅱ)-Fe(0)	$Fe^{2+} + 2e^- = Fe$	−0.440
Cr(Ⅲ)-Cr(Ⅱ)	$Cr^{3+} + e^- = Cr^{2+}$	−0.41
Cd(Ⅱ)-Cd(0)	$Cd^{2+} + 2e^- = Cd$	−0.403
Ti(Ⅲ)-Ti(Ⅱ)	$Ti^{3+} + e^- = Ti^{2+}$	−0.37
Pb(Ⅱ)-Pb(0)	$PbI_2 + 2e^- = Pb + 2I^-$	−0.365
Pb(Ⅱ)-Pb(0)	$PbSO_4 + 2e^- = Pb + SO_4^{2-}$	−0.3553
Pb(Ⅱ)-Pb(0)	$PbBr_2 + 2e^- = Pb + 2Br^-$	−0.280
Co(Ⅱ)-Co(0)	$Co^{2+} + 2e^- = Co$	−0.277
Pb(Ⅱ)-Pb(0)	$PbCl_2 + 2e^- = Pb + 2Cl^-$	−0.268

电对	电极反应	$\varphi^\ominus/V$
V(Ⅲ)-V(Ⅱ)	$V^{3+}+e^-\Longrightarrow V^{2+}$	-0.255
V(Ⅴ)-V(0)	$VO_2^++4H^++5e^-\Longrightarrow V+2H_2O$	-0.253
Sn(Ⅳ)-Sn(0)	$[SnF_6]^{2-}+4e^-\Longrightarrow Sn+6F^-$	-0.25
Ni(Ⅱ)-Ni(0)	$Ni^{2+}+2e^-\Longrightarrow Ni$	-0.246
Ag(Ⅰ)-Ag(0)	$AgI+e^-\Longrightarrow Ag+I^-$	-0.152
Sn(Ⅱ)-Sn(0)	$Sn^{2+}+2e^-\Longrightarrow Sn$	-0.136
Pb(Ⅱ)-Pb(0)	$Pb^{2+}+2e^-\Longrightarrow Pb$	-0.126
Hg(Ⅱ)-Hg(0)	$[HgI_4]^{2-}+2e^-\Longrightarrow Hg+4I^-$	-0.04
H(Ⅰ)-H(0)	$2H^++2e^-\Longrightarrow H_2$	0.00
Ag(Ⅰ)-Ag(0)	$[Ag(S_2O_3)_2]^{3-}+e^-\Longrightarrow Ag+2S_2O_3^{2-}$	0.003
Ag(Ⅰ)-Ag(0)	$AgBr+e^-\Longrightarrow Ag+Br^-$	0.071
S(2.5)-S(Ⅱ)	$S_4O_6^{2-}+2e^-\Longrightarrow 2S_2O_3^{2-}$	0.08
Ti(Ⅳ)-Ti(Ⅲ)	$TiO^++2H^++e^-\Longrightarrow Ti^{3+}+H_2O$	0.10
S(0)-S(-Ⅱ)	$S+2H^++2e^-\Longrightarrow H_2S$	0.141
Sn(Ⅳ)-Sn(Ⅲ)	$Sn^{4+}+2e^-\Longrightarrow Sn^{2+}$	0.154
Cu(Ⅱ)-Cu(Ⅰ)	$Cu^{2+}+e^-\Longrightarrow Cu^+$	0.159
S(Ⅵ)-S(Ⅳ)	$SO_4^{2-}+4H^++2e^-\Longrightarrow H_2SO_4+H_2O$	0.17
Hg(Ⅱ)-Hg(0)	$[HgBr_4]^{2-}+2e^-\Longrightarrow Hg+4Br^-$	0.21
Ag(Ⅰ)-Ag(0)	$AgCl+e^-\Longrightarrow Ag+Cl^-$	0.2223
Hg(Ⅰ)-Hg(0)	$Hg_2Cl_2+2e^-\Longrightarrow 2Hg+2Cl^-$	0.268
Cu(Ⅱ)-Cu(0)	$Cu^{2+}+2e^-\Longrightarrow Cu$	0.337
V(Ⅳ)-V(Ⅲ)	$V^{4+}+e^-\Longrightarrow V^{3+}$	0.337
Fe(Ⅲ)-Fe(Ⅱ)	$[Fe(CN)_6]^{3-}+e^-\Longrightarrow [Fe(CN)_6]^{4-}$	0.36
S(Ⅳ)-S(Ⅱ)	$2H_2SO_3+2H^++4e^-\Longrightarrow S_2O_3^{2-}+3H_2O$	0.40
Ag(Ⅰ)-Ag(0)	$Ag_2CrO_4+2e^-\Longrightarrow 2Ag+CrO_4^{2-}$	0.447
S(Ⅳ)-S(0)	$H_2SO_3+4H^++4e^-\Longrightarrow S+3H_2O$	0.45
Cu(Ⅰ)-Cu(0)	$Cu^++e^-\Longrightarrow Cu$	0.52
I(0)-I(-Ⅰ)	$I_2+2e^-\Longrightarrow 2I^-$	0.5345
Mn(Ⅶ)-Mn(Ⅵ)	$MnO_4^-+e^-\Longrightarrow MnO_4^{2-}$	0.564
As(Ⅴ)-As(Ⅲ)	$H_3AsO_4+2H^++2e^-\Longrightarrow H_3AsO_3+H_2O$	0.58
Hg(Ⅱ)-Hg(Ⅰ)	$2HgCl_2+2e^-\Longrightarrow Hg_2Cl_2+2Cl^-$	0.63
O(0)-O(-Ⅰ)	$O_2+2H^++2e^-\Longrightarrow H_2O_2$	0.682
Pt(Ⅱ)-Pt(0)	$[PtCl_4]^{2-}+2e^-\Longrightarrow Pt+4Cl^-$	0.73
Fe(Ⅲ)-Fe(Ⅱ)	$Fe^{3+}+e^-\Longrightarrow Fe^{2+}$	0.771
Hg(Ⅰ)-Hg(0)	$Hg_2^{2+}+2e^-\Longrightarrow 2Hg$	0.793
Ag(Ⅰ)-Ag(0)	$Ag^++e^-\Longrightarrow Ag$	0.799
N(Ⅴ)-N(Ⅳ)	$NO_3^-+2H^++e^-\Longrightarrow NO_2+H_2O$	0.80
Hg(Ⅱ)-Hg(Ⅰ)	$2Hg^{2+}+2e^-\Longrightarrow Hg_2^{2+}$	0.920
N(Ⅴ)-N(Ⅲ)	$NO_3^-+3H^++2e^-\Longrightarrow HNO_2+H_2O$	0.94

电对	电极反应	$\varphi^{\ominus}/V$
N(V)-N(II)	$NO_3^- + 4H^+ + 3e^- \Longrightarrow NO + 2H_2O$	0.96
N(III)-(II)	$HNO_2 + H^+ + e^- \Longrightarrow NO + H_2O$	1.00
Au(III)-Au(0)	$[AuCl_4]^- + 3e^- \Longrightarrow Au + 4Cl^-$	1.00
V(V)-V(IV)	$VO_2^+ + 2H^+ + e^- \Longrightarrow VO^+ + H_2O$	1.00
Br(0)-Br(-I)	$Br_2(l) + 2e^- \Longrightarrow 2Br^-$	1.065
Cu(II)-Cu(I)	$Cu^{2+} + 2CN^- + e^- \Longrightarrow Cu(CN)_2^-$	1.12
Se(VI)-Se(IV)	$SeO_4^{2-} + 4H^+ + 2e^- \Longrightarrow H_2SeO_3 + H_2O$	1.15
Cl(VII)-Cl(V)	$ClO_4^- + 2H^+ + 2e^- \Longrightarrow ClO_3^- + H_2O$	1.19
I(V)-I(0)	$2IO_3^- + 12H^+ + 10e^- \Longrightarrow I_2 + 6H_2O$	1.20
Cl(V)-Cl(III)	$ClO_3^- + 3H^+ + 2e^- \Longrightarrow HClO_2 + H_2O$	1.21
O(0)-O(-II)	$O_2 + 4H^+ + 4e^- \Longrightarrow 2H_2O$	1.229
Mn(IV)-Mn(II)	$MnO_2 + 4H^+ + 2e^- \Longrightarrow Mn^{2+} + 2H_2O$	1.23
Cr(VI)-Cr(III)	$Cr_2O_7^{2-} + 14H^+ + 6e^- \Longrightarrow 2Cr^{3+} + 7H_2O$	1.33
Cl(0)-Cl(-I)	$Cl_2 + 2e^- \Longrightarrow 2Cl^-$	1.36
I(I)-I(0)	$2HIO + 2H^+ + 2e^- \Longrightarrow I_2 + 2H_2O$	1.45
Pb(IV)-Pb(II)	$PbO_2 + 4H^+ + 2e^- \Longrightarrow Pb^{2+} + 2H_2O$	1.455
Au(III)-Au(0)	$Au^{3+} + 3e^- \Longrightarrow Au$	1.50
Mn(III)-Mn(II)	$Mn^{3+} + e^- \Longrightarrow Mn^{2+}$	1.51
Mn(VII)-Mn(II)	$MnO_4^- + 8H^+ + 5e^- \Longrightarrow Mn^{2+} + 4H_2O$	1.51
Br(V)-Br(0)	$2BrO_3^- + 12H^+ + 10e^- \Longrightarrow Br_2 + 6H_2O$	1.52
Br(I)-Br(0)	$2HBrO + 2H^+ + 2e^- \Longrightarrow Br_2 + 2H_2O$	1.59
Ce(IV)-Ce(III)	$Ce^{4+} + e^- \Longrightarrow Ce^{3+} (1mol \cdot L^{-1} HNO_3)$	1.61
Cl(I)-Cl(0)	$2HClO + 2H^+ + 2e^- \Longrightarrow Cl_2 + 2H_2O$	1.63
Cl(III)-Cl(I)	$HClO_2 + 2H^+ + 2e^- \Longrightarrow HClO + H_2O$	1.64
Pb(IV)-Pb(II)	$PbO_2 + SO_4^{2-} + 4H^+ + 2e^- \Longrightarrow PbSO_4 + 2H_2O$	1.685
Mn(VII)-Mn(IV)	$MnO_4^- + 4H^+ + 3e^- \Longrightarrow MnO_2 + 2H_2O$	1.695
O(-I)-O(-II)	$H_2O_2 + 2H^+ + 2e^- \Longrightarrow 2H_2O$	1.77
Co(III)-Co(II)	$Co^{3+} + e^- \Longrightarrow Co^{2+}$	1.84
S(VII)-S(VI)	$S_2O_8^{2-} + 2e^- \Longrightarrow 2SO_4^{2-}$	2.01
F(0)-F(-I)	$F_2 + 2e^- \Longrightarrow 2F^-$	2.87

（二）在碱性溶液中

电对	电极反应	$\varphi^{\ominus}/V$
Mg(II)-Mg(0)	$Mg(OH)_2 + 2e^- \Longrightarrow Mg + 2OH^-$	-2.69
Al(III)-Al(0)	$H_2AlO_3^- + H_2O + 3e^- \Longrightarrow Al + 4OH^-$	-2.35
P(I)-P(0)	$H_2PO_2^- + e^- \Longrightarrow P + 2OH^-$	-2.05
B(III)-B(0)	$H_2BO_3^- + H_2O + 3e^- \Longrightarrow B + 4OH^-$	-1.79
Si(IV)-Si(0)	$SiO_3^{2-} + 3H_2O + 4e^- \Longrightarrow Si + 6OH^-$	-1.70

电对	电极反应	$\varphi^{\ominus}/V$
Mn(II)-Mn(0)	$Mn(OH)_2+2e^-\Longrightarrow Mn+2OH^-$	-1.55
Zn(II)-Zn(0)	$Zn(CN)_4^{2-}+2e^-\Longrightarrow Zn+4CN^-$	-1.26
Zn(II)-Zn(0)	$ZnO_2^{2-}+2H_2O+2e^-\Longrightarrow Zn+4OH^-$	-1.216
Cr(III)-Cr(0)	$CrO_2^-+2H_2O+3e^-\Longrightarrow Cr+4OH^-$	-1.2
Zn(II)-Zn(0)	$Zn(NH_3)_4^{2+}+2e^-\Longrightarrow Zn+4NH_3$	-1.04
S(VI)-S(IV)	$SO_4^{2-}+H_2O+2e^-\Longrightarrow SO_3^{2-}+2OH^-$	-0.93
Sn(II)-Sn(0)	$HSnO_2^-+H_2O+2e^-\Longrightarrow Sn+3OH^-$	-0.91
Fe(II)-Fe(0)	$Fe(OH)_2+2e^-\Longrightarrow Fe+2OH^-$	-0.877
H(I)-H(0)	$2H_2O+2e^-\Longrightarrow H_2+2OH^-$	-0.828
Cd(II)-Cd(0)	$Cd(NH_3)_4^{2+}+2e^-\Longrightarrow Cd+4NH_3$	-0.61
S(IV)-S(II)	$2SO_3^{2-}+3H_2O+4e^-\Longrightarrow S_2O_3^{2-}+6OH^-$	-0.58
Fe(III)-Fe(II)	$Fe(OH)_3+e^-\Longrightarrow Fe(OH)_2+OH^-$	-0.56
S(0)-S(-II)	$S+2e^-\Longrightarrow S^{2-}$	-0.48
Ni(II)-Ni(0)	$Ni(NH_3)_6^{2+}+2e^-\Longrightarrow Ni+6NH_3(aq)$	-0.48
Cu(I)-Cu(0)	$Cu(CN)_2^-+e^-\Longrightarrow Cu+2CN^-$	约-0.43
Hg(II)-Hg(0)	$Hg(CN)_4^{2-}+2e^-\Longrightarrow Hg+4CN^-$	-0.37
Ag(I)-Ag(0)	$Ag(CN)_2^-+e^-\Longrightarrow Ag+2CN$	-0.31
Cr(VI)-Cr(III)	$CrO_4^{2-}+2H_2O+3e^-\Longrightarrow CrO_2^-+4OH^-$	-0.12
Cu(I)-Cu(0)	$Cu(NH_3)_2^++e^-\Longrightarrow Cu+2NH_3$	-0.12
Mn(IV)-Mn(II)	$MnO_2+2H_2O+2e^-\Longrightarrow Mn(OH)_2+2OH^-$	-0.05
Ag(I)-Ag(0)	$AgCN+e^-\Longrightarrow Ag+CN^-$	-0.017
Mn(IV)-Mn(II)	$MnO_2+2H_2O+2e^-\Longrightarrow Mn(OH)_2+2OH^-$	-0.05
N(V)-N(III)	$NO_3^-+H_2O+2e^-\Longrightarrow NO_2^-+2OH^-$	0.01
Hg(II)-Hg(0)	$HgO+H_2O+2e^-\Longrightarrow Hg+2OH^-$	0.098
Co(III)-Co(II)	$Co(NH_3)_6^{3+}+e^-\Longrightarrow Co(NH_3)_6^{2+}$	0.1
Co(III)-Co(II)	$Co(OH)_3+e^-\Longrightarrow Co(OH)_2+OH^-$	0.17
I(V)-I(-I)	$IO_3^-+3H_2O+6e^-\Longrightarrow I^-+6OH^-$	0.26
Cl(V)-Cl(III)	$ClO_3^-+H_2O+2e^-\Longrightarrow ClO_2^-+2OH^-$	0.33
Cl(VII)-Cl(V)	$ClO_4^-+H_2O+2e^-\Longrightarrow ClO_3^-+2OH^-$	0.36
Ag(I)-Ag(0)	$Ag(NH_3)_2^++e^-\Longrightarrow Ag+2NH_3$	0.373
O(0)-O(-II)	$O_2+2H_2O+4e^-\Longrightarrow 4OH^-$	0.401
I(I)-I(-I)	$IO^-+H_2O+2e^-\Longrightarrow I^-+2OH^-$	0.49
Mn(VI)-Mn(IV)	$MnO_4^{2-}+2H_2O+2e^-\Longrightarrow MnO_2+4OH^-$	0.60
Br(V)-Br(-I)	$BrO_3^-+3H_2O+6e^-\Longrightarrow Br^-+6OH^-$	0.61
Cl(III)-Cl(I)	$ClO_2^-+H_2O+2e^-\Longrightarrow ClO^-+2OH^-$	0.66
Br(I)-Br(-I)	$BrO^-+H_2O+2e^-\Longrightarrow Br^-+2OH^-$	0.76
Cl(I)-Cl(-I)	$ClO^--H_2O+2e^-\Longrightarrow Cl^-+2OH^-$	0.89

注：数据主要录自 John Dean A. Lange's Handbook of Chemistry. 15th ed。

附录五　难溶电解质的溶度积（18～25℃）

化合物	溶度积 $K_{sp}^{\ominus}$	化合物	溶度积 $K_{sp}^{\ominus}$
氯化物		铬酸盐	
$PbCl_2$	1.6×10^{-5}	$BaCrO_4$	1.6×10^{-10}
$AgCl$	1.56×10^{-10}	Ag_2CrO_4	9×10^{-12}
Hg_2Cl_2	2×10^{-18}	$PbCrO_4$	1.77×10^{-14}
溴化物		碳酸盐	
$AgBr$	7.7×10^{-13}	$MgCO_3$	2.6×10^{-5}
碘化物		$BaCO_3$	8.1×10^{-9}
PbI_2	1.39×10^{-8}	$CaCO_3$	8.7×10^{-9}
AgI	1.5×10^{-16}	Ag_2CO_3	8.1×10^{-12}
Hg_2I_2	1.2×10^{-28}	$PbCO_3$	3.3×10^{-14}
氰化物		磷酸盐	
$AgCN$	1.2×10^{-16}	$MgNH_4PO_4$	2.5×10^{-13}
硫氰化物		草酸盐	
$AgSCN$	1.16×10^{-12}	MgC_2O_4	8.57×10^{-5}
硫酸盐		$BaC_2O_4 \cdot 2H_2O$	1.2×10^{-7}
Ag_2SO_4	1.6×10^{-5}	$CaC_2O_4 \cdot H_2O$	2.57×10^{-9}
$CaSO_4$	2.45×10^{-5}	氢氧化物	
$SrSO_4$	2.8×10^{-7}	$AgOH$	1.52×10^{-8}
$PbSO_4$	1.06×10^{-8}	$Ca(OH)_2$	5.5×10^{-6}
$BaSO_4$	1.08×10^{-10}	$Mg(OH)_2$	1.2×10^{-11}
硫化物		$Mn(OH)_2$	4.0×10^{-14}
MnS	1.4×10^{-15}	$Fe(OH)_3$	1.64×10^{-14}
FeS	3.7×10^{-19}	$Pb(OH)_2$	1.6×10^{-17}
ZnS	1.2×10^{-23}	$Zn(OH)_2$	1.2×10^{-17}
PbS	3.4×10^{-28}	$Cu(OH)_2$	5.6×10^{-20}
CuS	8.5×10^{-45}	$Cr(OH)_3$	6×10^{-31}
HgS	4×10^{-53}	$Al(OH)_3$	1.3×10^{-33}
Ag_2S	1.6×10^{-49}	$Fe(OH)_3$	1.1×10^{-36}

注：数据主要参照 Weast R C. CRC Handbook of Chemistry and Physics. 63th ed. B242，1982-1983。

参 考 文 献

[1] 黄一石.仪器分析.北京：化学工业出版社，2005.

[2] 朱明华.仪器分析.第 3 版.北京：高等教育出版社，2002.

[3] 华东理工大学，成都科技大学分析化学教研组.分析化学.第 4 版.北京：高等教育出版社，1999.

[4] 叶芬霞.无机及分析化学.北京：高等教育出版社，2005.

[5] GB/T 11911—1989.

[6] 侯曼玲.食品分析.北京：化学工业出版社，2004.

[7] 高职高专化学教材编写组.无机化学.第 2 版.北京：高等教育出版社，2000.

[8] 北京师范大学无机化学教研室，等.无机化学.北京：人民教育出版社，1982.

[9] 徐英岚.无机与分析化学.北京：中国农业出版社，2005.

[10] 刘斌.无机及分析化学.北京：高等教育出版社，2006.

[11] 胡运昌.药用基础化学.北京：化学工业出版社，2004.

[12] 张金桐.实验化学.北京：中国农业出版社，2004.

[13] 王伊强，等.基础化学实验.北京：中国农业出版社，2001.

[14] 于世林，等.分析化学.北京：化学工业出版社，1997.

[15] 湖南省长沙农业学校.化学.北京：中国农业出版社，2000.

[16] 南京大学《无机及分析化学实验》编写组.无机及分析化学实验.北京：高等教育出版社，1999.

[17] 肖振平，等.分析化学.哈尔滨：哈尔滨工程大学出版社，1998.

[18] 武汉大学，吉林大学，等.无机化学.第 3 版.北京：高等教育出版社，2005.

[19] 何凤姣.无机化学.北京：科学出版社，2001.

[20] 夏延斌.食品化学.北京：中国轻工业出版社，2007.

[21] 傅献彩.大学化学.北京：高等教育教出版社，2001.

[22] 南京大学《无机及分析化学》编写组.无机及分析分学.第 3 版.北京：高等教育出版社，1998.

[23] 铁步荣，等.无机化学.北京：科学出版社，2004.

[24] 宁开桂.无机及分析化学.北京：高等教育出版社，1999.

[25] 任丽萍.普通化学.北京：高等教育出版社，2006.

[26] 李运涛.无机及分析化学.北京：高等教育出版社，2000.

[27] 李田霞.无机及分析化学.北京：化学工业出版社，2017.

[28] 聂英斌.无机及分析化学.北京：化学工业出版社，2016.

元素周期表

IUPAC 2013

图例说明：

95 —— 原子序数
Am —— 元素符号（红色的为放射性元素）
镅 —— 元素名称（注▲的为人造元素）
$5f^77s^2$ —— 价层电子构型
-243.06138(2)▲

氧化态单质的氧化态为0，未列入；常见的为红色。
以 $^{12}C=12$ 为基准的原子量
（注▲的是半衰期最长同位素的原子量）

s区元素　　p区元素
d区元素　　ds区元素
f区元素　　稀有气体

电子层： K L M N O P Q

族周期	1 IA	2 IIA	3 IIIB	4 IVB	5 VB	6 VIB	7 VIIB	8	9 VIIIB(VIII)	10	11 IB	12 IIB	13 IIIA	14 IVA	15 VA	16 VIA	17 VIIA	18 VIIIA(0)
1	1 **H** 氢 $1s^1$ 1.008																	2 **He** 氦 $1s^2$ 4.002602(2)
2	3 **Li** 锂 $2s^1$ 6.94	4 **Be** 铍 $2s^2$ 9.0121831(5)											5 **B** 硼 $2s^22p^1$ 10.81	6 **C** 碳 $2s^22p^2$ 12.011	7 **N** 氮 $2s^22p^3$ 14.007	8 **O** 氧 $2s^22p^4$ 15.999	9 **F** 氟 $2s^22p^5$ 18.998403163(6)	10 **Ne** 氖 $2s^22p^6$ 20.1797(6)
3	11 **Na** 钠 $3s^1$ 22.98976928(2)	12 **Mg** 镁 $3s^2$ 24.305											13 **Al** 铝 $3s^23p^1$ 26.9815385(7)	14 **Si** 硅 $3s^23p^2$ 28.085	15 **P** 磷 $3s^23p^3$ 30.973761998(5)	16 **S** 硫 $3s^23p^4$ 32.06	17 **Cl** 氯 $3s^23p^5$ 35.45	18 **Ar** 氩 $3s^23p^6$ 39.948(1)
4	19 **K** 钾 $4s^1$ 39.0983(1)	20 **Ca** 钙 $4s^2$ 40.078(4)	21 **Sc** 钪 $3d^14s^2$ 44.955908(5)	22 **Ti** 钛 $3d^24s^2$ 47.867(1)	23 **V** 钒 $3d^34s^2$ 50.9415(1)	24 **Cr** 铬 $3d^54s^1$ 51.9961(6)	25 **Mn** 锰 $3d^54s^2$ 54.938044(3)	26 **Fe** 铁 $3d^64s^2$ 55.845(2)	27 **Co** 钴 $3d^74s^2$ 58.933194(4)	28 **Ni** 镍 $3d^84s^2$ 58.6934(4)	29 **Cu** 铜 $3d^{10}4s^1$ 63.546(3)	30 **Zn** 锌 $3d^{10}4s^2$ 65.38(2)	31 **Ga** 镓 $4s^24p^1$ 69.723(1)	32 **Ge** 锗 $4s^24p^2$ 72.630(8)	33 **As** 砷 $4s^24p^3$ 74.921595(6)	34 **Se** 硒 $4s^24p^4$ 78.971(8)	35 **Br** 溴 $4s^24p^5$ 79.904	36 **Kr** 氪 $4s^24p^6$ 83.798(2)
5	37 **Rb** 铷 $5s^1$ 85.4678(3)	38 **Sr** 锶 $5s^2$ 87.62(1)	39 **Y** 钇 $4d^15s^2$ 88.90584(2)	40 **Zr** 锆 $4d^25s^2$ 91.224(2)	41 **Nb** 铌 $4d^45s^1$ 92.90637(2)	42 **Mo** 钼 $4d^55s^1$ 95.95(1)	43 **Tc** 锝 $4d^55s^2$ 97.90721(3)▲	44 **Ru** 钌 $4d^75s^1$ 101.07(2)	45 **Rh** 铑 $4d^85s^1$ 102.90550(2)	46 **Pd** 钯 $4d^{10}$ 106.42(1)	47 **Ag** 银 $4d^{10}5s^1$ 107.8682(2)	48 **Cd** 镉 $4d^{10}5s^2$ 112.414(4)	49 **In** 铟 $5s^25p^1$ 114.818(1)	50 **Sn** 锡 $5s^25p^2$ 118.710(7)	51 **Sb** 锑 $5s^25p^3$ 121.760(1)	52 **Te** 碲 $5s^25p^4$ 127.60(3)	53 **I** 碘 $5s^25p^5$ 126.90447(3)	54 **Xe** 氙 $5s^25p^6$ 131.293(6)
6	55 **Cs** 铯 $6s^1$ 132.90545196(6)	56 **Ba** 钡 $6s^2$ 137.327(7)	57~71 **La~Lu** 镧系	72 **Hf** 铪 $5d^26s^2$ 178.49(2)	73 **Ta** 钽 $5d^36s^2$ 180.94788(2)	74 **W** 钨 $5d^46s^2$ 183.84(1)	75 **Re** 铼 $5d^56s^2$ 186.207(1)	76 **Os** 锇 $5d^66s^2$ 190.23(3)	77 **Ir** 铱 $5d^76s^2$ 192.217(3)	78 **Pt** 铂 $5d^96s^1$ 195.084(9)	79 **Au** 金 $5d^{10}6s^1$ 196.966569(5)	80 **Hg** 汞 $5d^{10}6s^2$ 200.592(3)	81 **Tl** 铊 $6s^26p^1$ 204.38	82 **Pb** 铅 $6s^26p^2$ 207.2(1)	83 **Bi** 铋 $6s^26p^3$ 208.98040(1)	84 **Po** 钋 $6s^26p^4$ 208.98243(2)▲	85 **At** 砹 $6s^26p^5$ 209.98715(5)▲	86 **Rn** 氡 $6s^26p^6$ 222.01758(2)▲
7	87 **Fr** 钫 $7s^1$ 223.01974(2)▲	88 **Ra** 镭 $7s^2$ 226.02541(2)▲	89~103 **Ac~Lr** 锕系	104 **Rf** 𬬻 $6d^27s^2$ 267.122(4)▲	105 **Db** 𬭊 $6d^37s^2$ 270.131(4)▲	106 **Sg** 𬭳 $6d^47s^2$ 269.129(3)▲	107 **Bh** 𬭛 $6d^57s^2$ 270.133(2)▲	108 **Hs** 𬭶 $6d^67s^2$ 270.134(2)▲	109 **Mt** 鿏 $6d^77s^2$ 278.156(5)▲	110 **Ds** 𫟼 $6d^97s^2$ 281.165(4)▲	111 **Rg** 𬬭 281.166(6)▲	112 **Cn** 鎶 285.177(4)▲	113 **Nh** 鿭 286.182(5)▲	114 **Fl** 𫓧 289.190(4)▲	115 **Mc** 镆 289.194(6)▲	116 **Lv** 𫟷 293.204(4)▲	117 **Ts** 鿬 293.208(6)▲	118 **Og** 鿫 294.214(5)▲

★ 镧系

57 **La** 镧 $5d^16s^2$ 138.90547(7)	58 **Ce** 铈 $4f^15d^16s^2$ 140.116(1)	59 **Pr** 镨 $4f^36s^2$ 140.90766(2)	60 **Nd** 钕 $4f^46s^2$ 144.242(3)	61 **Pm** 钷 $4f^56s^2$ 144.91276(2)▲	62 **Sm** 钐 $4f^66s^2$ 150.36(2)	63 **Eu** 铕 $4f^76s^2$ 151.964(1)	64 **Gd** 钆 $4f^75d^16s^2$ 157.25(3)	65 **Tb** 铽 $4f^96s^2$ 158.92535(2)	66 **Dy** 镝 $4f^{10}6s^2$ 162.500(1)	67 **Ho** 钬 $4f^{11}6s^2$ 164.93033(2)	68 **Er** 铒 $4f^{12}6s^2$ 167.259(3)	69 **Tm** 铥 $4f^{13}6s^2$ 168.93422(2)	70 **Yb** 镱 $4f^{14}6s^2$ 173.045(10)	71 **Lu** 镥 $4f^{14}5d^16s^2$ 174.9668(1)

★ 锕系

89 **Ac** 锕 $6d^17s^2$ 227.02775(2)▲	90 **Th** 钍 $6d^27s^2$ 232.0377(4)	91 **Pa** 镤 $5f^26d^17s^2$ 231.03588(2)	92 **U** 铀 $5f^36d^17s^2$ 238.02891(3)	93 **Np** 镎 $5f^46d^17s^2$ 237.04817(2)▲	94 **Pu** 钚 $5f^67s^2$ 244.06421(4)▲	95 **Am** 镅 $5f^77s^2$ 243.06138(2)▲	96 **Cm** 锔 $5f^76d^17s^2$ 247.07035(3)▲	97 **Bk** 锫 $5f^97s^2$ 247.07031(4)▲	98 **Cf** 锎 $5f^{10}7s^2$ 251.07959(3)▲	99 **Es** 锿 $5f^{11}7s^2$ 252.0830(3)▲	100 **Fm** 镄 $5f^{12}7s^2$ 257.09511(5)▲	101 **Md** 钔 $5f^{13}7s^2$ 258.09843(3)▲	102 **No** 锘 $5f^{14}7s^2$ 259.1010(7)▲	103 **Lr** 铹 $5f^{14}6d^17s^2$ 262.110(2)▲